Python 程序设计教程

（第 2 版）

主　编　卢雪松　沈启坤
主　审　李　斌

东南大学出版社
SOUTHEAST UNIVERSITY PRESS
·南京·

内 容 简 介

本书是学习 Python 语言的入门教材，全书分为基础篇和应用篇两个部分，一共 13 章内容。不同读者可在掌握基础篇知识的基础上，结合自己的专业从应用篇选学不同的应用案例。基础篇包括 Python 程序设计概述、数据类型与运算符、Python 流程控制、字符串、列表与元组、字典与集合、函数、文件等程序设计基础内容；应用篇重点介绍文本分析、网络爬虫、图形图像处理、数据分析、科学计算等应用案例。每章末尾配有相应的思维导图，对本章的知识结构、思维过程进行梳理总结，以帮助学生复习巩固、加深理解。本书还配有相应的实验指导和习题集。

本书可用作各类高校各个专业 Python 语言程序设计课程的教材，也可用作学生参加计算机等级考试的参考资料。

图书在版编目（CIP）数据

Python程序设计教程 / 卢雪松, 沈启坤主编.
2 版. -- 南京 : 东南大学出版社, 2024.8（2025.1重印）.
ISBN 978-7-5766-1513-5

Ⅰ. TP311.561

中国国家版本馆CIP数据核字第2024C335S6号

Python 程序设计教程(第 2 版)
Python Chengxu Sheji Jiaocheng(Di 2 Ban)

主　　编　卢雪松　沈启坤
责任编辑　张　煦
责任校对　子雪莲
封面设计　余武莉
责任印制　周荣虎

出版发行　东南大学出版社
出 版 人　白云飞
社　　址　南京市四牌楼 2 号　邮编:210096
经　　销　全国各地新华书店
印　　刷　常州市武进第三印刷有限公司
版 印 次　2024 年 8 月第 2 版　2025 年 1 月第 2 次修订印刷
开　　本　787 mm×1 092 mm　1/16
印　　张　22
字　　数　549 千
书　　号　ISBN　978-7-5766-1513-5
定　　价　63.00 元

凡因印装质量问题，请直接向东大出版社营销部调换。电话:025-83791830

编　委　会

主　编　卢雪松　沈启坤

主　审　李　斌

编　者　卢雪松　沈启坤　楚　红

梁　磊　赵　耀　贺兴亚

张　平　魏同明　王　静

再版前言

Python语言是目前最受欢迎的程序设计语言之一。Python简单易学，从诞生之初就被誉为最容易上手的编程语言，特别适合零基础的学生作为计算机程序设计的入门语言。Python是开源软件的杰出代表，它营造了一个非常优秀的生态环境，拥有数以万计的功能强大的第三方库，可帮助用户轻松地解决数据分析、科学计算、人工智能、网站开发和网络安全等问题。

计算机程序设计语言的学习通常面临两大问题。第一个问题是晦涩难懂，入门较难。本教材以零起点的初学者为对象，以培养读者的程序设计思想为目标，由浅入深，先简后繁，将程序设计语言的语法结构和程序设计的思想内涵层层剖析，逐级展现，并通过适量的阅读和练习帮助消化理解，提升读者的领悟力。另一个问题是如何与专业知识融合。许多读者在学习程序设计之后，很难将其与所学专业结合起来以解决实际应用问题。为此，本教材专门设计了应用篇，以案例的形式介绍了文本分析、大数据分析、图形图像处理和人工智能等多种应用，引导文、商、理、工、医、艺、农等学科的读者将Python运用到学科专业之中，真正做到理论联系实际，提高读者的动手能力和应用开发能力。

本书是学习Python语言的入门教材，全书共13章，分为基础篇(第1—8章)和应用篇(第9—13章)两个部分。不同的读者可在掌握基础篇知识的基础上，结合各自不同的专业从应用篇选读不同的应用案例，达成计算机程序设计与专业学习的融合。基础篇包括Python程序设计概述、数据类型与运算符、Python流程控制、字符串、列表与元组、字典与集合、函数、文件等程序设计基础内容；应用篇重点介绍文本分析、网络爬虫、图形图像处理、数据分析、科学计算等应用案例。每章末尾配有相应的思维导图，对本章的知识结构、思维过程进行梳理总结，以帮助学生复习巩固、加深理解。本书还配有相应的实验指导与习题集。

在本书的学习过程中，建议读者始终抓住两条主线：程序结构和数据结构。程序结构和数据结构就如同DNA的双螺旋线相互缠绕在一起，构成了程序。程序结构包含了顺序结构、分支结构、循环结构和函数；数据结构包括基本数据类型(整型、浮点型、复数型、布尔型、字符串型)、列表、元组、字典、集合和文件。本书基础篇的内容(详见章节目录)就是由程序结构和数据结构这两个部分有机地组织在一起。读者在深入学习某一章节内容的同时，也应适时跳出来看一看章节目录。一味地沉入章节内容的学习，易产生“不识庐山真面目，只缘身在此山中”的懵懂感觉，章节之间是割裂的，不能融会贯通。而跳出具体的章节学习，看一看章节目录，会有一种“一览众山小”的大局气概，所有内容成竹在胸、尽在掌握。

本次修订再版主要在第 3 章增加了 math 库、time/datetime 库等常用第三方库的介绍;第 4 章调整了章节结构,补充介绍了字符串的一些常用方法,增加了字符串格式化、正则表达式的内容,增补了综合应用的部分例题;第 5 章和第 6 章增加和修改了综合应用的部分例题;第 11 章更新了百度 AI 开放平台的操作流程;第 13 章将原"新冠肺炎疫情数据的可视化分析"案例更换为"2000 年至 2023 年人口数据的可视化分析"案例。除此之外,全书各章对部分表述不尽完善之处也进行了修正。

本书由卢雪松、沈启坤主编,李斌主审。参加编写的有卢雪松(第 1 章和第 4 章)、沈启坤(第 2 章和第 3 章)、楚红(第 5 章和第 6 章)、梁磊(第 7 章和第 8 章)、赵耀(第 9 章)、贺兴亚(第 10 章)、张平(第 11 章)、魏同明(第 12 章)、王静(第 13 章),最后由卢雪松统稿。

本教材为扬州大学重点教材。基于本教材延展设计的教育部产学合作协同育人项目荣获华为优秀成果奖。同时"大学计算机及 Python 语言程序设计"被评为扬州大学卓越本科课程建设项目。本课程采用线上线下混合教学模式,连续几年被评为扬州大学优秀混合课程。在本教材建设和课程建设的过程中,所有作者和教师投入了大量的精力,同时扬州大学教务处对本教材的出版给与了鼎力支持,东南大学出版社的专业编辑也倾注了大量心血,书中部分内容和素材参考或改编自网络资源,在此一并表示衷心的感谢!

囿于作者水平有限,加之编写时间仓促,书中难免有疏漏之处,敬请读者批评指正。

编　者

2024 年 7 月

目　录

基础篇

应 用 篇

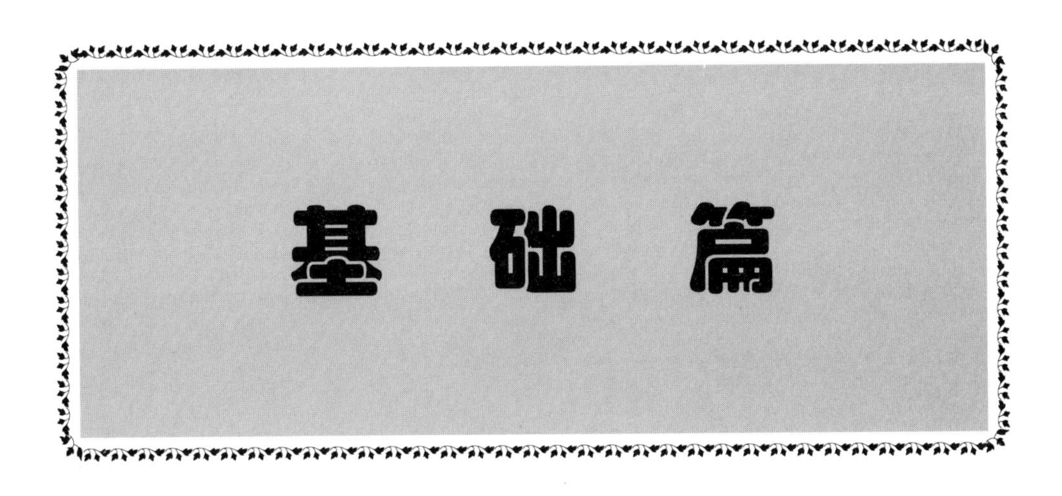
基础篇

第 1 章　Python 程序设计概述

程序(program)是计算机为解决某个或某类问题而执行的一组指令的有序序列。程序设计(programming)是指设计、编制、调试程序的方法和过程。程序设计往往以某种程序设计语言为工具,编写出解决问题的程序。Python 是近年来深受广大用户欢迎且应用领域十分广泛的一门程序设计语言。

1.1　程序设计

1.1.1　程序设计语言

程序设计语言是人机通信的工具之一,人们使用这类语言来“指挥或控制”计算机执行有关操作以解决工作、生活中各种各样的问题。自 20 世纪 60 年代以来,世界上公布的程序设计语言多达上千种,但是只有很小一部分得到了广泛的应用。

一、程序设计语言的发展

从发展历程来看,程序设计语言可以分为 4 代。

1. 机器语言(第 1 代语言)

机器语言是由机器指令代码组成的语言。不同的机器有相应的机器语言(面向机器的语言)。用这种语言编写的程序都是二进制代码的形式。使用机器语言编写的程序运行的效率很高,但不直观,出错率高。

2. 汇编语言(第 2 代语言)

汇编语言比机器语言直观,它的每一条符号指令与相应的机器指令有对应关系,同时又增加了一些诸如宏、符号地址等功能。不同指令集的处理器系统有自己相应的汇编语言。汇编语言适合编写那些对速度和代码长度要求高的程序以及需要直接控制硬件的程序。

3. 高级程序设计语言(第 3 代语言)

高级语言是一种独立于机器、近似于人们日常会话语言的程序设计语言。用这种语言编写的程序更容易理解。常见的高级语言有 FORTRAN、C、C＋＋、C＃、Python、Pascal、Java 等。高级语言与计算机的硬件结构及指令系统无关,它有更强的表达能力,可方便地表示数据的运算和程序的控制结构,能更好地描述各种算法,而且容易学习掌握。但高级语言程序编译生成的程序代码一般比用汇编语言程序设计的程序代码要长,运行效率相对较低。

4. 第 4 代语言

第 4 代语言用不同的文法表示程序结构和数据结构,但是它是在更高一级抽象的层次上表示这些结构,它不再需要规定算法的细节。查询语言、程序生成器、判定支持语言、原型语言以及形式化规格说明语言等都属于第 4 代语言。

二、语言处理系统

用高级语言编写的程序通常称为源程序。由于计算机只接受和理解机器语言编写的二进制代码,源程序不能在计算机上直接运行,必须转换成机器语言程序后才能被执行。高级语言的执行方式有解释和编译两种。

1. 解释

高级语言编写的源程序,按动态的运行顺序逐句进行翻译并执行的过程,称为解释。解释型语言只有在程序运行时才翻译,因此每执行一次就要翻译一次,效率较低。但解释程序的这种工作过程便于实现人机对话,也利于动态调试程序。BASIC、JavaScript、VBScript、MATLAB 等都是解释型的语言。

2. 编译

编译是将高级语言源程序翻译并保存成二进制形式的机器语言目标代码。编译程序把源程序翻译成目标程序一般经过词法分析、语法分析、中间代码生成、代码优化和目标代码生成等 5 个阶段。编译型语言的程序运行时直接执行目标代码,因而速度较快。需要注意的是,编译程序会生成目标代码,而解释程序不生成目标代码。FORTRAN、C、C++、Pascal、Ada 等都是编译型的语言。

Python 通常被认为是解释型的语言,在交互环境下可以逐条执行语句。而在代码执行方式下,它会将源程序先编译成 Python 字节码,然后再由专门的 Python 字节码解释器负责解释执行这些字节码。

1.1.2 程序设计方法

程序设计方法是为提高程序设计效率、确保程序正确性而产生的软件方法学。常用的程序设计方法有结构化程序设计方法和面向对象程序设计方法。

一、结构化程序设计方法

结构化程序设计方法最早由 E. W. Dijkstra 在 1965 年提出。结构化程序设计方法引入了工程思想和结构化思想,使大型软件的开发和编程的效率都得到了极大的提升。

1. 结构化程序设计的原则

结构化程序设计方法的主要原则可以概括为自顶向下、逐步求精、模块化和限制使用 goto 语句等。

(1) 自顶向下　程序设计时,应先考虑总体后考虑细节、先考虑全局目标后考虑局部目标。一开始不要过多追求众多的细节,先从最上层总目标开始设计,逐步使问题具体化。

(2) 逐步求精　对复杂问题,应设计一些子目标进行过渡,逐步细化。

(3) 模块化　一个复杂问题一般是由若干稍简单的问题构成的。模块化是将程序要解决的总目标分解为分目标,再进一步分解为具体的小目标,然后将每个小目标作为一个模块来处理。

(4) 限制使用 goto 语句　尽量不使用无条件跳转 goto 语句,以免破坏程序的结构化。

2. 结构化程序设计的基本结构

结构化程序设计方法是程序设计的先进方法和工具。采用结构化程序设计方法编写程序,可使程序结构良好、易读、易理解、易维护。程序设计语言仅仅需要使用顺序、选择和重复三种基本控制结构,就足以表达出各种其他形式的结构。

(1) 顺序结构　顺序结构是一种简单的程序设计结构,是最基本、最常用的结构,如图 1.1 所示。顺序结构是顺序执行结构。所谓顺序执行,就是按照程序语句行的自然顺序,逐条语句地执行程序。

(2) 选择结构　选择结构又称为分支结构，包括简单选择和多分支选择两种结构。选择结构可以根据设定的条件，判断应该选择哪一条分支来执行相应的语句序列。图1.2所示为包含2个分支的简单选择结构。

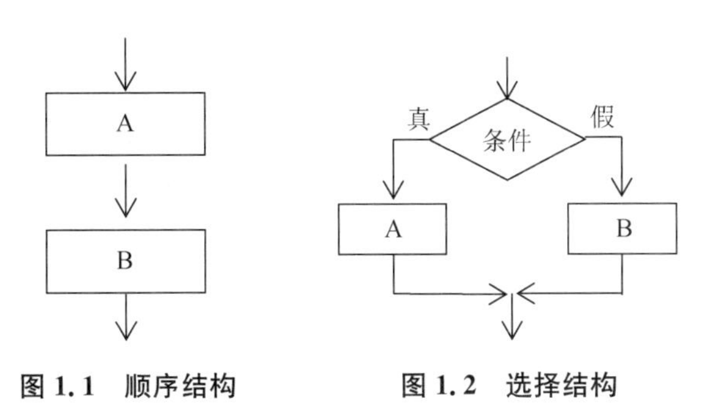

图1.1　顺序结构　　　**图1.2　选择结构**

(3) 重复结构　重复结构又称为循环结构，根据给定的条件，判断是否需要重复执行一段被称为循环体的程序段。重复结构有当型循环和直到型循环两种结构，先判断条件后执行循环体的称为当型循环，如图1.3(a)所示；先执行循环体后判断条件的称为直到型循环，如图1.3(b)所示。

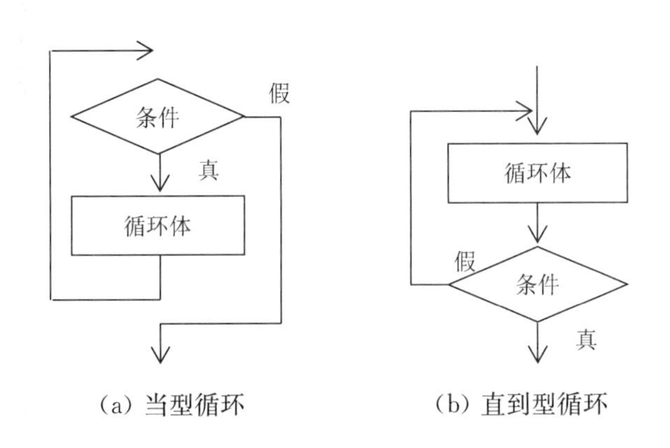

(a) 当型循环　　(b) 直到型循环

图1.3　重复结构

二、面向对象程序设计方法

面向对象程序设计(Object Oriented Programming，简称OOP)是在面向过程程序设计基础之上发展起来的目前比较通行的一种程序设计思想方法。在面向对象的程序设计世界里，一切皆为对象。对象是程序的基本单元，对象把程序和数据封装起来提供对外访问的能力，以提高软件的重用性、灵活性和扩展性。通常对象的数据(字段)称为属性，对象的行为(程序)称为方法。

1. 类与对象

类(class)是面向对象程序设计的核心。类是某种事物共同特征的抽象，也就是说类定义了事物的特征(属性)和行为(方法)。例如，定义一个“轿车”类，其属性包括颜色、排量、油耗等，其方法包括启动、加速、转向、制动等。

对象(object)是类的实例，而类就是对象的抽象。例如，某辆轿车就是“轿车”类的一个具体的实例，是一个对象。对象拥有其所属类的属性和方法。该辆轿车拥有自己的颜色、排量、油耗等配置参数，也能执行启动、加速、转向、制动等操作。

面向对象程序设计的主要工作就是先定义类,然后用类创建对象,再调用对象的属性和方法。

对象属性和方法的调用格式如下:

属性:obj. name

方法:obj. method()

例如在 Python 中,string=' yangzhou',字符串 string 就是一个对象,调用该对象的 capitalize()方法可以将字符串的首字符改成大写。具体调用格式如下:

string. capitalize()

2. 面向对象的三大特征

面向对象程序设计具有封装、继承、多态等三大特征。这三大特征是面向对象程序设计的基本要素。

(1) 封装

通过对象隐藏程序的具体实现细节,将数据与操作包装在一起,对象与对象之间通过消息传递机制实现互相通信(方法调用)。用户从外面只能看到对象的外部特性,无须知道数据的具体结构以及实现操作的算法。由于封装隐藏了具体的实现,从而提高了程序的可维护性。

(2) 继承

类之间可以继承属性和方法。通过继承得到的类称为子类,被继承的类称为父类,子类相对于父类更加具体化。子类具有自己特有的属性和方法,也能使用父类的方法。某些语言(如 Python)还支持多继承。继承是代码复用的基础机制。

(3) 多态

多态发生在运行期间,相同的消息给予不同的对象会引发不同的动作。多态提高了程序设计的灵活性。

Python 既是面向过程的程序设计语言,又是面向对象的程序设计语言。Python 中的函数、模块、数字、字符串等都可看作是一个对象。Python 完全支持继承、重载、派生、多继承等,这将有助于增强源代码的复用性。

1.1.3 程序的编写与调试

许多初学者在程序设计时都会面临无从下手的尴尬局面,这是一个普遍存在的正常现象。毕竟程序设计是一个比较抽象、复杂的工作,需要一定的理论基础和经验积累,不可能一蹴而就。不过,这里也有一些最基本的规律,可以帮助初学者尽快入门。

一、IPO 编写方法

任何一个程序本质上都是由输入数据、处理数据和输出数据三个部分组成的。在编写程序时,我们也遵循这样的一个基本过程,这就是 IPO 模式。

I:输入(input),程序的开始部分,输入待处理的数据。当然输入的方式有很多,可以是键盘输入、随机数据输入、文件输入、程序内部参数输入和网络输入等。

P:处理(process),程序中对数据进行加工处理的部分。加工处理的方法与步骤称为算法。编写一个程序,核心的工作就是要设计好该程序的算法。

O:输出(output),程序的结束部分,用于输出处理部分的运算结果。输出的形式可以是屏幕输出、打印输出、文件输出、网络输出、操作系统内部变量输出等。

例如：编写一个将摄氏温度转换成华氏温度的程序，首先要考虑的是怎么转换，即转换的算法。根据物理学的定义，我们知道转换公式为F=C×1.8 + 32。有了算法，采用IPO方法，就可以编写程序了。

输入：c=eval(input('请输入待转换的摄氏温度：'))

处理：f=c * 1.8 + 32

输出：print('摄氏{:.2f}度对应的华氏温度为{:.2f}度'.format(c,f))

当然，这里仅仅列举了一个极简单的问题。要真正学会程序设计，一定要多看例题，多编程序，勤加练习。

二、调试程序

程序调试是将编制的程序投入实际运行前，用手工或编译程序等方式进行测试，修正语法错误和逻辑错误的过程。这是保证程序正确性必不可少的步骤。

程序的调试通常分为三个基本步骤：(1)错误定位：从错误的外部表现形式入手，确定程序中出错位置，找出错误的内在原因。(2)排除错误：有些语法错误，我们可以很容易解决，但有些潜在的逻辑错误往往很难发现。排错是一项艰苦的工作，也是一个具有很强技术性和技巧性的工作。(3)回归测试：修改后的程序可能带来新的错误，必须重新测试，直到问题解决为止。

常用的传统调试方法有编译运行、设置断点、程序暂停、观察程序状态等。这些方法简单、实用，尤其适用于短小精悍的程序。

1. 语法错误

在程序运行过程中，如果程序中存在语法错误，系统一般会给出错误提示信息，并定位错误的位置。因此，当系统给出错误提示时，尽管是英文，也应认真阅读理解。当然有的时候由于文法的原因，错误点可能在附近，而不是系统给出提示的位置。

Python中常见的语法错误有：

(1) 拼写错误

Python语言中常见的拼写错误有关键字拼错、大小写字母用错、变量名或函数名拼错等。关键字拼写错误时会提示SyntaxError(语法错误)，而变量名、函数名拼写错误时会提示NameError(名称错误)。

(2) 脚本程序不符合Python的语法规范

常见的错误有语句中少了括号、冒号等符号，作为语法成分的标点符号误用成中文标点符号，表达式书写错误等。

(3) 缩进错误

缩进错误主要表现为不该缩进的语句前多了空格或Tab键、该缩进的地方没有缩进、同一层次的缩进不一致等。

2. 逻辑错误

如果程序能够运行，没有出现语法错误提示，还不能说明程序是正确的。有时程序的运行会中途中断，有时可能没有输出结果，有时即使有了输出结果但结果不正确。这种语法上没有问题但不能得到正确结果的错误称为逻辑错误。排除逻辑错误需要一定的技术和技巧，常用的技巧如下：

(1) 在程序中特定位置添加打印语句，输出关键变量的值，分析这些变量在相应位置的值是否正确。

(2) 在程序中特定位置添加打印语句,输出一些特殊标记。根据运行程序后这些特殊标记的输出情况,判断程序执行的流程。

(3) 用#将某行或某段程序临时标注成注释,停止它们的执行,然后分析程序的运行结果有哪些变化,进而找出问题所在。

(4) 使用自动调试工具,观察程序运行的状态。

此外,还有演绎法、归纳法、二分法等多种调试方法,留待大家慢慢熟悉掌握,这里不再一一赘述。

1.2 Python 语言概述

1.2.1 Python 语言的发展及应用领域

Python 是一种解释型脚本语言,是由 Guido van Rossum 于 20 世纪 80 年代末和 90 年代初在荷兰国家数学和计算机科学研究所设计出来的。

一、Python 语言的特点

Python 语言具有如下一些特点:

(1) 简单　Python 是一种简单主义思想的语言。一个良好的 Python 程序阅读起来感觉就像是在读英语。它能够让用户把注意力更好地集中到问题的解决上,而不是语言的语法上。

(2) 易学　Python 的语法结构极其简单,其关键字相对较少,学习起来比较容易,特别适合初学者学习。

(3) 开源　Python 是开源软件的杰出代表。用户可以自由地发布这个软件的拷贝,阅读它的源代码,对它做改动,把它的一部分用于新的自由软件中。也正因为如此,Python 营造了一个非常优秀的生态环境。它拥有一个庞大的第三方库,帮助用户轻松地解决各种问题。

(4) 可移植性　由于 Python 开放源代码的特性,它已经被移植到了许多平台上,如 Linux、Windows、FreeBSD、Macintosh、Solaris、OS/2 乃至 Android 等平台。

除了这些显著的特点外,相信用户很快就会发现 Python 还有许多其他特点。

二、Python 语言的版本

Python 目前主要有两个版本,一个是 2. x 版,另一个是 3. x 版。2. x 是早期版本,Python 2. 0 于 2000 年 10 月正式发布。2010 年,2. x 系列的最后一版 2. 7 发布。官方已宣布在 2020 年 1 月 1 日停止对 Python 2. x 的更新与维护。Python 3. 0 于 2008 年 12 月正式发布。目前广为使用的是 3. x 版本。

Python 2. x 和 Python 3. x 这两个版本并不兼容,原来用 Python 2. x 编写的程序必须经过修改以后才能在 Python 3. x 环境下运行。这点需要特别注意。

三、Python 语言的应用领域

Python 语言是一个通用编程语言,可用于编写各种领域的应用程序,这为该语言提供了广阔的应用空间。在科学计算、大数据、人工智能、机器人、网络爬虫和系统运维等领域,Python 语言都发挥了重要作用,而且非常出色。

具体到一些公司的实际应用,例如美国中情局网站,世界范围内较大的视频网站

YouTube、Facebook 大量的基础库就是用 Python 开发的。谷歌的 Google earth 及 Google 广告、NASA 的数据分析和运算等也用到了 Python。国内最大的问答社区"知乎"、高德地图的服务端部分、腾讯游戏的运维平台、豆瓣公司几乎所有的业务同样是用 Python 开发的。除此之外，搜狐、金山、盛大、网易、百度、阿里、淘宝、土豆、新浪、果壳等公司也都在使用 Python 完成各种各样的任务。

1.2.2　Python 的函数和库

函数是事先组织好的、可重复使用的、能够实现某种特定功能的一段程序。系统拥有的函数越多，其功能越强大，用户编写程序也更加简单、方便。同时，函数的使用还有助于提高程序的模块独立性和代码的重复利用率。Python 中的函数主要有三类：

一、内置函数

Python 本身提供了许多内置函数，如 help()、print()、pow()等。用户可以在任何时候直接使用内置函数。例如：

```
>>>pow(2,3)
8
```

二、标准库函数

Python 拥有一个强大的标准库，提供了系统管理、网络通信、文本处理、数据库接口、图形系统、XML 处理等额外的功能，如 turtle、math、random、datetime 等标准库。

标准库在使用前必须使用 import 语句将其导入。使用标准库的函数时，通常需要在其前面加上标准库的名称。标准库导入的形式有如下几种：

```
>>>import math
>>>math.sqrt(9)
3.0
>>>import math as m
>>>m.sqrt(4)
2.0
>>>from math import *
>>>sqrt(16)
4.0
```

请注意上述不同的导入形式中函数调用格式的区别！

三、第三方库函数

Python 社区提供了大量的第三方库函数，它们的功能无所不包，覆盖了科学计算、Web 开发、数据库接口、图形系统等多个领域，并且大多成熟而稳定。

第三方库函数使用之前，需要在 CMD 命令窗口执行 pip 命令，下载并安装第三方库。具体命令格式如下：

pip install 库名

安装成功后，其使用方式和标准库相同，也需要使用 import 语句导入。

内置函数、标准库函数和第三方库函数之间的关系，可用生活中的几种五金工具来做个类比。内置函数就像螺丝刀，这是最常用的工具，通常都放在手边，随时可以使用。标准库函数就像老虎钳、榔头等工具，一般放在工具箱里，平时用不到。需要使用时，必须把工具箱打开才能使用。第三方库函数就像冲击钻等专用工具,家里根本没有,必须先把它从外面买回来或借回来才能使用。

1.2.3 Python 代码的风格

一、书写规范

Python 对代码的书写要求很高,这里给出一些规范和建议。

1. 缩进

Python 对代码的缩进要求非常严格,如果不采用合理的代码缩进,系统将会报告语法错误(SyntaxError)。

像 if、for、while、def 和 class 等复合语句,以冒号(:)结尾,其后是一个由一行或多行代码构成的代码组。这个代码组必须具有相同的缩进。缩进可使用一个或多个空格,但同一个代码组,其缩进的空格数必须一致。

缩进也可以使用 Tab 键,但更提倡使用 4 个空格。必须注意的是,在同一个代码组中,Tab 和 4 个空格不能混用。

2. 空格

建议在赋值语句、双目运算符的前后空一个空格,函数参数的逗号后空一个空格。表示关键字参数或默认参数值时,不使用空格。任何地方避免使用尾随空格。例如:

```
i = i + 1
def complex(real, imag=0.0)
```

3. 行的最大长度

不建议在一行里书写多条语句。例如:a=1; b=2; c=3

如果某行太长,这既不美观,也不便于阅读。因此,建议一行的长度控制在 72 个字符以内。较长的行可使用反斜杠(\)换行。

4. 空行

空行与代码缩进不同,空行并不是 Python 语法的一部分。空行不是必需的,书写时不插入空行,Python 解释器运行也不会出错。

建议在函数之间或类的方法之间插入一到两个空行,进行分隔,使结构层次更加分明,进而提高代码的可读性,便于代码的维护与重构。

二、注释

注释是在代码中添加适当的解释和说明,以提高程序的可阅读性。代码表示要做什么,注释表示为什么这么做。在软件开发中,程序代码往往成千上万行,如果没有注释,阅读起来将会痛苦不堪。因此,我们应该在刚学习程序设计时,就养成编写注释的良好习惯。

一般情况下,源代码的有效注释量应该在 20%以上。注释的原则是有助于对程序的阅读和理解。注释不宜太多,太多会喧宾夺主;但也不能太少,太少将词不达意。最需要注释的是代码中那些技巧性的部分。注释文字必须简洁、准确、易读。

注释一般分为序言性注释和功能性注释。序言性注释主要用于模块接口、数据描述和模块功能的说明,通常在代码的首部。功能性注释主要用于某段程序功能、某条语句功能和某个数据状态的解释,通常在代码的中间和语句的右侧。

需要注意的是,代码中的注释内容是给阅读程序的用户看的,不会被计算机执行。

Python 中的注释有多行注释和单行注释两种。

多行注释用一对三引号(''' ''')或者一对三个双引号(""" """)表示，一般用于代码首部的序言性注释，对整个代码的功能进行解释说明，当然也可用于代码的中间，对某段代码进行功能性的注释。

单行注释用井号(#)开头，注释就是#后面的内容。单行注释一般用于对某行代码的解释说明，但也可以用于代码的首部做一个简单的序言性说明。为了提高可读性，代码右侧的注释与代码之间至少应隔 2 个空格。

注释还常用于程序的调试。临时将某行或某段代码标注为注释(而不需要删除)，可以让它们暂时不被执行，辅助程序员找到问题的根源。

注释的使用，参见下列 Python 代码(输出结果见图 1.4)：

```
1   # 用 Turtle 绘制一棵树
2   """      turtle-example-suite:
3                tdemo_tree.py
4   """
5   from turtle import Turtle, mainloop
6   from time import perf_counter as clock
7
8   # 定义绘制树分支的函数
9   def tree(plist, l, a, f):
10      """ plist is list of pens
11      l is length of branch
12      a is half of the angle between 2 branches
13      f is factor by which branch is shortened
14      from level to level."""
15      if l > 3:
16          lst = []
17          for p in plist:
18              p.forward(l)
19              q = p.clone()        # 克隆
20              p.left(a)
21              q.right(a)
22              lst.append(p)        # 向列表 lst 中添加元素 p
23              lst.append(q)        # 向列表 lst 中添加元素 q
24          for x in tree(lst, l*f, a, f):         # 递归调用
25              yield None
26
27  # 定义绘制树的函数
28  def maketree():
29      p = Turtle()
30      p.setundobuffer(None)        # 设置禁用缓冲区
31      p.hideturtle()               # 隐藏 Turtle 绘图图标
32      p.speed(0)                   # 设置绘图速度为最快
33      p.getscreen().tracer(30,0)
34      p.left(90)
```

```
35        p.penup()                        # 抬笔，后面动作不绘制图案
36        p.forward(-210)
37        p.pendown()                      # 落笔，绘制图案
38        t = tree([p], 200, 65, 0.6375)      # 调用 tree()函数绘制树的每个分支
39        for x in t:
40            pass
41
42    def main():
43        a=clock()
44        maketree()
45        b=clock()
46        return "done: %.2f sec." % (b-a)
47
48    if __name__ == "__main__":
49        msg = main()
50        print(msg)
51        mainloop()
```

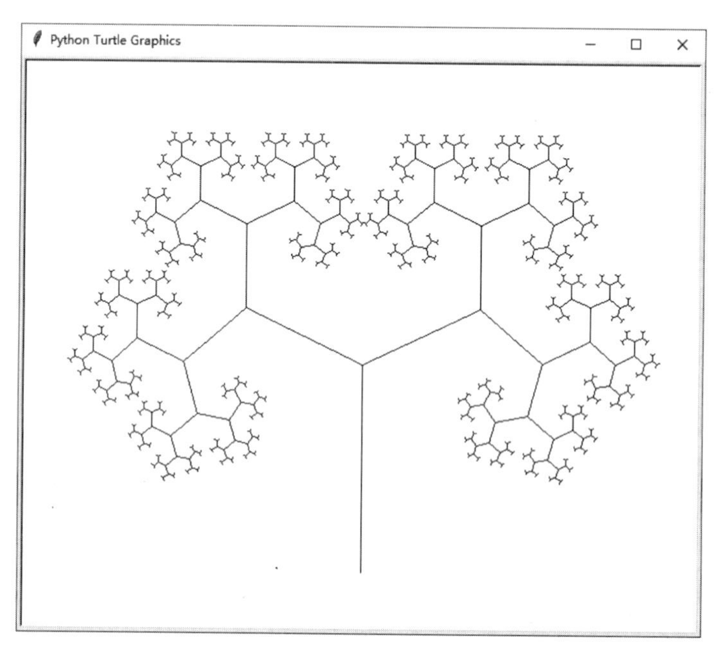

图 1.4　用 Python Turtle 绘制的一棵树

1.2.4　Python 语言开发环境

一、Python 的安装

1. 下载安装包

Python 是开源软件，可以登录 Python 官方网站获得安装包。安装包大小在 30MB 左右。访问网址：https://www.python.org/downloads/。

屏幕出现 Python 的下载页面，如图 1.5 所示。

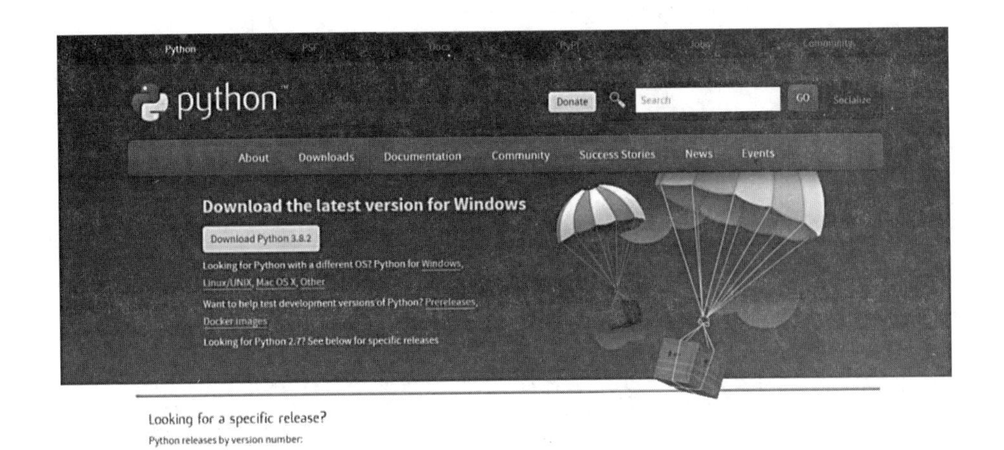

图 1.5　Python 的下载页面

根据自己电脑的操作系统选择相应的安装包。苹果电脑的用户选择 Mac OS X，一般用户选择 Windows。这里显示的是 Python 3.8.2 版本，是目前最新的稳定版本。

选择 Windows 操作系统后，屏幕弹出适用于 Windows 操作系统的安装包页面，如图 1.6 所示。

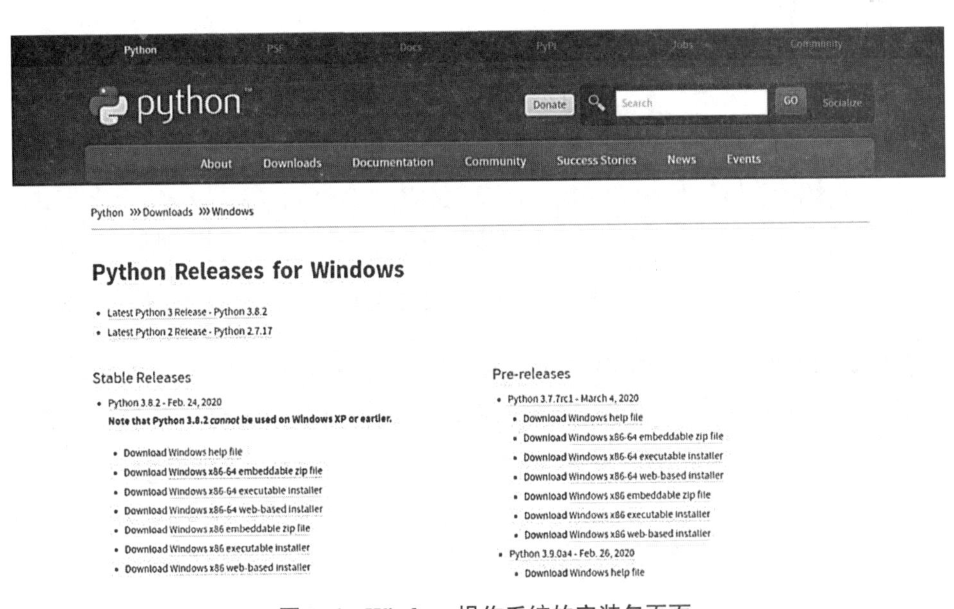

图 1.6　Windows 操作系统的安装包页面

首先要确认用户电脑的 Windows 版本是 64 位还是 32 位。Windows XP 属于 32 位的操作系统，Windows 7 以上的版本属于 64 位的操作系统。图 1.6 中下面 3 个 X86 的安装包适用于 32 位操作系统，上面的 3 个 X86-64 适用于 64 位操作系统。3 个安装包中，web-based installer 是在线安装版，embeddable zip file 是可以集成到其他应用中的嵌入式版本，executable installer 是 exe 可执行文件格式安装版。

目前主流操作系统是 64 位，一般在上面 3 个安装包中选择 executable installer 版。点击该文件，屏幕弹出“新建下载任务”对话框，如图 1.7 所示。

图 1.7 "新建下载任务"对话框

点击"下载"按钮,将安装包下载到自己指定的文件夹中。

2. 安装 Python

双击运行 Python 的安装包,屏幕弹出安装对话框,如图 1.8 所示。

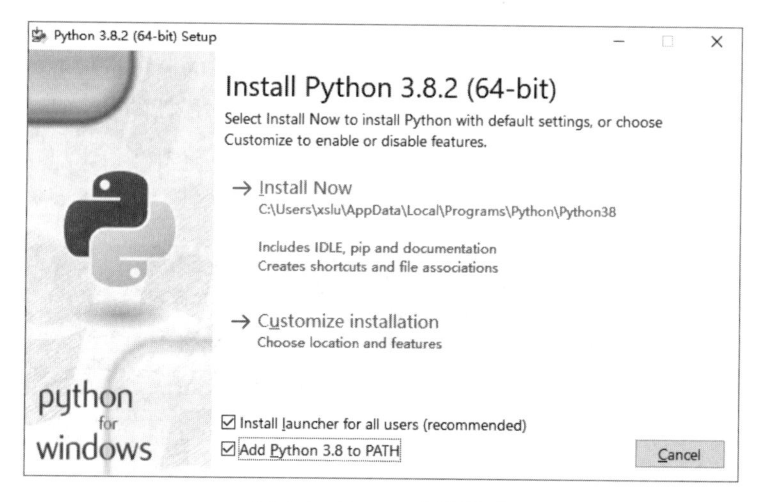

图 1.8 Python 安装界面

在对话框中勾选"Add Python 3.8 to PATH",再点击上方的"Install Now"进行安装。安装成功后,屏幕弹出如图 1.9 所示的对话框,表示安装成功。

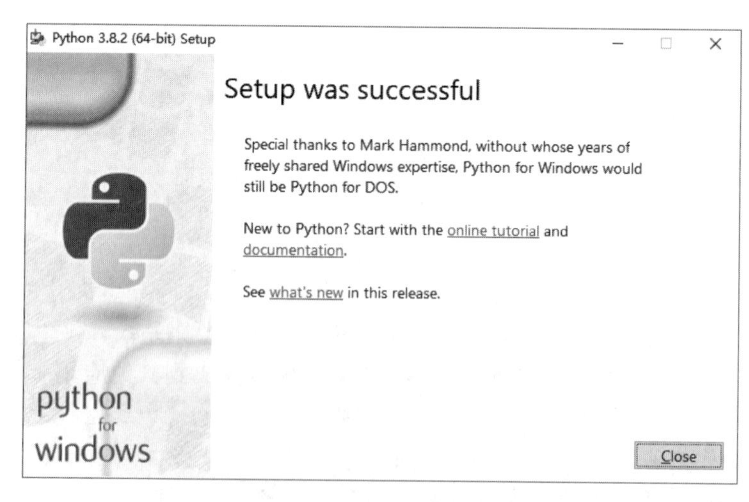

图 1.9 Python 安装成功对话框

二、IDLE 的使用

点击 Windows 的"开始"按钮，找到 Python 3.8，单击其中的 IDLE，弹出 Python 集成开发环境窗口，如图 1.10 所示。

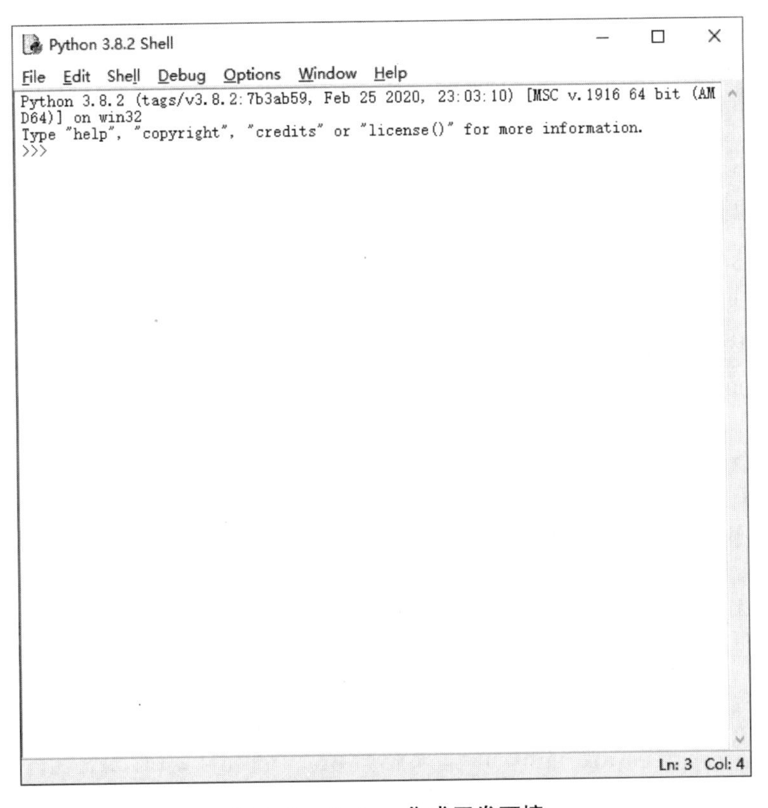

图 1.10　Python 集成开发环境

在 IDLE 集成环境中，代码有交互式和文件式两种执行方式。

1. 交互执行方式

在命令提示符>>>后直接输入代码，按回车后系统将给出输出结果。

例如：

```
>>> print('楚汉争霸')
楚汉争霸
```

在交互方式下，还可使用 help(object)函数来查看某个对象的帮助信息。例如：

```
>>>import turtle
>>>help(turtle.shape)
Help on function shape in module turtle:

shape(name=None)
    Set turtle shape to shape with given name / return current shapename.

    Optional argument:
    name -- a string, which is a valid shapename
```

```
    Set turtle shape to shape with given name or, if name is not given,
    return name of current shape.
    Shape with name must exist in the TurtleScreen's shape dictionary.
    Initially there are the following polygon shapes:
    'arrow', 'turtle', 'circle', 'square', 'triangle', 'classic'.
    To learn about how to deal with shapes see Screen-method register_shape.
Example:
>>> shape()
'arrow'
>>> shape("turtle")
>>> shape()
'turtle'
```

也可以直接执行 help()函数进入帮助状态,然后查看有关对象的帮助信息,最后键入“quit”退出帮助状态。例如:

```
>>>import turtle
>>>help()
Welcome to Python 3.8's help utility!

If this is your first time using Python, you should definitely check out
the tutorial on the Internet at https://docs.python.org/3.8/tutorial/.

Enter the name of any module, keyword, or topic to get help on writing
Python programs and using Python modules.  To quit this help utility and
return to the interpreter, just type "quit".

To get a list of available modules, keywords, symbols, or topics, type
"modules", "keywords", "symbols", or "topics".  Each module also comes
with a one-line summary of what it does; to list the modules whose name
or summary contain a given string such as "spam", type "modules spam".
help>turtle.penup
help>turtle.pendown
help>quit
You are now leaving help and returning to the Python interpreter.
If you want to ask for help on a particular object directly from the
interpreter, you can type "help(object)".  Executing "help('string')"
has the same effect as typing a particular string at the help> prompt.
>>>
```

2. 文件执行方式

(1) 打开已有代码

在“File”文件菜单中,单击“Open”弹出“打开”对话框,从系统默认的“Python38”文件夹中依次展开“Tools”“demo”文件夹,从中选择“queens”(八皇后问题)代码文件,点击“打开”按钮,屏幕弹出代码窗口如图 1.11 所示。

```
queens.py - C:\Users\xslu\AppData\Local\Programs\Python\Python38\Tools\demo\queens.py (3.8.2)
File  Edit  Format  Run  Options  Window  Help
#!/usr/bin/env python3

"""
N queens problem.

The (well-known) problem is due to Niklaus Wirth.

This solution is inspired by Dijkstra (Structured Programming).  It is
a classic recursive backtracking approach.
"""

N = 8                           # Default; command line overrides

class Queens:

    def __init__(self, n=N):
        self.n = n
        self.reset()

    def reset(self):
        n = self.n
        self.y = [None] * n             # Where is the queen in column x
        self.row = [0] * n              # Is row[y] safe?
        self.up = [0] * (2*n-1)         # Is upward diagonal[x-y] safe?
        self.down = [0] * (2*n-1)       # Is downward diagonal[x+y] safe?
        self.nfound = 0                 # Instrumentation

    def solve(self, x=0):               # Recursive solver
        for y in range(self.n):
            if self.safe(x, y):
                self.place(x, y)
                if x+1 == self.n:
                    self.display()
                else:
                    self.solve(x+1)
                self.remove(x, y)

    def safe(self, x, y):
        return not self.row[y] and not self.up[x-y] and not self.down[x+y]

    def place(self, x, y):
        self.y[x] = y
        self.row[y] = 1
        self.up[x-y] = 1
        self.down[x+y] = 1

    def remove(self, x, y):
        self.y[x] = None
        self.row[y] = 0
        self.up[x-y] = 0
        self.down[x+y] = 0

    silent = 0                          # If true, count solutions only
                                                            Ln: 1  Col: 0
```

图 1.11　Python 代码窗口

点击“Run”菜单中的“Run Module”或按 F5 键运行程序，弹出程序的运行窗口如图 1.12 所示（运行结果为八皇后问题的 92 种解决方案）。

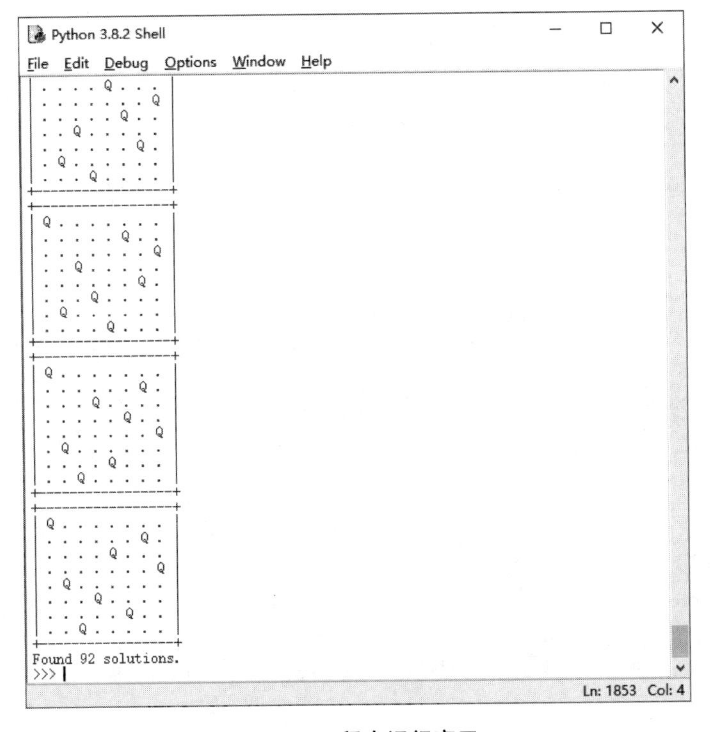

图 1.12　程序运行窗口

(2) 新建代码

在"File"文件菜单中,单击"New File"弹出代码窗口,然后在该窗口中键入程序代码,代码输入完毕后,可以先执行"File"菜单中的"Save"或"Save As"将代码保存后再运行。也可以直接点击"Run"菜单中的"Run Module"或按 F5 键运行程序,运行前系统会先弹出一个对话框,如图 1.13 所示,提醒用户运行之前先保存文件。

图 1.13 "运行前保存"对话框

三、第三方库的安装

Python 拥有极其丰富的第三方库,但是第三方库在使用之前必须预先安装。常用的第三方库有用于中文分词的 jieba 库,绘制词云图的 wordcloud 库,打包 Python 源文件为可执行文件的 PyInstaller 库,矩阵运算的 numpy 库,数据分析的 pandas 库,图像处理的 Pillow 库,绘制二维图形的 matplotlib 库,游戏开发的 pygame 库,网络爬虫的 requests、beautifulsoup4 库,等等。第三方库的安装通常使用 pip 工具。

1. pip 工具直接安装

同时按下 Win+R 键,屏幕弹出"运行"对话框,如图 1.14 所示。

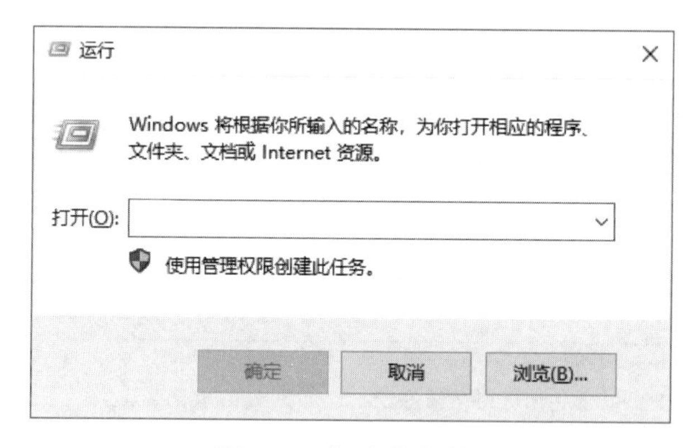

图 1.14 "运行"对话框

在"打开(O):"文本框中键入"cmd"命令并回车,屏幕弹出"管理员"命令行窗口,如图 1.15 所示。

图 1.15 "管理员"命令行窗口

此时，如果用户需要安装第三方库 numpy，可执行下列命令：

C:\Users\xslu>pip install numpy

注意：不同的用户，路径 C:\Users\xslu>会不同。

系统执行 pip 命令，到相应的网站下载该第三方库的安装包，然后执行安装操作。需要注意的是，此时应保障网络通畅。

安装结束后，屏幕会提示安装成功信息，如图 1.16 所示。

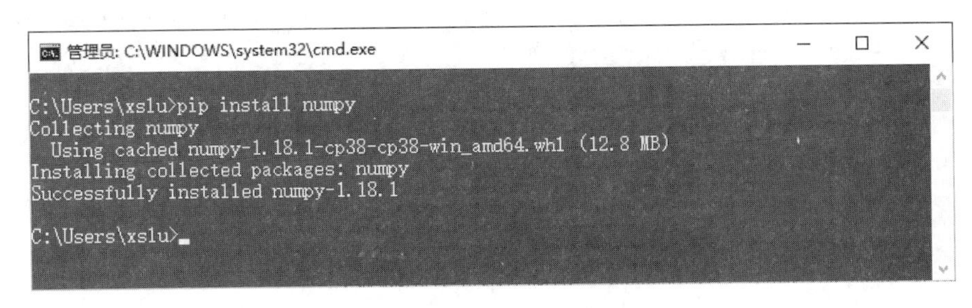

图 1.16　numpy 库的安装

用户可以一次性地将所需要的第三方库全部安装到位，也可以在需要使用某个第三方库时再安装。

2. 文件安装

有时使用 pip 工具直接安装某个第三方库时，会出现一些错误导致安装失败。此时可以到相关网站人工下载安装包，然后再安装。

美国加州大学欧文分校提供了一个 Python 第三方库的下载网页：https://www.lfd.uci.edu/~gohlke/pythonlibs/，用户可在这里找到所需的第三方库，选择下载适合自己电脑的相应文件。

例如，如果用户在安装词云 wordcloud 库时出现了错误，那么可以先从该网页下载文件 wordcloud-1.6.0-cp38-cp38-win_amd64.whl 到自己电脑的文件夹 C:\Users\xslu 中，然后在命令窗口执行下列命令：

C:\Users\xslu>pip install wordcloud-1.6.0-cp38-cp38-win_amd64.whl

系统将在本地处理执行安装文件，最后提示安装成功，如图 1.17 所示。这种方法常用于无网络环境下的离线安装。

```
管理员: C:\WINDOWS\system32\cmd.exe

C:\Users\xslu>pip install wordcloud-1.6.0-cp38-cp38-win_amd64.whl
Processing c:\users\xslu\wordcloud-1.6.0-cp38-cp38-win_amd64.whl
Requirement already satisfied: numpy>=1.6.1 in c:\users\xslu\appdata\local\programs\python\python38\lib\site-packages (fr
om wordcloud==1.6.0) (1.18.1)
Requirement already satisfied: pillow in c:\users\xslu\appdata\local\programs\python\python38\lib\site-packages (from wor
dcloud==1.6.0) (7.0.0)
Requirement already satisfied: matplotlib in c:\users\xslu\appdata\local\programs\python\python38\lib\site-packages (from
 wordcloud==1.6.0) (3.2.0)
Requirement already satisfied: python-dateutil>=2.1 in c:\users\xslu\appdata\local\programs\python\python38\lib\site-pack
ages (from matplotlib->wordcloud==1.6.0) (2.8.1)
Requirement already satisfied: kiwisolver>=1.0.1 in c:\users\xslu\appdata\local\programs\python\python38\lib\site-package
s (from matplotlib->wordcloud==1.6.0) (1.1.0)
Requirement already satisfied: cycler>=0.10 in c:\users\xslu\appdata\local\programs\python\python38\lib\site-packages (fr
om matplotlib->wordcloud==1.6.0) (0.10.0)
Requirement already satisfied: pyparsing!=2.0.4,!=2.1.2,!=2.1.6,>=2.0.1 in c:\users\xslu\appdata\local\programs\python\py
thon38\lib\site-packages (from matplotlib->wordcloud==1.6.0) (2.4.6)
Requirement already satisfied: six>=1.5 in c:\users\xslu\appdata\local\programs\python\python38\lib\site-packages (from p
ython-dateutil>=2.1->matplotlib->wordcloud==1.6.0) (1.14.0)
Requirement already satisfied: setuptools in c:\users\xslu\appdata\local\programs\python\python38\lib\site-packages (from
 kiwisolver>=1.0.1->matplotlib->wordcloud==1.6.0) (41.2.0)
Installing collected packages: wordcloud
Successfully installed wordcloud-1.6.0
```

图 1.17　文件安装词云库

3. 卸载已安装的第三方库

如果需要卸载第三方库 numpy,执行下列命令:

C:\Users\xslu>pip uninstall numpy

系统首先去寻找 numpy 模块,若找到,则显示该模块需要移除的相关文件并询问“Proceed(Y/N)”,键入 y 后,系统卸载该模块,然后提示卸载成功,如图 1.18 所示。

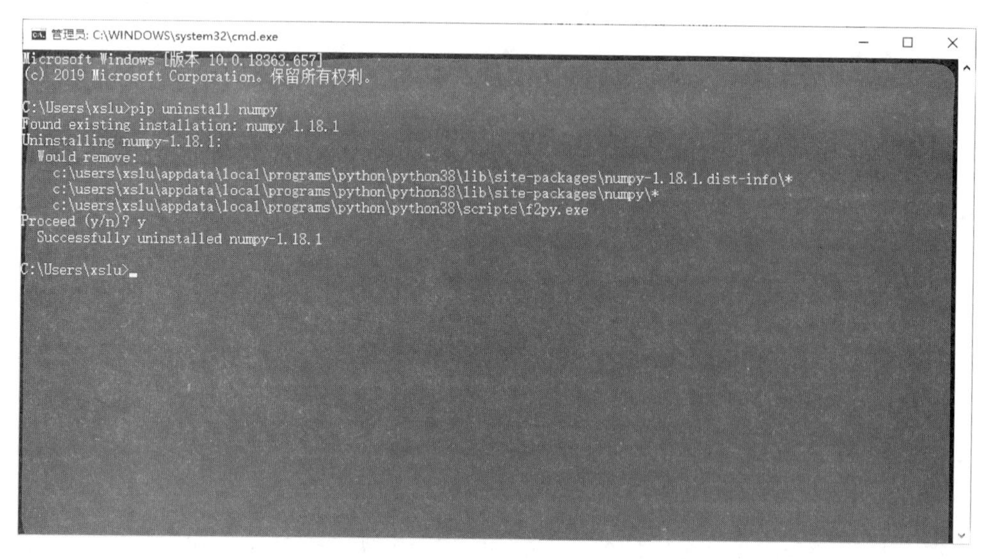

图 1.18　卸载 numpy 库

4. 查看已安装的第三方库

如果想查看自己的电脑已经安装了哪些第三方库,可以执行下列命令:

C:\Users\xslu>pip list

屏幕将显示已安装的第三方库名及版本号,如图 1.19 所示。

图 1.19　查看已安装的第三方库

四、设置 Python 默认工作目录

如果不特别指定,Python 的默认工作目录为系统安装的文件夹位置。如果需要设置自

己的工作目录，如 D:\python_exp，可执行如下操作：

（1）点击“开始”按钮，找到 Python 3.8。单击“Python 3.8”，从展开的程序清单中右击“IDLE(Python 3.8 64-bit)”，选择“更多”中的“打开文件位置”，打开快捷方式所保存的文件夹，如图 1.20 所示。

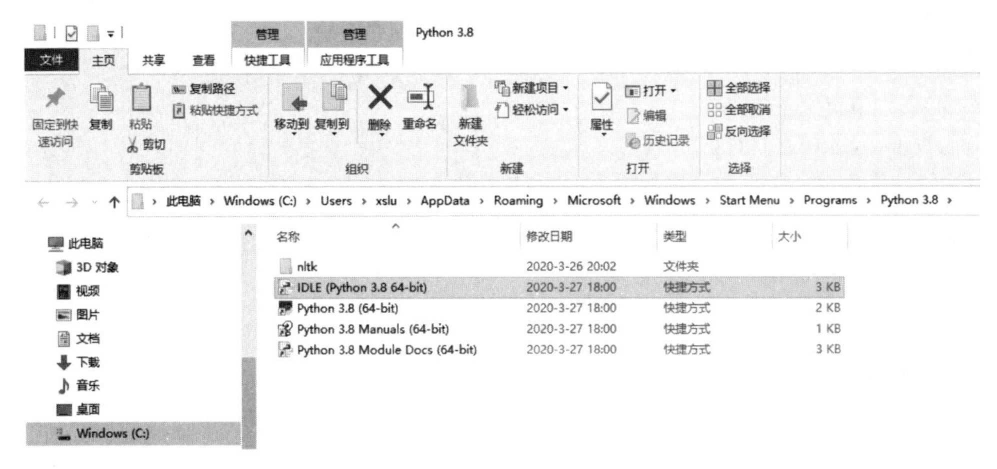

图 1.20　快捷方式的文件位置

（2）右击快捷方式“IDLE(Python 3.8 64-bit)”，在出现的快捷菜单中单击“属性”，弹出“属性”窗口，如图 1.21 所示。

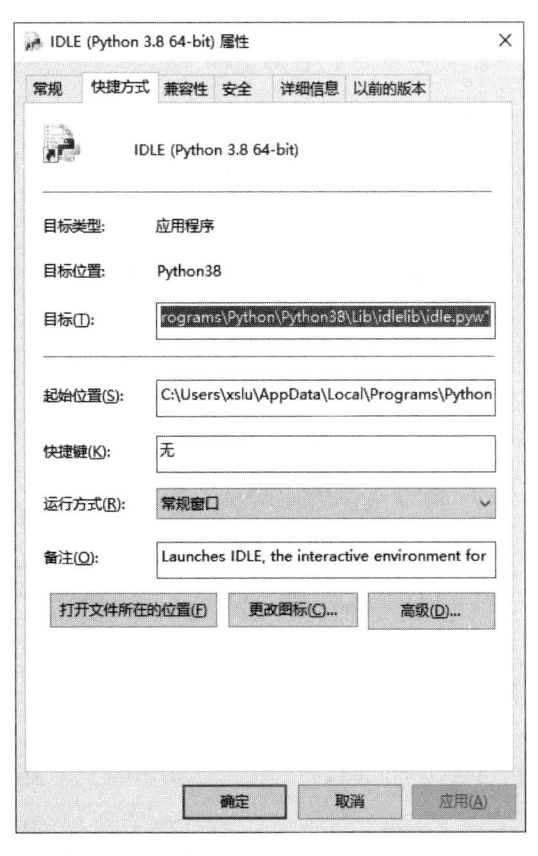

图 1.21　IDLE 的“属性”窗口

(3) 在“起始位置(S):”文本框中将原路径修改为自己所需要的路径,如 D:\python_exp,然后点击“确定”按钮完成设置。

五、Python 的帮助信息

在程序设计的过程中,可能会忘了某个函数或模块的具体功能或参数格式,此时可使用 Python 内置的 help()函数。

例如:

```
>>> help('turtle')
Squeezed text (8038 lines).
```

这里压缩了 8038 行 turtle 的帮助信息。右击可选择“复制”或“查看”模式。双击可展开详细内容,但这种方式既不便于用户获取帮助,又影响系统的反应速度,一般不提倡使用。建议使用 help()时给出更进一步的信息。

```
>>> help('turtle.penup')
Help on function penup in turtle:
turtle.penup = penup()
    Pull the pen up -- no drawing when moving.
    Aliases: penup | pu | up
    No argument
    Example:
    >>> penup()
```

1.3 Turtle 绘图

Turtle 是一个 Python 自带的用于绘制图形的标准库。Turtle 库设置了一只小海龟(Turtle)在画布上按指定的坐标和方向爬行,其爬行的轨迹形成了所需绘制的图形。

1.3.1 绘图窗口

一、绘图窗口设置

用 Turtle 绘制图形时,屏幕上会弹出一个图形窗口,在这个图形窗口中有一个画布,图形是在画布上绘制的。窗口和画布是两个不同的概念,不能混淆。

1. 图形窗口的设置

图形窗口的大小及初始位置可用 setup()函数设置,具体格式如下:

setup(width,height,startx,starty)

其中,参数 width 和 height 是窗口的宽度和高度。当参数值为整数时,单位是像素。而当参数值是小数时,表示占据电脑屏幕的比例。

参数 startx 和 starty 设置图形窗口左上角相对于屏幕左上角(0,0)的位置。这两个参数可缺省,默认图形窗口位于屏幕的正中间。

例如,turtle.setup(600,400,50,50)

setup()函数在设置窗口大小的同时,隐含设置了画布的大小为(400, 300)。

2. 画布的设置

画布是绘图的区域,可用 screensize()函数设置它的大小和背景色,具体格式如下:

screensize(canvwidth,vanvheight,bg)

其中,参数 canvwidth 和 vanvheight 是画布的宽度和高度,单位是像素。参数 bg 是背景色。

例如:turtle. screensize(500,400, ' gray')

当画布的尺寸大于窗口的尺寸时,窗口会出现滚动条,反之,画布将填充满整个窗口。

用不带参数的 screensize()函数可查看当前画布的大小。

二、坐标体系

在绘图窗口中,采用以屏幕中心为原点的坐标系。角度坐标也采用数学上的坐标轴角度,角度从 0°到 360°,绕 x 轴逆时针方向转动。

小海龟默认头朝右方,从原点出发。

三、RGB 色彩体系

色彩用 RGB(红、绿、蓝)三原色表示,RGB 每个分量的取值范围为 0—255 的整数或 0—1 的小数。系统默认采用小数表示,如想切换表达模式,可使用 colormode(1. 0/255)来实现。表 1. 1 列出了一些常用的 RGB 色彩,颜色的设置既可以使用 RGB 的数值,也可以使用对应的英文名称。

表 1. 1　常用 RGB 色彩

英文名称	RGB 整数值	RGB 小数值	中文名称
white	255, 255, 255	1, 1, 1	白色
yellow	255, 255, 0	1, 1, 0	黄色
magenta	255, 0,255	1, 0, 1	洋红
cyan	0, 255, 255	0, 1, 1	蓝绿色
blue	0, 0, 255	0, 0, 1	蓝色
black	0, 0, 0	0, 0, 0	黑色
seashell	255, 245, 238	1, 0. 96, 0. 93	海贝色
gold	255, 215, 0	1, 0. 84, 0	金色
pink	255, 192, 203	1, 0. 75, 0. 80	粉红色
brown	165, 42, 42	0. 65, 0. 16, 0. 16	棕色
purple	160, 32, 240	0. 63, 0. 13, 0. 94	紫色
tomato	255, 99, 71	1, 0. 39, 0. 28	番茄色

1. 3. 2　画笔的控制和运动

一、画笔的控制

画笔的控制函数见表 1. 2。

表 1. 2　画笔控制

函数	功能
penup()	画笔抬起,不绘制图形 别名 turtle. pu()
pendown()	画笔降下,绘制图形 别名 turtle. pd()
pensize(width)	画笔宽度 别名 width()
pencolor(color)	画笔颜色 color 为字符串 或者 RGB 的值

(续表)

函数	功能
speed(speed)	设置画笔移动速度,速度值从 1 到 10 越来越快,但速度值 0 表示最快
fillcolor(colorstring)	绘制图形的填充颜色
color(color1, color2)	同时设置画笔颜色 color1, 填充颜色 color2
begin_fill()	开始填充,在绘制填充图形前使用
end_fill()	结束填充,在绘制填充图形后使用

例如:

```
turtle.pencolor("purple")
turtle.pencolor(0.63,0.13,0.94)
turtle.penup()
```

二、画笔的运动

控制画笔运动的函数见表 1.3。

表 1.3 画笔运动

函数	功能
forward(distance)	向当前画笔方向移动 distance 像素长度
backward(distance)	向当前画笔相反方向移动 distance 像素长度
right(degree)	顺时针移动 degree 角度
left(degree)	逆时针移动 degree 角度
setheading(angle)	设置当前朝向为 angle 角度
goto(x, y)	将画笔移动到坐标为 x,y 的位置
setx( )	将当前 x 轴移动到指定位置
sety( )	将当前 y 轴移动到指定位置
home()	设置当前画笔位置为原点,朝向东
circle()	画圆,半径为正(负),表示圆心在画笔的左边(右边)画圆
dot(r)	绘制一个指定直径和颜色的圆点

例如:绘制数字“3”。

```
import turtle as t
t.pensize(10)              # 设置画笔的宽度
t.pencolor('tomato')       # 设置画笔颜色为番茄色
t.forward(100)             # 从中心点开始向右画一横
t.right(90)                # 画笔方向右转 90 度, 向下
t.forward(200)             # 向下画一竖
t.right(90)                # 画笔方向右转 90 度, 向左
t.forward(100)             # 向左画一横
t.penup()                  # 提起画笔
t.goto(0,-100)             # 定位到坐标点 (0,100)
t.pendown()                # 落下画笔 (方向依然向左)
t.backward(100)            # 向右退着画一横
```

该段程序的运行结果如图 1.22 所示。

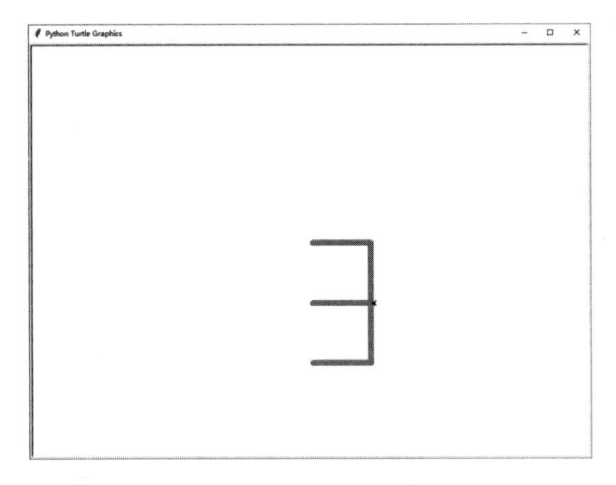

图 1.22　绘制数字“3”

三、其他设置

此外，还有一些设置函数见表 1.4。

表 1.4　设置函数

函数	功能
reset()	清空窗口，恢复初始状态
tracer(True/False)	关闭笔迹跟踪效果，提高绘图速度
shape()	更改绘图指针形状
write()	添加文字
done()	最后一句

例如：

```
turtle.shape("turtle")        # 绘图指针形状设为“小海龟”
turtle.write('中国加油！武汉加油！',font=("楷体",25,"bold"))
```

1.3.3　综合应用

例 1.1　绘制圆环。

方法 1：

```
1  import turtle as t
2  t.circle(40)
3  t.penup()                  # 提笔，避免画出线条
4  t.right(90)                # 右转 90 度，方向向下
5  t.forward(20)              # 前进 20 像素
6  t.left(90)                 # 左转 90 度，方向向左
7  t.pendown()                # 落笔，准备画第二个圆
8  t.circle(60)
```

半径为正时,逆时针方向画圆,圆心在左侧 90 度位置;半径为负时,顺时针方向画圆,圆心在右侧 90 度位置。确定好圆心的方位,根据半径的取值,可以计算出圆心的坐标。

方法 2:

```
1  import turtle as t
2  t.circle(40)
3  t.penup()
4  t.goto(0,-20)            # 直接定位到坐标(0,-20)位置
5  t.pendown()              # 落笔后，画笔方向保持不变，依然向右
6  t.circle(60)
```

运行程序,结果如图 1.23 所示。

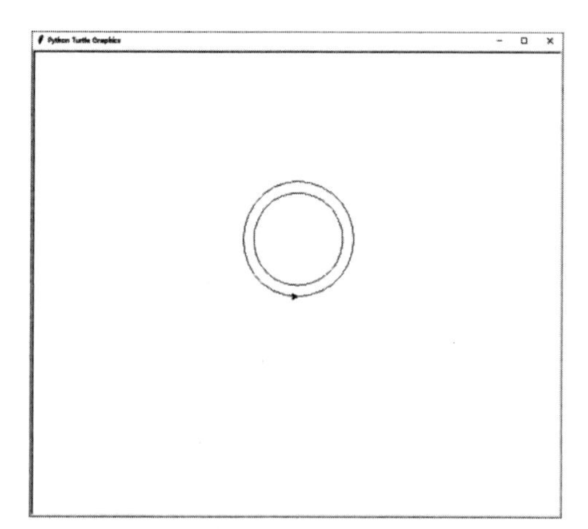

图 1.23　绘制圆环

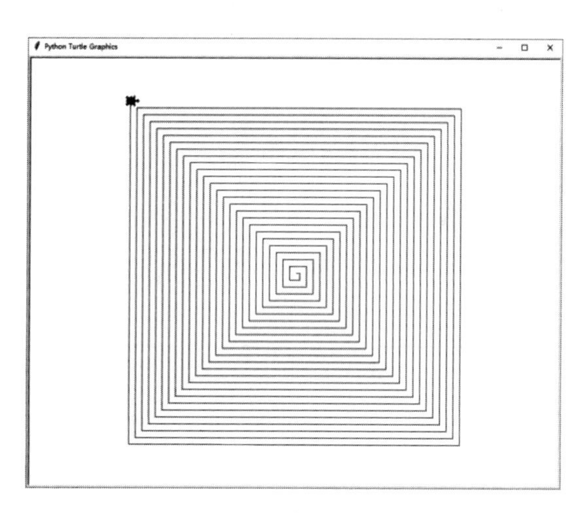

图 1.24　方形螺旋线

例 1.2　绘制一个方形螺旋线。

```
1  from turtle import *
2  tracer(True)            # 打开动画跟踪
3  shape('turtle')         # 设置绘图指针形状为小海龟
4  dist = 6
5  for i in range(100):
6      fd(dist)            # forward()函数的别名
7      rt(90)              # right()函数的别名
8      dist += 6
```

运行程序,结果如图 1.24 所示。

将 tracer()函数的参数由 True 该为 False,观察运行结果的前后变化,可以发现关闭动画跟踪后,绘图速度极快。

例 1.3　绘制太极图。

```
1  from turtle import *
2
3  def yin(radius, color1, color2):
4      width(3)
5      color("black", color1)  #设置填充颜色
```

```
6       begin_fill()            #开始填充
7       circle(radius/2., 180)
8       circle(radius, 180)
9       left(180)
10      circle(-radius/2., 180)
11      end_fill()              #结束填充
12      left(90)
13      up()
14      forward(radius*0.35)
15      right(90)
16      down()
17      color(color1, color2)
18      begin_fill()
19      circle(radius*0.15)
20      end_fill()
21      left(90)
22      up()
23      backward(radius*0.35)
24      down()
25      left(90)
26
27  yin(200, "black", "white")
28  yin(200, "white", "black")
```

运行程序，结果如图 1.25 所示。

图 1.25　太极图

例 1.4　绘制玫瑰曲线。

```
1  import turtle as t
2  from math import *
3  t.pencolor("pink")    # 画笔颜色
4  t.pensize(3)  #画笔宽度
```

```
5
6   def draw(a,n,end):   #定义画玫瑰曲线函数
7       i=0
8       while i<end:
9           x=a*sin(i*n)*cos(i)
10          y=a*sin(i*n)*sin(i)
11          t.goto(x,y)
12          i+=0.02
13
14  draw(150,6,6.28)     #调用函数
```

运行程序,结果如图 1.26 所示。

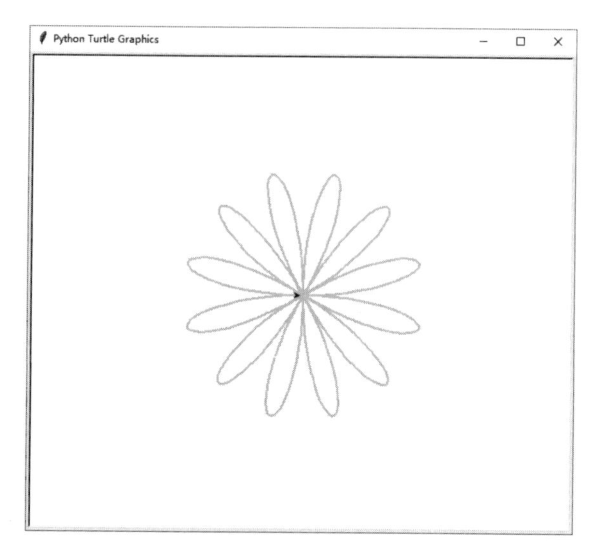

图 1.26 玫瑰曲线

图 1.27 心形图

例 1.5 用一条语句打印爱心。

```
print('\n'.join([''.join([('LoveYangzhou'[(x-y)%12]if((x*0.05)**2+(y*0.1)**2-1)**3-(x*0.05)**2*(y*0.1)** 3<=0 else'')for x in range(-30,30)])for y in range(15,-15,-1)]))
```

该语句的运行结果如图 1.27 所示。

例 1.6 科赫雪花。

```
1   # 科赫雪花
2   import turtle as t
3
4   def koch(size, n):
5     if n==0:
6       t.fd(size)
7     else:
8       for angle in [0,60,-120,60]:
9         t.left(angle)
```

```
10        koch(size/3,n-1)
11
12  if __name__=='__main__':
13    t.setup(1000,1000)
14    t.pen(speed = 0, pendown = False, pencolor = 'blue')
15    a,n = 400,4
16    t.goto(-a/2,a/2/pow(3,0.5))
17    t.pd()
18    for i in range(3):
19      koch(a,n)
20      t.right(120)
21    t.ht()
22    t.done()
```

运行程序,结果如图 1.28 所示。

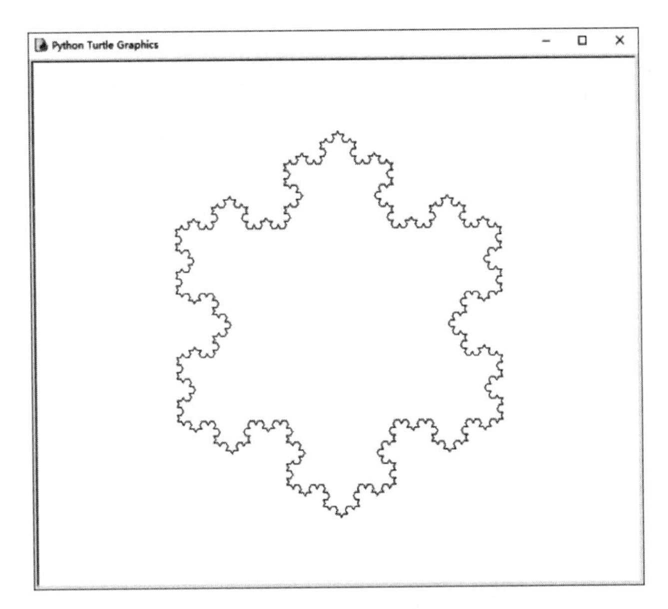

图 1.28　科赫雪花

科赫雪花是由瑞典人科赫于 1904 年提出的“雪花”曲线。该曲线的做法是,从一个正三角形开始,把每条边分成三等份,然后以各边的中间长度为底边,分别向外作正三角形,再把底边线段抹掉,这样就得到一个六角形,它共有 12 条边。再把每条边三等份,以各自中间部分为底边,向外作正三角形后,抹掉底边线段。反复进行这一过程,就会得到一个雪花状的曲线。

这里用到了递归的概念,这部分内容在后续章节会有介绍。递归算法的一个重要应用就是图形处理中的分形。分形是将图形的每个元素按某种规则进行变换,得到一个新的图形。以此类推,经过若干次变形后得到的图形就是分形图形。分形绘画是计算机绘画的一种,这种特殊的绘画艺术展现了数学世界的瑰丽景象。计算机分形绘画常用来描绘闪电、树枝、雪花、浮云和流水等自然现象。

第 1 章思维导图

- Python语言程序设计
  - Python语言概述
    - 发展及应用
      - 版本
      - 应用领域
    - 函数和库
      - 内置函数
      - 标准库函数
      - 第三方库函数
    - 代码风格
      - 缩进
      - 注释
  - 程序设计
    - 程序设计语言
      - 程序设计语言的发展
        - 机器语言
        - 汇编语言
        - 高级语言
        - 第4代语言
      - 语言处理系统
        - 解释
        - 编译
    - 程序设计方法
      - 程序的基本结构
        - 顺序结构
        - 选择结构
        - 重复结构
      - 结构化程序设计原则
        - 自顶向下
        - 逐步求精
        - 模块化
        - 限制goto
      - 面向对象程序设计基本概念
        - 基本概念
          - 类
          - 对象
          - 属性
          - 方法
        - 特征
          - 封装
          - 继承
          - 多态
    - 编写程序
      - IPO方法
    - 调试程序
      - 语法错误
      - 逻辑错误
  - Turtle绘图
    - 窗口设置
      - setup()
      - screensize()
    - 画笔控制
      - penup()
      - pendown()
      - pensize()
      - pencolor()
      - fillcolor()
      - color()
      - begin_fill()
      - end_fill()
      - speed()
    - 画笔运动
      - forward()
      - backward()
      - right()
      - left()
      - setheading()
      - goto()
      - home()
      - circle()
      - dot()
    - 其他设置
      - reset()
      - tracer()
      - shape()
      - write()
      - done()

第2章　数据类型与运算符

本章首先通过一个例子来说明程序设计的过程，并介绍了程序的基本元素。在此基础上，引入变量、数据类型、运算符以及输入输出。

与其他程序设计语言类似，Python 也支持变量。变量是编程的起点，程序需要将数据存储到变量中。在 Python 语言中，变量是有类型的，如 int、float 等。Python 是动态类型语言，变量在使用前不要提前声明，赋值后就能直接使用。另外，变量的类型是可改的，随着其赋值变化而变化。

运算符将各种类型的数据连接在一起形成表达式。Python 的运算符丰富但不混乱，比如 Python 支持算术运算、位运算、移位运算等。

2.1　标识符

2.1.1　标识符及其命名规则

现实生活中，为了区分不同的事物，人们常用一些名称来标记事物，例如，学校每个学生可以通过属于自己的学号来标识。同理，程序员可以自定义一些符号和名称来表示一些程序代码中的事物。这些符号和名称都被称为“标识符”。显然，标识符就是一个名字，其主要作用就是作为变量、函数、类、模块以及其他对象的名称。Python 中的标识符由字母、数字和下划线组成，其命名方式需要遵守一定的规则，具体如下。

一、标识符由字母、下划线和数字组成，且不能以数字开头

示例代码如下：

```
fromTo12      # 合法的标识符
from#12       # 不合法的标识符，标识符不能包含#符号
2ndobj        # 不合法的标识符，标识符不能以数字开头
```

实际上，如果 Python 允许变量名以数字开头，那么就无法区分变量名和数字类型。例如，如果变量名 086 合法，则 Python 无法把这个变量和数字 086 区分开来。此外，有些数字可能含有字母，如浮点数 1E10。此时 Python 无法确定 1E10 是变量还是数字。这里就存在歧义了，而程序设计语言不能存在歧义。事实上，很多计算机程序设计语言都规定变量名是不能以数字开头的。因此，需要约定变量名开头不能是数字，以便区分变量与数字。

二、标识符中字母区分大小写

Python 语言严格区分标志符中字母的大小写，例如，teacher 和 Teacher 是不同的标识符。与 Python 语言类似的如 C 语言，但 Fortran、VB 等语言中就不区分标志符中字母的大小写，相同字母的特定组合均视为同一个名字，大家在学习其他语言时要注意这个细节。

三、标识符不能使用保留字

保留字是 Python 语言中一些已经被赋予特定意义的单词，不能作为标识符。例如，if 在 Python 中具有专门的意义，是保留字，故它不能作为标识符。

四、实用建议

除此之外,为了规范命名标识符,笔者对标识符的命名提出以下几点建议:

(1) 见名知意:起一个有意义的名字,尽量做到看一眼就知道标识符是什么意思,从而提高代码的可读性。例如,定义名字使用 name 来表示,定义学生使用 student 来表示。

(2) 根据 Python 之父 Guido van Rossam 设计出来的推荐的规范,在为 Python 中的变量命名时,建议对类名用大写字母开头的单词(如 CapWorld),模块名应该用小写加下划线的方式(如 low_with_under)。

(3) 采用"驼峰命名法"。当函数名以及变量名是以多个单词联结时,第一个单词的首字母为小写,第二个单词及其后面单词的首字母为大写,例如,yourFatherName,myFirstTeacher。因以该命名方式命名的函数名、变量名等看上去就像骆驼峰一样高低起伏,所以该命名法被称为"驼峰命名法"。

(4) 标识符尽量避免以下划线"_"开头。因为以下划线开头的标识符在 Python 中是具有特殊意义的,一般是内建标识符使用的符号,如:

① 以单下划线开头的标识符(如 _width),表示不能直接访问的类属性,其无法通过 from... import * 的方式导入。

② 以双下划线开头的标识符(如__add)表示类的私有成员。

③ 以双下划线作为开头和结尾的标识符(如 __init__)是专用标识符。

故在标识符命名时,除非特定场景需要,要尽量避免以下划线"_"开头。

(5) 另外需要注意的是,Python 允许使用汉字作为标识符,例如:

扬州大学官网 = "http://www.yzu.edu.cn"

但我们应尽量避免使用汉字作为标识符,以避免错误。

2.1.2 保留字

保留字,在有些书籍中也称为关键字,是 Python 语言中一些已经被赋予特定意义的单词,这就要求开发者在编写程序时,不能用这些保留字作为标识符给变量、函数、类、模板以及其他对象命名。

Python 中可以通过以下两条命令来获取该版本所存在的关键字。

```
>>> import keyword
>>> keyword.kwlist
['False', 'None', 'True', 'and', 'as', 'assert', 'break', 'class', 'continue', 'def', 'del',
'elif', 'else', 'except', 'finally', 'for', 'from', 'global', 'if', 'import', 'in', 'is',
'lambda', 'nonlocal', 'not', 'or', 'pass', 'raise', 'return', 'try', 'while', 'with', 'yield']
```

Python 中的保留字,如表 2.1 所示。

表 2.1 Python 保留字一览表

and	as	assert	break	class	continue
def	del	elif	else	except	finally
for	from	False	global	if	import
in	is	lambda	nonlocal	not	None

（续表）

and	as	assert	break	class	continue
or	pass	raise	return	try	True
while	with	yield			

需要注意的是，由于 Python 是严格区分大小写的，保留字也不例外。所以，if 是保留字，但 IF 就不是保留字。在实际开发中，如果使用 Python 中的保留字作为标识符，则解释器会提示"invalid syntax"的错误信息，如图 2.1 所示。

图 2.1　保留字作标识符报错信息示意图

2.2　数据类型（数值型、逻辑型）

2.2.1　Python 变量与使用

从本章的第一小节可知，变量是 Python 程序的基本元素。任何程序设计语言都需要处理数据，比如数字、字符串、逻辑值等。在程序设计中，程序开发者可以在命令或语句中直接使用常量数据，也可将数据赋值给某个变量以便在后续代码中使用。

变量(variable)是用来标识对象或引用对象的。变量中实际保存的是具体数据对象所在的内存地址，一个变量中只能保存一个地址，因此，每次访问变量，它都只会显示一个值。当在程序代码中改变变量的值时，实际是改变了变量所指向的对象，原来的常量值并没有被改变。一般可以通过 id()函数来确认这一现象。例如：

```
>>> x=2
>>> id(x)
140724993054400
>>> x=2.0
>>> id(x)
2165206663920
```

当执行 x=2 时，变量 x 就会指向内存中常量 2 这个数据对象，从而就完成了变量 x 的创建，如图 2.2 所示。当执行 x=2.0 这个语句时，因为 2.0 是不同的对象，所以 x 中原来保存的地址就会被 2.0 这个对象的地址所覆盖，从而解除了 x 跟 2 之间的指向关系，变量 x 指向了一个新对象 2.0。

和变量相对应的是常量(Constant)，它是具体的数据对象，本身不可修改。在程序代码中，可以直接使用常量对象，也可以用一个变量来指向它。

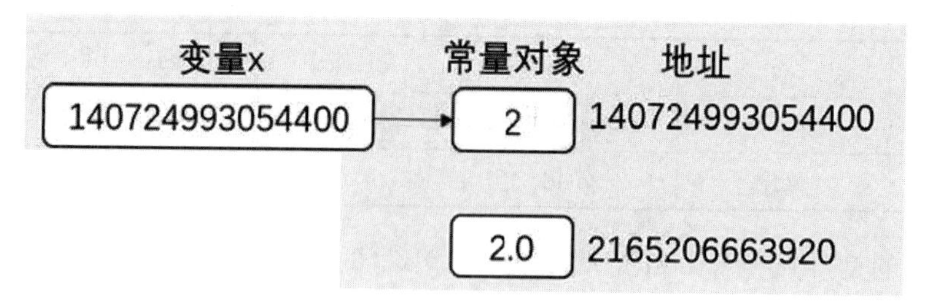

图 2.2　变量赋值

一、Python 变量的赋值

在编程语言中,建立数据和变量名之间引用关系的过程叫作赋值(assignment)。Python 使用等号“=”作为赋值运算符,具体格式为:

```
>>>name = value
```

其中 name 表示变量名,value 表示值,也就是该变量名要具体指向的数据。

(1) 变量是标识符的一种,要遵守前面介绍的 Python 标识符命名规则,还要避免和 Python 内置函数以及 Python 保留字重名。例如,下面的语句将整数 10 赋值给变量 n:

```
>>>n = 10
```

从此以后,n 就代表整数 10,使用 n 也就是使用 10,直到它被重新赋新值。

(2) 变量的值不是一成不变的,它可以随时被修改,只要重新赋值即可。另外可将不同类型的数据赋值给同一个变量。如下面的演示:

```
>>>n = 10     #将 10 赋值给变量 n
>>>n = 95     #将 95 赋值给变量 n
>>>n = 200    #将 200 赋值给变量 n
```

可以通过图 2.3 看到,变量 n 三次赋值的变化过程。

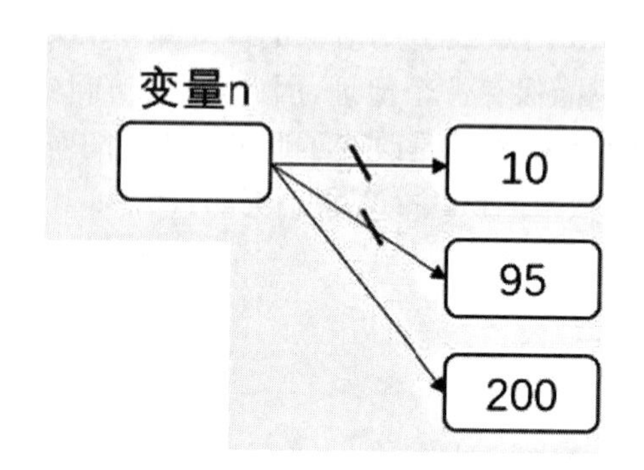

图 2.3　修改 n 的值

```
>>>abc = 12.5   #将小数赋值给变量 abc
>>>abc = 85   #将整数赋值给变量 abc
>>>abc = "http://www.yzu.edu.cn/"   #将字符串赋值给变量 abc
```

(3) 变量的值一旦被修改,之前的值所在地址就被覆盖了。换句话说,变量只能容纳一个对象地址,即新来旧去。如上面例子中,变量 n 和 abc 最终的值分别为“200”和“http://www.

yzu. edu. cn/”。

(4) 除了赋值单个数据，你也可以将表达式的运行结果赋值给变量，例如：

```
>>>sum = 150 + 20   #将加法的结果赋值给变量
>>>rem = 25 * 15 % 7   #将余数赋值给变量
>>>str = "扬州大学官网" + "http://www.yzu.edu.cn/" #将字符串拼接的结果赋值给变量
```

二、Python 变量的使用

与其他程序设计语言一样，在 Python 语言中，变量是按名使用，只要知道变量的名字即可。示例如下：

```
>>> n = 10
>>> print(n)   #将变量传递给函数
10
>>> m = n * 10 + 5   #将变量作为算术表达式的一部分
>>> print(m)
105
>>> print(m-30)   #将由变量构成的表达式作为参数传递给函数
75
>>> m = m * 2   #将变量本身的值翻倍，实际是创建了一个新对象，并让m指向它
>>> print(m)
210
>>> url = "http://www.yzu.edu.cn/"
>>> str = "扬州大学官网：" + url   #字符串拼接
>>> print(str)
扬州大学官网：http://www.yzu.edu.cn/
```

三、Python 是弱类型的语言

Python 是一种弱类型的语言，有两个特点：

(1) 变量无须声明就可以直接赋值，对一个不存在的变量赋值就相当于定义了一个新变量。

(2) 变量的数据类型可以随时改变，比如，同一个变量可以先被赋值为整数，然后被赋值为字符串。

注意，弱类型并不等于没有类型！弱类型是说在书写代码时不用刻意关注类型，但是在编程语言的内部仍然是有类型的。我们可以使用 type() 内置函数检测某个变量或者表达式的类型，例如：

```
>>> num = 10
>>> type(num)
<class 'int'>
>>> num = 15.8
>>> type(num)
<class 'float'>
>>> num = 20 + 15j
>>> type(num)
```

```
<class 'complex'>
>>> type(3*15.6)
<class 'float'>
```

在强类型的编程语言中，定义变量时要指明变量的类型，而且赋值的数据也必须是相同类型的，C 语言、C++、Java 是强类型语言的代表。

内置函数 isinstance(obj,class)用来测试对象 obj 是否为指定类型 class 的实例。

例如：

```
>>> a=2.0
>>> isinstance(a,float)
True
我们还可以通过该函数判断变量a是否是数值型（包含整型、浮点型、复型）。
>>> a=3
>>> isinstance(a,(int,float,complex))
True
>>> a=3.0
>>> isinstance(a,(int,float,complex))
True
>>> a="3.0"
>>> isinstance(a,(int,float,complex))
False
```

2.2.2 数据类型及运算

程序设计语言不允许存在语法歧义，因此，需要明确说明数据的含义。这就是“数据类型”的作用。实质上，类型是编程语言对数据的一种划分。

在 Python 程序中，每个数据都是对象，每个对象都有自己的一种类型。不同类型有不同的操作方法。Python3 常见的数据类型有 number(数字)、bool(布尔)、string(字符串)、list(列表)、tuple(元组)、set(集合)以及 dictionary(字典)，其中，number 又可进一步分为整数型(int)、浮点型(float)以及复数型(complex)。

Python3 的数据类型又可分为两大类：不可变数据类型和可变数据类型。其中，不可变数据类型包括 number(数字)、string(字符串)、tuple(元组)，可变数据类型包括 list(列表)、dictionary(字典)、set(集合)。

这里主要介绍整数型、浮点型、复数型和布尔型以及相应的运算，其余的数据类型将在后续章节中介绍。

一、整数型(int)

整数型通常被称为整型或整数，是正或负整数，没有小数点。在 Python 中，整数包括正整数、0 和负整数。

1. 取值范围

Python3 整型是没有限制大小的，当所用数值超过计算机自身的计算能力时，Python3 会自动转用高精度计算(大数计算)。在 Python3 中，整数不再细分小类型，或者说它只有一种类型(int)的整数，没有 Python2 的 Long 类型——用来存储较大的整数。

例 2.1　整型取值范围。

```
1  #将 101 赋值给变量 m
2  m = 101
3  print(m)
4  print( type(m) )
```

运行程序,结果如下:

```
101
<class 'int'>
```

例 2.2　整型取值范围。

```
1  #给 x 赋值一个很大的整数
2  x = 8888888888888888888888
3  print(x)
4  print( type(x) )
```

运行程序,结果如下:

```
8888888888888888888888
<class 'int'>
```

例 2.3　整型取值范围。

```
1  #给 y 赋值一个很小的整数
2  y = -7777777777777777777777
3  print(y)
4  print( type(y) )
```

运行程序,结果如下:

```
-7777777777777777777777
<class 'int'>
```

2. 整数的不同进制

在 Python 中,可以使用多种进制来表示整数。

(1) 十进制形式

我们平时常见的整数就是十进制形式,它由 0—9 共十个数字排列组合而成。注意,使用十进制形式的整数不能以 0 作为开头,除非这个数值本身就是 0。

(2) 二进制形式

由 0 和 1 两个数字组成,书写时以 0b 或 0B 开头。例如,101 对应的十进制数是 5。

(3) 八进制形式

八进制整数由 0—7 共八个数字组成,以 0o 或 0O 开头。注意,第一个符号是数字 0,第二个符号是大写或小写的字母 O。在 Python 2. x 中,八进制数字还可以直接以 0(数字零)开头。

(4) 十六进制形式

由 0—9 十个数字以及 A—F(或 a—f)六个字母组成,书写时以 0x 或 0X 开头。

例 2.4　不同进制整数在 Python 中的使用:

```
1   #十六进制
2   hex1 = 0x45
3   hex2 = 0x4Af
4   print("hex1Value: ", hex1)
5   print("hex2Value: ", hex2)
6   #二进制
7   bin1 = 0b101
8   print('bin1Value: ', bin1)
9   bin2 = 0B110
10  print('bin2Value: ', bin2)
11  #八进制
12  oct1 = 0O26
13  print('oct1Value: ', oct1)
14  oct2 = 0O41
15  print('oct2Value: ', oct2)
```

运行程序,结果如下:

```
hex1Value:   69
hex2Value:   1199
bin1Value:   5
bin2Value:   6
oct1Value:   22
oct2Value:   33
```

注意,本例的输出结果都是十进制整数。

3. 数字分隔符

为了提高数字的可读性,Python 3.8 允许使用下划线“_”作为数字(包括整数和小数)的分隔符。通常每隔三个数字添加一个下划线,类似于英文数字中的逗号。下划线不会影响数字本身的值。

例 2.5 使用下划线书写数字。

```
1   click = 1_301_547
2   distance = 384_000_000
3   print("Python 教程阅读量：", click)
4   print("地球和月球的距离：", distance)
```

运行程序,结果如下:

```
Python 教程阅读量:1301547
地球和月球的距离:384000000
```

二、浮点型(float)

浮点型由整数部分与小数部分组成,浮点型也可以使用科学记数法表示($2.5e2=2.5\times10^2=250$)。

在编程语言中,小数通常以浮点数的形式存储。浮点数和定点数是相对的:小数在存储过程中如果小数点发生移动,就称为浮点数;如果小数点不动,就称为定点数。

Python 中的小数有两种书写形式:

1. 十进制形式

这种就是我们平时看到的小数形式，例如 34.6、346.0、0.346。

注意，书写小数时必须包含一个小数点，否则会被 Python 当作整数处理。

2. 指数形式

Python 小数的指数形式的写法为：

aEn 或 aen

其中：a 为尾数部分，是一个十进制数；n 为指数部分，是一个十进制整数；E 或 e 是固定的字符，用于分割尾数部分和指数部分。整个表达式等价于 $a\times10^n$。

指数形式的小数举例如下：

2.1E5 $=2.1\times10^5$，其中 2.1 是尾数，5 是指数。

3.7E−2 $=3.7\times10^{-2}$，其中 3.7 是尾数，−2 是指数。

0.5E7 $=0.5\times10^7$，其中 0.5 是尾数，7 是指数。

注意，只要写成指数形式就是小数，即使它的最终值看起来像一个整数。例如 14E3 等价于 14000，但 14E3 是一个浮点数，显示时会自动加上小数点。

例 2.6　小数在 Python 中的使用：

```
1   f1 = 12.5
2   print("f1Value: ", f1)
3   print("f1Type: ", type(f1))
4   f2 = 0.34557808421257003
5   print("f2Value: ", f2)
6   print("f2Type: ", type(f2))
7   f3 = 0.0000000000000000000000000847
8   print("f3Value: ", f3)
9   print("f3Type: ", type(f3))
10  f4 = 345679745132456787324523453.45006
11  print("f4Value: ", f4)
12  print("f4Type: ", type(f4))
13  f5 = 12e4
14  print("f5Value: ", f5)
15  print("f5Type: ", type(f5))
16  f6 = 12.3 * 0.1
17  print("f6Value: ", f6)
18  print("f6Type: ", type(f6))
```

运行程序，结果如下：

```
f1Value:   12.5
f1Type:   <class 'float'>
f2Value:   0.34557808421257
f2Type:   <class 'float'>
f3Value:   8.47e-26
f3Type:   <class 'float'>
f4Value:   3.456797451324568e+26
f4Type:   <class 'float'>
```

```
f5Value:   120000.0
f5Type:   <class 'float'>
f6Value:   1.2300000000000002
f6Type:   <class 'float'>
```

从上面运行结果可以看出,Python 能容纳极小和极大的浮点数。print 在输出浮点数时,会根据浮点数的长度和大小适当舍去一部分数字,或者采用科学记数法,如:

```
>>> print(0.00001234)
1.234e-05
>>> print(0.0001234)
0.0001234
```

注意,虽然 f5 的值是 120000,但是它依然是浮点类型,而不是整数类型。

尤其要注意,f6=12.3× 0.1 的计算结果很明显是 1.23,但是 print 的输出却不精确。这是因为小数在内存中是以二进制形式存储的,小数点后面的部分在转换成二进制时很有可能是一串无限循环的数字,无论如何都不能精确表示,所以浮点数的计算结果一般都是不精确的。

三、复数型(complex)

复数由实数部分和虚数部分构成,可以用 a + bj 或者 complex(a,b)表示,复数的实部 a 和虚部 b 都是浮点型。复数是 Python 的内置类型,直接书写即可。换句话说,Python 语言本身就支持复数,而不依赖于标准库或第三方库。

例 2.7 Python 复数的使用:

```
1  h1 = 12 + 0.2j
2  print("h1Value: ", h1)
3  print("h1Type", type(h1))
4  h2 = 6 - 1.2j
5  print("h2Value: ", h2)
6  #对复数进行简单计算
7  print("h1+h2: ", h1+h2)
8  print("h1*h2: ", h1*h2)
9  print(3-5j+5.0+9)
```

运行程序,结果如下:

```
h1Value:   (12+0.2j)
h1Type <class 'complex'>
h2Value:   (6-1.2j)
h1+h2:   (18-1j)
h1*h2:   (72.24-13.2j)
(17-5j)
```

可以发现,复数在 Python 内部的类型是 complex,Python 默认支持对复数的简单计算。

整数、浮点数以及复数这三种类型数据混合参与运算时,结果的类型采用“最宽范围”的类型,复数类型范围最宽,整数最窄。

例 2.8 复数的实部、虚部和共轭复数的获取:

```
>>> a = complex(4.2)
>>> b = 3 - 5j
>>> a
(4+2j)
>>> b
(3-5j)
>>> a.real
4.0
>>> a.imag
2.0
>>> a.conjugate()
(4-2j)
```

四、算术运算符

算术运算符也即数学运算符，用来对数字进行数学运算，比如加减乘除。表 2.2 列出了 Python 支持的所有基本算术运算符。

表 2.2　Python 常用算术运算符

运算符	说明	实例	结果
+	加	12.45 + 15	27.45
−	减	4.56 − 0.26	4.3
*	乘	5 * 3.6	18.0
/	除法（和数学中的规则一样）	7 / 2	3.5
//	整除（取商的整数部分）	7 // 2	3
%	取余，即返回除法的余数	7 % 2	1
**	幂运算/次方运算，即返回 x 的 y 次方	2 ** 4	16，即 2^4

例 2.9　算术运算符。

```
1   a = 21
2   b = 10
3   c = 0
4   c = a + b
5   print ("1 - c 的值为：", c)
6
7   c = a - b
8   print ("2 - c 的值为：", c)
9
10  c = a * b
11  print ("3 - c 的值为：", c)
12
13  c = a / b
14  print ("4 - c 的值为：", c)
15
```

```
16  c = a % b
17  print ("5 - c  的值为：", c)
18
19  # 修改变量 a 、b 、c
20  a = 2
21  b = 3
22  c = a**b
23  print ("6 - c  的值为：", c)
24
25  a = 10
26  b = 5
27  c = a//b
28  print ("7 - c  的值为：", c)
```

运行程序，结果如下：

```
1 - c  的值为：  31
2 - c  的值为：  11
3 - c  的值为：  210
4 - c  的值为：  2.1
5 - c  的值为：  1
6 - c  的值为：  8
7 - c  的值为：  2
```

现针对上述算术运算符做如下说明：

(1) 减号运算符(—)除了可以用作减法运算之外，还可以用作求负运算(正数变负数，负数变正数)，请看下面的代码：

```
1  n = 45
2  n_neg = -n
3  f = -83.5
4  f_neg = -f
5  print(n_neg, ",", f_neg)
```

运行程序，结果如下：

```
−45 , 83.5
```

(2) 乘号运算符(*)除了可以用作乘法运算，还可以用来重复字符串，也即将多个同样的字符串连接起来，请看以下代码：

```
str1 = "hello "
print(str1 * 4)   #4 表示字符串 str1 重复的次数
```

运行程序，结果如下：

```
hello hello hello hello
```

(3) 实数除法运算符(/)的计算结果总是浮点数，不管是否能除尽，也不管参与运算的是整数还是浮点数。整除运算符(//)的结果类型要根据参与运算的参数类型确定，如果均为整型，结果肯定为整型，如果有一个参数为浮点型，结果肯定为浮点型，只是小数部分为 0。

另外，除数始终不能为 0，除以 0 是没有意义的，这将导致 ZeroDivisionError 错误。

（4）模运算符（%）用来求得两个数相除的余数，参与运算的数可以是整型和浮点型，结果保持原类型。Python 使用第一个数字除以第二个数字，得到一个整数的商，剩下的值就是余数。对于浮点数，求余的结果一般也是浮点数。%求余运算的本质是除法运算，所以第二个数字也不能是 0，否则会导致 ZeroDivisionError 错误。具体示例如下。

```
1   print("-----整数求余-----")
2   print("15%6 =", 15%6)
3   print("-15%6 =", -15%6)
4   print("15%-6 =", 15%-6)
5   print("-15%-6 =", -15%-6)
6   print("-----浮点数求余-----")
7   print("7.7%2.2 =", 7.7%2.2)
8   print("-7.7%2.2 =", -7.7%2.2)
9   print("7.7%-2.2 =", 7.7%-2.2)
10  print("-7.7%-2.2 =", -7.7%-2.2)
11  print("---整数和浮点数运算---")
12  print("23.5%6 =", 23.5%6)
13  print("23%6.5 =", 23%6.5)
14  print("23.5%-6 =", 23.5%-6)
15  print("-23%6.5 =", -23%6.5)
16  print("-23%-6.5 =", -23%-6.5)
```

运行程序，结果如下：

```
-----整数求余-----
15%6 = 3
-15%6 = 3
15%-6 = -3
-15%-6 = -3
-----浮点数求余-----
7.7%2.2 = 1.0999999999999996
-7.7%2.2 = 1.1000000000000005
7.7%-2.2 = -1.1000000000000005
-7.7%-2.2 = -1.0999999999999996
---整数和浮点数运算---
23.5%6 = 5.5
23%6.5 = 3.5
23.5%-6 = -0.5
-23%6.5 = 3.0
-23%-6.5 = -3.5
```

由运行结果可以总结以下规律（以 a % b 为例说明）：

结果的符号同第二个参数 b 的符号；

结果的类型，只有 a、b 均为整型时，结果为整型；只要有浮点数参与，结果的类型为浮点型。

运算规则分为同号和异号两种情形。a、b 同号时,用 a 减去刚刚小于 a 的 b 的倍数;a、b 异号时,用刚刚大于 a 的 b 的倍数减去 a。

(5) 由于开方是次方的逆运算,所以也可以使用 ** 运算符间接地实现开方运算。

```
1  print('----开方运算----')
2  print('81**(1/4) =', 81**(1/4))
3  print('32**(1/5) =', 32**(1/5))
```

运行程序,结果如下:

```
----开方运算----
81**(1/4) = 3.0
32**(1/5) = 2.0
```

当一个式子中出现连续的乘方运算符时,采用右结合规则。例如:

```
>>> 2**3**2
512
```

五、布尔型及布尔运算

布尔型(bool)也称为逻辑型。Python 提供了布尔类型来表示真(对)或假(错)。比如不等式 5>3,这个式子成立,在程序设计语言中称之为真(对),Python 使用 True 来代表。再比如 4 >20,这个是错误的,在程序设计语言中称之为假(错),Python 使用 False 来代表。运算符有三个:and、or 以及 not,具体描述见表 2.3,其相应的真值表见表 2.4。

表 2.3 Python 逻辑运算符及功能

逻辑运算符	含义	基本格式	说明
and	逻辑与运算,等价于数学中的“且”	A and B	当 A 和 B 两个表达式都为真时,A and B 的结果才为真,否则为假
or	逻辑或运算,等价于数学中的“或”	A or B	当 A 和 B 两个表达式都为假时,A or B 的结果才是假,否则为真
not	逻辑非运算,等价于数学中的“非”	not A	如果 A 为真,那么 not A 的结果为假;如果 A 为假,那么 not A 的结果为真。相当于对 A 取反

表 2.4 Python 逻辑运算真值表

A	B	A and B	A or B
True	True	True	True
True	False	False	True
False	True	False	True
False	False	False	False

注意,True 和 False 是 Python 中的关键字,当作为 Python 代码输入时,一定要注意字母的大小写,否则解释器会报错。另外,布尔类型可以当作整数来对待,即 True 相当于整数值 1,False 相当于整数值 0。因此,下面这些运算都是可以的:

```
>>> False+1
1
>>> True+1
2
```

注意，这里只是为了说明 True 和 False 对应的整型值，在实际应用中是不妥的，不要这么用。总的来说，布尔类型就是用于代表某个事情的真（对）或假（错）。如果这个事情是正确的，用 True（或 1）代表；如果这个事情是错误的，用 False（或 0）代表。

```
>>> 5>3
True
>>> 4>20
False
```

逻辑运算符的优先级从高到低依次为：

```
not > and > or
```

六、比较运算

比较运算符，也称关系运算符，用于对常量、变量或表达式的结果进行大小比较，或判断两个变量是否是同一个对象。如果这种比较是成立的，则返回 True（真），反之则返回 False（假）。Python 支持的比较运算符如表 2.5 所示。

表 2.5　Python 比较运算符

比较运算符	说明
＞	大于，如果＞前面的值大于后面的值，则返回 True，否则返回 False
＜	小于，如果＜前面的值小于后面的值，则返回 True，否则返回 False
＝＝	等于，如果＝＝两边的值相等，则返回 True，否则返回 False
＞＝	大于等于，如果＞＝前面的值大于或者等于后面的值，则返回 True，否则返回 False
＜＝	小于等于，如果＜＝前面的值小于或者等于后面的值，则返回 True，否则返回 False
！＝	不等于（等价于数学中的 ≠），如果！＝两边的值不相等，则返回 True，否则返回 False
is	判断两个变量所引用的对象是否相同，如果相同则返回 True，否则返回 False
is not	判断两个变量所引用的对象是否不相同，如果不相同则返回 True，否则返回 False

1. 大小关系的比较

此类运算符有＞、＞＝、＜、＜＝、＝＝和！＝等 6 个运算符。

```
>>>print("89是否大于100：", 89 > 100)
89是否大于100：  False
>>>print("24*5是否大于等于76：", 24*5 >= 76)
24*5是否大于等于76：  True
>>>print("86.5是否等于86.5：", 86.5 == 86.5)
86.5是否等于86.5：  True
>>>print("34是否等于34.0：", 34 == 34.0)
34是否等于34.0：  True
```

```
>>>print("False是否小于True: ", False < True)
False是否小于True:  True
>>>print("True是否等于True: ", True < True)
True是否等于True:  False
```

2. 同一对象的判断

is 运算符用来判断两个变量是否引用了同一个对象。如果两个变量引用的是同一个对象,则 is 表达式的结果为 True,否则为 False。is not 运算符则相反。

```
x = [1, 2, 3]
y = x
z = [1, 2, 3]
print(x is y)  输出: True
print(x is z)  输出: False
print(x == z)  输出: True
```

在上面例子中,x 和 y 引用的是同一个列表对象,所以 x is y 的结果为 True,而 x 和 z 虽然值相同,然而引用的是不同的列表对象,所以 x is z 的结果为 False。

is 运算符也可用来判断一个变量是否为 None。注意,None 是 Python 中的一个特殊对象,表示空或者不存在。

```
a = None
b = 0
print(a is None)  输出: True
print(b is None)  输出: False
```

在上例中,a 的值为 None,所以 a is None 的结果为 True,而 b 的值为 0,所以 b is None 的结果为 False。

3. id()函数

Python 中每个对象拥有唯一的内存地址,内置函数 id()可用来获取指定对象的内存地址。

```
>>> x=[1,2,3]
>>> y=x
>>> z=[1,2,3]
>>> id(x),id(y),id(z)
(1615106592320, 1615106592320, 1615137942912)
```

在上例中,x 和 y 的地址相同,与 z 的地址不同。x 和 y 是同一个对象,z 是另外一个对象。

4. 关系运算符 == 和 is 的区别

== 用来比较两个变量的值是否相等,而 is 则用来判别两个变量引用的是否是同一个对象。也就是说,is 判断的是变量(对象)的地址,即 id()函数的返回值。== 判断的是变量(对象)的值。

七、混合运算和类型转换

1. 类型自动转换

int 和 float 对象可以混合运算，如果表达式中包含 float 对象，则 int 对象会自动转换(隐式转换)成 float 对象，结果为 float 对象。

例 2.10　混合运算中类型的自动转换。

```
>>> f=24 + 24.0   # 输出 48.0
48.0
>>> type (f)      # 输出<class 'float'>
<class 'float'>
>>> 56+True       # 将 True 转换成 1，输出 57，True 为布尔类型
57
>>>44+False       #将 False 转换成 0，输出 44，False 为布尔类型
44
>>> 56 + '4'      #报错，数值型数据和字符中无法做"+" 运算
```

注意，在混合运算中，True 将自动转换成 1，False 将自动转换成 0 参与运算。布尔类型的具体用法将在后面的章节中介绍。

2. 类型强制转换

类型强制转换是将表达式强制转换为所需的数据类型。

例 2.11　类型强制转换示例。

```
>>> int(12.32)  #转换为整数类型，输出12
>>> float (5)   #转换为浮点数类型，输出 5.0
>>> int("abc")  #无法转换，报错
```

在使用 input()函数输入数据的时候，可以使用 int 和 float 将字符数据转换成需要的类型，这和之前使用的 eval()函数的效果是一样的。

例如，在 input()函数输入中将字符类型数据转换成数值类型数据。

```
>>> r= float(input("输入圆的半径："")
输入圆的半径：3.4
>>> year = int (input("输入年份: "))
输入年份: 2020
```

2.3　赋值语句

赋值语句用来把赋值运算符右侧的值传递给赋值运算符左侧的变量(或者常量)，可以直接将右侧的值赋给左侧的变量，也可以进行某些运算后再赋给左侧的变量，比如加减乘除、函数调用、逻辑运算等。Python 中最基本的赋值运算符是等号＝；结合其他运算符，＝还能扩展出更强大的赋值运算符。

2.3.1　基本赋值

符号“＝”是 Python 中最常见、最基本的赋值运算符，用来将一个表达式的值赋给另一个变量，请看下面的例子：

```
1   #将字面量（直接量）赋值给变量
2   n1 = 100
3   f1 = 47.5
4   s1 = "http://c.biancheng.net/python/"
5   #将一个变量的值赋给另一个变量
6   n2 = n1
7   f2 = f1
8   #将某些运算的值赋给变量
9   sum1 = 25 + 46
10  sum2 = n1 % 6
11  s2 = str(1234)   #将数字转换成字符串
12  s3 = str(100) + "abc"
```

2.3.2 链式赋值

链式赋值也称为连续赋值。Python 中的赋值表达式也是有值的,其值为被赋的那个值,或者说是=左侧变量的值。如将赋值表达式的值再赋值给另一变量,这就构成了连续赋值。请看下面的例子:

a=b=c=100

=具有右结合性,让我们从右至左来分析上述表达式:

c=100 表示将 100 赋值给 c,所以 c 的值是 100;同时,c=100 这个子表达式的值也是 100。

b=c=100 表示将 c=100 的值赋给 b,因此 b 的值也是 100。

类似的,a 的值也是 100。

最终结果就是 a、b、c 三个变量的值都是 100。

2.3.3 解包赋值语句

Python 语言支持序列数据类型解包为对应相同个数的变量。

例 2.12 解包赋值语句。

```
>>>a, b =100, 200
>>>print(a, b)
100 200
>>> a, b, c = 100, 200       #报错
```

变量的个数必须与序列的元素个数一致,否则会产生错误。例如,在执行上例的最后一行代码时系统会报错“not enough values to unpack (expected 3, got 2)”。

这里我们可以通过采用“ * ”运算符实现变量的个数与序列的元素个数不一致的解包。

例如:

```
>>> a,b=(1,2,3)
Traceback (most recent call last):
  File "<stdin>", line 1, in <module>
ValueError: too many values to unpack (expected 2)
```

```
>>> a,*b=(1,2,3)
>>> a,b
(1, [2, 3])
```

通过以上例子可以知道，a 只接收了右边序列中的第 1 个值，多余的数据均赋值给了带星号(*)的变量 b，且接收的多个数据形成一个列表。

再看以下代码，“ * ”还可用在列表输出中。

```
>>> lst=["A","B","C","D"]
>>> print(lst)
['A', 'B', 'C', 'D']
>>> print(*lst)
A B C D
>>> print(*lst,sep="-",end=".\n")
A-B-C-D.
```

例 2.13　利用解包赋值语句实现两个变量值互换。

```
>>>a = 100
>>>b = 200
>>>print("a =", a, "b =", b)          #输出变量 a 和 b 的值
a = 100,   b = 200
>>>a, b = b, a                        #交换变量 a 和 b 的值
>>>print("a= ", a, "b =", b)          #输出变量 a 和 b 交换后的值
a= 200   b= 100
```

2.3.4　扩展后的赋值运算符

＝还可与其他运算符(包括算术运算符、位运算符和逻辑运算符)相结合，扩展成为功能更加强大的赋值运算符，如表 2.6 所示。

表 2.6　Python 扩展赋值运算符

运算符	说 明	用法举例	等价形式
＝	最基本的赋值运算	x＝y	x＝y
＋＝	加赋值	x＋＝y	x＝x＋y
－＝	减赋值	x－＝y	x＝x－y
*＝	乘赋值	x*＝y	x＝x*y
/＝	除赋值	x /＝ y	x＝x / y
%＝	取余数赋值	x%＝y	x＝x%y
**＝	幂赋值	x**＝y	x＝x**y
//＝	取整数赋值	x//＝y	x＝x//y
&＝	按位与赋值	x&＝y	x＝x&y
|＝	按位或赋值	x|＝y	x＝x|y

(续表)

运算符	说 明	用法举例	等价形式
^=	按位异或赋值	x^=y	x=x^y
<<=	左移赋值	x<<=y	x=x<<y,这里的 y 指的是左移的位数
>>=	右移赋值	x>>=y	x=x>>y,这里的 y 指的是右移的位数

例 2.14 扩展后的赋值运算符示例。

```
1  n1 = 100
2  f1 = 25.5
3  n1 -= 80                #等价于 n1=n1-80
4  f1 *= n1 - 10           #等价于 f1=f1*( n1 - 10 )
5  print("n1=%d" % n1)
6  print("f1=%.2f" % f1)
```

运行程序,结果如下:

```
n1=20
f1=255.00
```

说明:

(1) 在一般情况下,尽量使用扩展后的赋值运算符。因为这种运算符使得命令或程序更加简洁。

(2) 因为用表 2.6 中的赋值运算符在赋值过程中需要变量本身参与运算,所以这些赋值运算符只能对已经存在的变量赋值。如果变量没有提前定义,则无法用表 2.6 中的赋值运算符进行赋值。例如,如果 n 没有提前定义,下面的写法就是错误的:

```
n+=10
```

该表达式等价于 n=n+10。但是,n 没有提前定义,故它不能参与加法运算。因此上述写法是错误的。

2.4 输入输出语句

使用 Python 语言内置的输入函数 input()和输出函数 print()可以实现程序和用户的交互。

2.4.1 输入函数 input()

输入函数的目的是使程序从用户那里获取信息,并可以用变量来标识它。在 Python 语言中,可以使用内置的 input()函数来实现用户输入信息。如果需要将用户输入的信息用一个变量来标识,可以使用如下的语法格式:

```
变量=input ("提示字符串")
```

其中,input() 括号内的提示字符串用于提示用户该输入什么样的数据。当 Python 程序运行到 input() 函数时,将在屏幕上显示“提示字符串”,然后 Python 程序将暂停并等待用户输入一些文本,输入结束后按回车(Enter)键,用户输入的任何内容都会以字符串形式存储,下例是一个简单的输入交互示例。

例 2.15　input()函数输入交互示例。

```
>>> name = input ("请输入您的姓名: ")
请输入您的姓名: Mike
>>> name
'Mike'
```

需要注意的是，这种形式的 input()函数语句只能得到文本(字符串)，如果希望得到一个数字，则需要将输入的数据做如下处理：

变量＝eval (input ("提示字符串"))

上面的语法格式添加了一个内置的函数 eval()。它"包裹"了 input() 函数，应该可以猜到"eval"是"evalute" (求值)的缩写。在这种形式中，用户输入的字符串被解析为表达式以求值。举例来说，字符串"46"就变为数字 46，但字符串"abe"无法转变为数字，程序会报错。

例 2.16　使用 eval()函数获取 input()函数输入的数值类型数据。

```
>>>m = input("请输入整数 1: ")
>>>n = input("请输入整数 2: ")
>>>print("m 和 n 的差是: ", m - n)
```

运行例 2.16 中的代码，程序报错"unsupported operand type(s) for －：'str' and 'str'"。这是因为使用 input() 函数输入的数据都是字符串(str)类型，无法做"－"运算，因此需要将输入的字符串转换成数值类型才能进行算术运算。

为了实现 print() 函数输入的数据能够进行"－"运算，可采用两种方式进行。一种方法是在输入后立即使用 eval() 函数将字符串解析为数值。

```
>>>m = eval(input("请输入整数 1: "))
>>>n = eval(input ("请输入整数 2: "))
>>>print("m 和 n 的差是: ", m - n )
```

另一种是在做算术运算的时候用 eval() 函数将字符串解析为数值。

```
>>>m = input("请输入整数 1: ")
>>>n = input("请输入整数 2: ")
>>>print ("m 和 n 的差是: ", eval(m) - eval (n))
```

Python 可利用相关函数进行数据类型强制转换，如，int()和 float()函数等。

2.4.2　输出函数 print()

通过前一小节的例子我们已经知道可以使用 Python 语言内置的 print()函数在屏幕上显示信息。其简单的语法格式如下：

print (value_1,…,value_n,sep="　",end="\n")

其中，value_1,…, value_n 为多个待输出的表达式的值；通过 sep 参数可设置输出值之间的分隔符号，如 sep=', '，默认分隔符为空格；通过 end 参数可设置该输出以什么字符结束，如 end=""，默认为换行符\n。

例 2.17 print()函数输出示例。

```
x=5
>>> print(3,x,3+x,pow(2,4))
3 5 8 16
>>>print('Sum=',1050)
Sum=1050
>>>print(1,2,3)
1 2 3
>>>print(1,2,3,sep=',')
1 2 3
>>>print(1,2,3,sep='')
1 2 3
>>>print('xxx','yyyy')              #'xxx'和'yyy'之间默认用一个空格间隔
xxxyyy
>>>print('xxx','yyyy',sep='')        #'xxx'和'yyy'之间没有间隔
xxxyyy
```

下面这种输出方式,两字符串之间也没有用空格间隔。注意字符串"xxx"和"yyy"之间没有用逗号分隔。

```
>>>print('xxx''yyyy')        #'xxx'和'yyy'之间没有间隔
xxxyyy


print('www','yzu','edu','cn',sep='.')
www.yzu.edu.cn
```

例 2.18 print()函数的换行控制输出示例。

```
print('Sum=')
print(1050)
print('Sum=',end=' ')
print(1050)
print()            #空print具有换行功能
print(1,2,3,end='*')
print(4,5,6)
print(1,2,3,sep=' , ', end=' ')
print(4,5,6)
```

该程序的运行结果如下：

```
Sum=
1050
Sum=1050

1 2 3*4 5 6
1,2,34 5 6
```

第 2 章思维导图

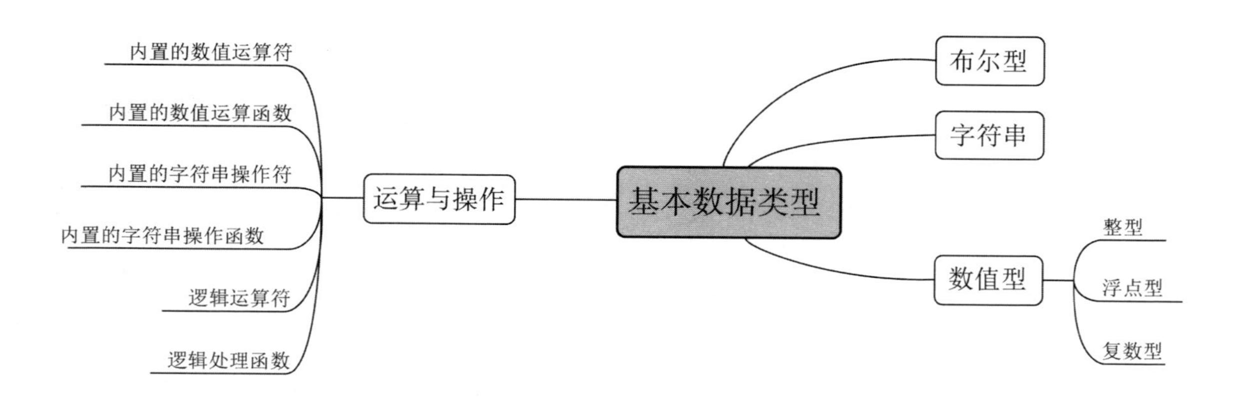
基本数据类型
布尔型
字符串
数值型
整型
浮点型
复数型
运算与操作
内置的数值运算符
内置的数值运算函数
内置的字符串操作符
内置的字符串操作函数
逻辑运算符
逻辑处理函数

第 3 章　Python 流程控制

本章主要介绍 Python 三种流程控制：顺序结构、分支结构以及循环结构，着重讲解了分支结构以及循环结构，分别介绍了这两种结构各种语句的语法格式，并通过示例讲解了各种语句功能。在此基础上，本章介绍了 Python 程序在运行时可能产生的异常及其处理，最后介绍了三种控制结构的综合应用。

3.1　顺序结构

顺序结构，就是让程序按照出现的顺序逐条执行代码。在执行过程中，Python 不重复执行任何代码，也不跳过任何代码。事实上，在顺序结构中，程序中命令（语句）的执行就像人们走路一样，就是从起点一直走到终点，中间不会经历分叉、回路。

实际上，前两章所介绍的程序都是顺序结构。顺序结构很好理解，现用一个例子说明顺序结构。

例 3.1　求给定半径 R 的圆面积和圆周长。

```
1 | #求给定半径 R 的圆面积和圆周长
2 | R=float(input("请输入圆半径："))          #输入圆半径
3 | S=3.14*R*R                               #计算圆面积
4 | L=2*3.14*R                               #计算圆周长
5 | print("圆面积和周长分别为：", S, L)       #输出圆面积和周长
```

运行程序，结果如下：

请输入圆半径：3.5

圆面积和周长分别为：38.465 21.98

说明：例 3.1 就是顺序结构，共有 4 条命令。运行时，依次执行这 4 条命令，流程图见图 3.1。

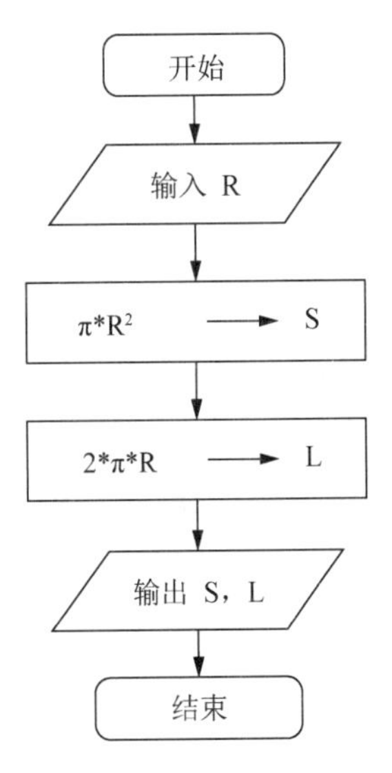

图 3.1　例 3.1 流程图

3.2　分支结构

在 Python 顺序结构中，命令是按照其出现的先后顺序，从第 1 条命令开始执行，然后执行第 2 条、第 3 条……直到执行完最后一条命令。但是，就像人们走路一样，从起点一直走到终点，中间不可避免地会出现分叉、丁字路口、十字路口等。在每一个路口，通过判断、比较，然后决定走哪一条分支。程序执行过程中，往往要根据一条或几条代码的执行结果来决定将要执行的代码段（由一条或多条语句、命令构成）。这种程序结构就称为选择结构或分支结构。

Python 分支结构由 if - else 语句表示。在 Python 中，if - else 语句可进一步细分为三种形式，分别是 if 语句、if - else 语句和 if - elif - else 语句，分别表示单分支、双分支和多分支情形。

3.2.1 单分支结构

一、语法格式

Python 中单分支结构的语法格式如下：

if 表达式 ：

　　代码段

【功能】当表达式成立,即表达式的值为 True，Python 就会执行其后面对应的代码段;如果所有表达式都不成立,那就执行后面语句。其执行流程见图 3.2。

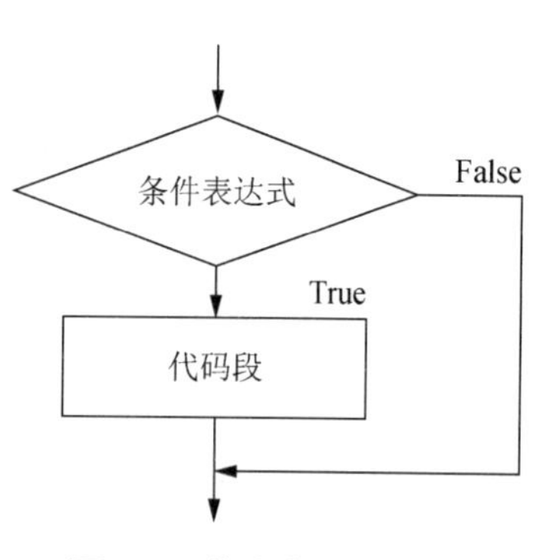

图 3.2 单分支执行流程

【说明】

① 条件表达式可以是一个单一的值或者变量,也可以是由运算符组成的表达式,形式不限,只要它能得到一个值就行。不管“表达式”的结果是什么类型,if else 都能判断它是否成立(真或者假)。

② 表达式后面的“:”是不可或缺的,表示接下来是满足条件后要执行的代码段。

③ 代码段由具有相同缩进量的若干条语句组成。代码段的缩进非常重要,是体现代码逻辑的重要方式。

例 3.2 根据分数显示学生评级结果。

```
1   #百分制学生成绩的一般评级标准:
2   #90-100 为“优秀”,
3   #75-89 为“良好”,
4   #60-74 为“及格”,
5   #小于 60 分的为“不及格”
6   score =eval(input("请输入成绩: "))
7   if 100>=score>=90:
8       print("优秀")
9   if 90> score >=75:
10      print("良好")
11  if 75> score >=60:
12      print("及格")
13  if score <60:
14      print("不及格")
```

运行程序,结果如下:

　　请输入成绩:89

　　良好

二、if 语句对缩进的要求

Python 是以缩进来标记代码块的,代码段一定要有缩进,没有缩进的不是代码段。另外,同一个代码段的缩进量要相同,缩进量不同的不属于同一个代码段。

(1) if 后面的代码段一定要缩进,而且缩进量要大于 if 语句本身的缩进量。

例 3.3 if 语句对缩进的要求。

```
1  #The first years and second years got a choice of French, German and Spanish.
2  grade = int( input("请输入你的年级: ") )
3  if grade!=1 and grade!=2:
4  print("警告: 你不是大一、大二的学生 ")
5  print("你不能选修法语、德语、西班牙语! ")
6  if grade=1 or grade=2:
7  print("你是大一、大二的学生, 可在法语、德语、西班牙语选一门。")
```

在本例中,print() 函数和 if 语句是对齐的,处于同一条竖线上,都没有缩进。这说明 print()不是 if 的代码段,而是与 if 语句处于同一层次的命令。这会导致 Python 解释器找不到 if 的代码段,从而出错,在 Syntax Error 消息框中显示"expected an indented block"。

(2) 确定缩进量为多少合适。

Python 要求代码块必须缩进,但是却没有要求缩进量,你可以缩进 n 个空格,也可以缩进多个 Tab 键的位置。一般缩进 1 个 Tab 键的位置,即 4 个空格。IDLE 中默认 Tab 键就是 4 个空格。

(3) 同一层次的所有语句都要缩进,并且缩进量要相同。

一个代码块的所有语句都要缩进,而且缩进量必须相同。如果某个语句忘记缩进了,Python 解释器并不一定会报错,但是程序的运行逻辑往往会有问题,如:

```
#The first years and second years got a choice of French, German and Spanish.
grade=int( input("请输入你的年级:") )
if grade! =1 and grade! =2:
    print("警告:你不是大一、大二的学生 ")
print("你不能选修法语、德语、西班牙语!")
```

这里有两条 print()。从逻辑上讲,应该处于同一层次,所以都应该缩进。但是这里只有第一条 print()有缩进,而第二条 print()没有缩进。这说明两条 print()不处于同一层次。

另外,Python 要求同一个代码块内的所有语句都必须拥有相同的缩进量。不同的缩进量表明不同的代码段,如:

```
#The first years and second years got a choice of French, German and Spanish.
grade=int( input("请输入你的年级:") )
if grade! =1 and grade! =2:
    print("警告:你不是大一、大二的学生 ")
      print("你不能选修法语、德语、西班牙语!")
```

显然,两条 print()不处于同一层次。

(4) 不要随便缩进。

不需要使用代码块的地方不要缩进,一旦缩进就会产生一个代码块。如,

```
info="扬州大学的网址是:http://www.yzu.edu.cn/"
    print(info)
```

注意,这里没有包含分支、循环、函数、类等结构,第 2 条语句 print()就不应该使用缩进,否则程序在运行时会出错。

3.2.2 双分支结构

双分支结构的语法格式如下:

if 表达式：
    代码段 1
else：
    代码段 2

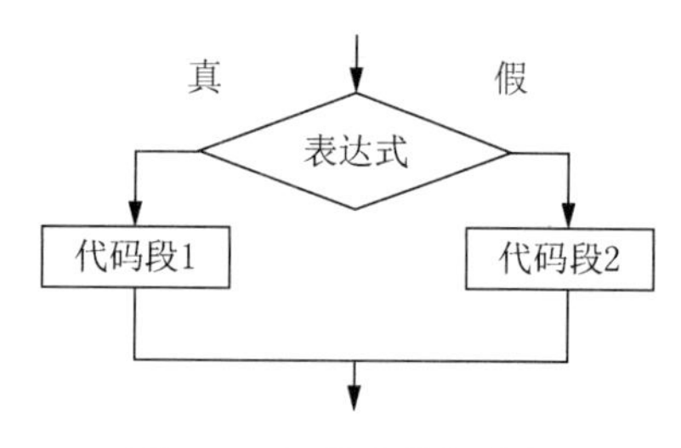

图 3.3　双分支执行流程

【功能】当表达式成立，Python 就会执行 if 后面对应的代码段；如果表达式不成立，那就执行 else 后面的代码段。其执行流程见图 3.3。

【说明】这里 if 和 else 后面的“:”必须要有。代码段 1 和 2 中语句必须缩进，表明代码段的开始。

例 3.4　判断用户的输入，如果输入的数值大于 0，则在屏幕上显示“正数”，否则在屏幕上显示“不是正数”。

```
1   a=input("请输入一个数: ")
2   a=int(a)
3   if a>0:
4       print(a,"is positive. ")
5   else:
6       print(a,"is not positive. ")
```

运行程序，结果如下：

请输入一个数:34
34 is positive.

3.2.3　多分支结构

Python 语言的分支结构也称为情形语句，其语法格式如下：

if <条件 1>：
    <情形 1 代码段 1>
elif <条件 2>：
    <情形 2 代码段 2>
...//其他 elif 语句
else ：
    <其他情形代码段 n>

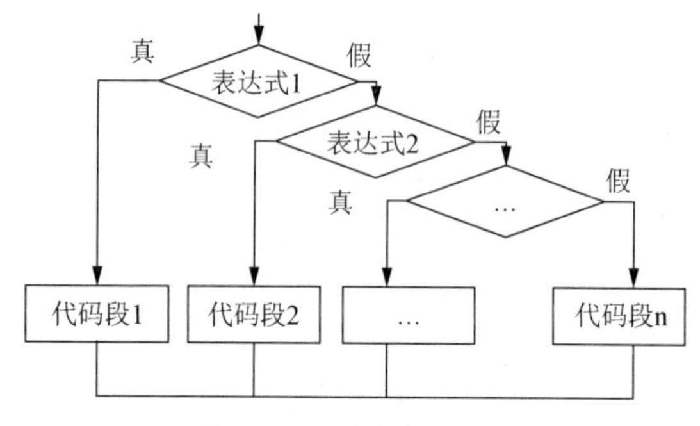

图 3.4　多分支执行流程

【功能】从上到下依次判断表达式。若某个表达式成立，Python 就会执行其所对应的代码段。其执行流程见图 3.4。

【说明】

① 若某个表达式成立，如表达式 1 成立，后面的表达式就不会再判断，直接执行代码段 1 了。

② 如果所有表达式都不成立，那就执行 else 后面的代码段；如果没有 else 部分，那就什么也不执行，进入 if 语句下面的语句。

③ if、elif 以及 else 后面的“:”必须要有。代码段 1，2，…，n 中语句必须缩进。

例 3.5　显示空气质量等级。

```
1   #PM2.5       空气质量等级
2   #=====================
3   #0—34        优
4   #35—74       良
5   #75—114      轻度污染
6   #115—149     中度污染
7   #150—159     重度污染
8   #250—499     严重污染
9   #=====================
10  PM25=eval(input("请输入 PM2.5的值："))
11  if PM25<35:
12      print("空气质量优")
13  elif PM25<75:
14      print("空气质量良")
15  elif PM25<115:
16      print("空气轻度污染")
17  elif PM25<150:
18      print("空气中度污染")
19  elif PM25<250:
20      print("空气重度污染")
21  elif PM25<500:
22      print("空气严重污染")
```

运行程序,结果如下：

请输入 PM2.5 的值:76

空气轻度污染

注意,多分支结构也可用多条单分支结构实现。在设计程序时,可根据具体问题灵活运用多种结构。

3.2.4　if 语句嵌套

如果一个 if... elif... else 语句中,包含了另一个分支结构语句,则就构成了 if 语句的嵌套。下面通过几个例子说明其格式。

例 3.6　儿童优惠票价。

```
1   #儿童优惠票价：小于 2 岁的，免票；
2   # 2—13 岁的，打折；13 岁及以上，与成人同价
3   age=int(input("请输入你的年龄："))
4   if age<=2:
5       print("不超过 2 岁的儿童免票")
6   else:
7       if age<13:
8           print("2—13 岁的儿童打折")
9       else:
10          print("13 岁及以上儿童与成人同价")
```

运行程序,结果如下:

请输入你的年龄:10

2—13 岁的儿童打折

例 3.7 求出三个数中的最大值。

```
1   # 输入三个整数，输出最大数
2   a=int(input("请输入第一个数 a: "))
3   b=int(input("请输入第二个数 b: "))
4   c=int(input("请输入第三个数 c: "))
5   if a<b:
6       if b<c:
7           max=c
8       else:
9           max=b
10  else:
11      if a<c:
12          max=c
13      else:
14          max=a
15  print(a,b,c,"中最大值为",max)
```

运行程序,结果如下:

请输入第一个数 a:3

请输入第二个数 b:4

请输入第三个数 c:5

3 4 5 中最大值为 5

例 3.8 判别某年是否为闰年。

```
1   #输入一个年份，输出该年是否是闰年？
2   #当年份能被 4 整除但不能被 100 整除，
3   #或能被 400 整除时，该年份就是闰年
4   year=eval(input("请输入年份: "))
5   if year%4==0:
6       if year%400==0:
7           print("闰年")
8       elif year%100==0:
9           print("平年")
10      else:
11          print("闰年")
12  else:
13      print("平年")
```

运行程序,结果如下:

请输入年份:2031

平年

上面仅仅列举了三种嵌套形式。实际上,在 Python 语言中,if、if-else 和 if-elif-else 之间

可相互嵌套。故在开发设计程序时，程序设计人员应当根据实际需要选择恰当的嵌套方案。但一定要注意的是，在相互嵌套时，一定要严格遵守不同级别代码段的缩进规范。另外，嵌套不仅出现在 if、if-else 和 if-elif-else 语句等分支结构中，后面讲解的循环结构中也可出现嵌套。还有，分支结构和嵌套循环结构还可以相互嵌套，具体内容将在下一小节讲解。

3.3　循环结构

在前面章节中，我们已经学习了顺序结构和分支结构，尝试编写了一些简单的程序。但是，在前面章节的程序中，每一个结构最多被执行一次。而在解决实际问题时，经常碰到重复执行的操作或处理。

Python 循环结构就是让程序根据某个或某些条件满足与否，不断地重复执行同一段代码。在 Python 中，循环结构有两种语句描述：for 语句和 while 语句。

3.3.1　while 语句

while 循环语法格式如下：

while ＜条件表达式＞：

　　＜代码段(循环体)＞

【功能】首先判断条件表达式的值，如果其值为真(True)时，则执行代码段中的语句，执行完毕后，重新判断条件表达式的值是否为真，若仍为真，则继续重新执行代码段，如此循环，直到条件表达式的值为假(False)，才终止循环(也称为跳出循环)，执行 while 语句后面的其他语句。其流程见图 3.5。

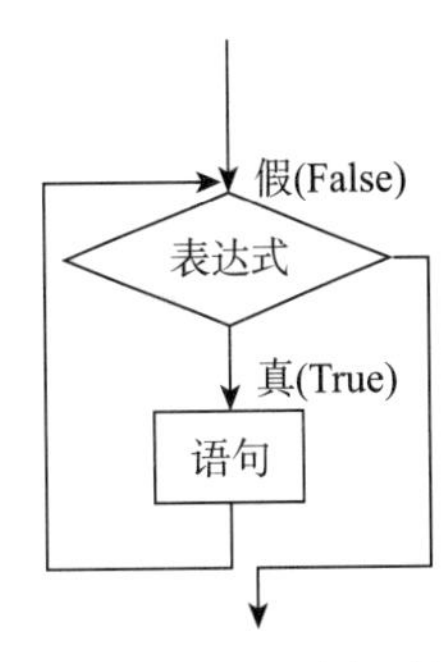

图 3.5　while 循环的执行流程

【说明】

① 条件表达式后面的"："不可或缺。

② 代码段也称为循环体，由多条命令或语句组成，需要缩进，且同一层次的代码具有相同的缩进量。

例 3.9　输出 1—100 的所有整数以及整数和。

```
1  #输出 1—100 的所有整数以及整数和
2  i = 1                      #设置循环变量 i 初值
3  sum=0                      #设置整数和 sum 初值
4  # 设置循环的初始化条件
5  while i <= 100 :       #当i小于等于100时，进入循环，执行循环体
6      print( i)
7      sum=sum+i
8      i += 1                 #改变循环变量 i 的值
9  print("1—100的所有整数和：",sum)
```

运行程序，结果如下：

1

2

⋮

```
99
100
1—100 的所有整数和：5050
```

从其运行结果,我们可以发现程序输出了 101 行,每行显示一个整数,最后显示 1—100 的所有整数和

在例 3.9 基础上,我们要求,每行显示 10 个整数,然后在下一行显示后面 10 个数,最后显示 1—100 之间的所有整数和。

例 3.10 输出 1—100 的所有数字和整数和,每行显示 10 个整数。

```
1   #输出 1—100 的所有整数以及整数和
2   i = 1                    #设置循环变量 i 初值
3   sum=0                    #设置整数和 sum 初值
4   # 设置循环的初始化条件
5   while i <= 100:          #当i小于等于100时，进入循环，执行循环体
6       print( i, end=',')
7       if i%10==0:
8           print()
9       sum=sum+i
10      i += 1               #改变循环变量 i 的值
11  print("1—100 的所有整数和：", sum)
```

运行程序,结果如下:

```
1,2,3,4,5,6,7,8,9,10,
11,12,13,14,15,16,17,18,19,20,
21,22,23,24,25,26,27,28,29,30,
31,32,33,34,35,36,37,38,39,40,
41,42,43,44,45,46,47,48,49,50,
51,52,53,54,55,56,57,58,59,60,
61,62,63,64,65,66,67,68,69,70,
71,72,73,74,75,76,77,78,79,80,
81,82,83,84,85,86,87,88,89,90,
91,92,93,94,95,96,97,98,99,100,
1—100 的所有整数和：5050
```

同学们可以比较例 3.9 和例 3.10 的代码以及运行结果,结合第 2 章所讲授的内容,理解命令 print(i, end=',')和 print()的功能。

Python 中 while 循环语句可以很方便地解决一些有意思的数学问题,如拉兹猜想。拉兹猜想又称为 3n+1 猜想或冰雹猜想,是指对每一个正整数,如果它是奇数,则对它乘 3 再加 1,如果它是偶数,则对它除以 2,如此循环,最终都能得到 1。

例 3.11 用 while 语句实现拉兹猜想。

```
1   #用 while 实现拉兹猜想
2   number=int(input("请输入一个正整数："))
3   while number!=1:
```

```
4   if number%2==0:
5       number=number/2
6   else:
7       number=number*3+1
8   print(number,end=" ")
```

运行程序，结果如下：

```
请输入一个正整数:34
17  52  26  13  40  20  10  5  16  8  4  2  1
```

从上例可以看出，利用 Python 语言中的 while 循环语句，我们可以很轻松地验证拉兹猜想。

现在让我们回过头来看看例 3.9 和例 3.10。在这两个例子中，while 的循环体中都有一条命令用来改变循环变量值，即，i += 1。试想一下，如果循环体中没有这条命令，程序运行结果又将是怎样呢？将例 3.9 中删除掉命令“i += 1”后，得到下列程序：

```
1   #输出1—100 的所有整数以及整数和
2   i = 1                    #设置循环变量 i 初值
3   sum=0                    #设置整数和 sum 初值
4   # 设置循环的初始化条件
5   while i <= 100 :      # 当i 小于等于100 时，进入循环，执行循环体
6       print( i)
7       sum=sum+i
8   print("1—100的所有整数和：",sum)
```

显然，由于没有“i += 1”命令，所以在执行时，循环变量的值 i 保持不变，一直为初始值，即 i 恒等于 1。这说明条件表达式“i <= 100”始终为真(True)。这也意味着循环体一直被执行，无法跳出(结束)循环，这最终导致了死循环。所谓死循环，指的是无法结束循环的循环结构。因此，在使用 while 循环时，一定要保证循环条件有变成假的时候，否则这个循环将可能成为一个死循环。当程序出现死循环时，可以使用 CTRL+C 来退出程序的无限循环。

当然，即使 while 循环语句中条件表达式恒为真，不一定会导致死循环，因为程序设计人员可以在循环体中设置相关命令强制跳出循环或中断程序执行。在本章后面小节中，我们将具体讲解这部分内容。

while 循环语句还可用来遍历列表、元组和字符串。

例 3.12　遍历一个字符串。

```
1   #遍历一个字符串
2   myUniversityWebsiteAddress="http://www.yzu.edu.cn/"
3   n = 0;
4   while n<len(myUniversityWebsiteAddress):
5       print(myUniversityWebsiteAddress[n],end="")
6       n = n + 1
```

运行程序，结果如下：

```
http://www.yzu.edu.cn/
```

从上例可以看出,因为字符串支持通过下标索引获取指定位置的元素,所以通过改变下标来达到访问相应元素的目的。关于字符串、列表和元组的知识将在后续章节中讲解。

3.3.2 for 循环语句

前面章节已经对 while 循环语句做了详细的讲解,本节给大家介绍 for 循环。它常用于遍历字符串、列表、元组、字典、集合等序列类型,逐个获取序列中的各个元素。for 语句用一个迭代器来描述其循环体的重复执行。for 循环语法格式如下:

for ＜迭代变量＞ in ＜序列＞:
    ＜循环体＞

【功能】如果序列包含表达式列表,则首先进行评估求值。然后将序列中的第一个项目分配给迭代变量并执行循环体。其后将序列中的每个项目都分配给迭代变量,并且执行循环体,直到整个序列遍历结束。

【说明】

① 序列可以是字符串、列表、元组、字典以及集合等。

② 迭代变量用于存放从序列类型变量中读取出来的元素,一般不会在循环中对迭代变量手动赋值。

③ 循环体是具有相同缩进格式的多行代码。其执行流程见图 3.6。

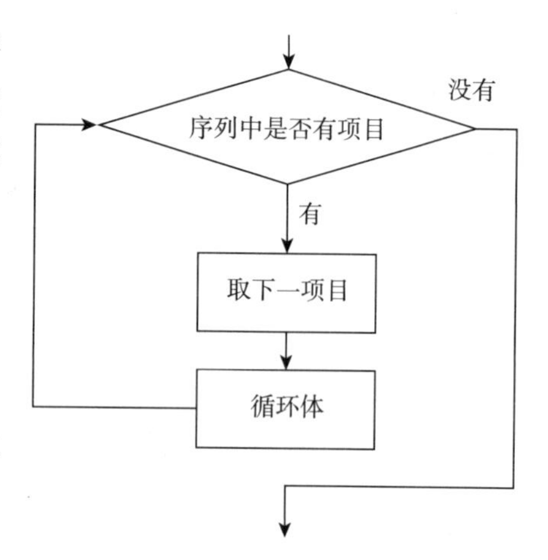

图 3.6 for 循环的执行流程

1. 字符串作为迭代器

字符串就是一种迭代器类型,可作为迭代器直接在 for 语句中使用。

例 3.13 字符串作为迭代器示例。

```
1  #字符串作为迭代器
2  add = "http://www.yzu.edu.cn/"
3  for char in add:
4      print(char, end="")
```

运行程序,结果如下:

http://www.yzu.edu.cn/

在例 3.13 中,char 为迭代变量,可按顺序从字符串 http://www.yzu.edu.cn/中取一个字符,并反复执行输出命令 print(char, end=""),输出所取得的字符。

注意,该命令中 end=""的两个引号之间没有任何字符。这意味着在两个输出字符间没有分隔符。

2. range() 函数

range() 函数是 Python 的内置函数,主要用于生成一系列连续整数,常用于 for 循环中。其语法格式为:

range([n], m, [d])

其中,参数 n 和 d 是可选项。下面用一些例子说明其功能。

(1) range(m):执行该命令后会产生一个 0 到 m−1 的迭代序列,即 0, 1,… ,m−2, m−1。如果 m≤0,则产生空序列。如 range(5)产生的序列为 0,1,2,3,4。

(2) range(n, m):执行该命令后所产生序列为n, n+1, n+2,…, m−2, m−1。如果m≤n,则产生空序列。如range(2,5)产生的序列为2,3,4。

(3) range(n, m,d):执行该命令后所产生序列为n, n+d, n+2d,…,按照步长d递增(如果d小于零,则递减),直到那个最接近但不包括m的等差值。如range(1,10,2)产生的序列为1,3,5,7,9,range(10,1,−2)产生的序列为10,8,6,4,2。

从上面三个例子可以看出,range([n], m, [d])会产生一个类似等差数列的序列。其中,第一项为n,缺省为0;最后一项小于等于m(d大于零)或最后一项大于等于m(d小于零);等差为d,缺省为1。

例3.14 利用range()函数进行数值循环。

```
1  #计算 1到100的整数和
2  result = 0    #保存累加结果的变量
3  for i in range(101):
4      result =result+i      #逐个获取从 1 到 100 这些值，并做累加操作
5  print("1到100的整数和为:", result)
```

运行程序,结果如下:

1到100的整数和为：5050

例3.15 利用range()函数可以按序列索引迭代。

```
1  #显示序列人物姓名，每行显示一个姓名
2  Name= ['张良', '韩信', '陈平', '曹参', '萧何']
3  for n in range(len(Name)):
4      print(n, Name[n])
```

运行程序,结果如下:

0 张良

1 韩信

2 陈平

3 曹参

4 萧何

如果想要在一行显示所有的人物姓名,如何修改例3.15呢?请同学们课后思考。还有,如果想要显示的结果如下,则如何修改?

1 张良 2 韩信 3 陈平 3 曹参 5 萧何

3. for循环遍历字典

for循环可以用于遍历字典。在循环时,迭代变量会被先后赋值为每个键值对中的键。下面用一个例子说明。

例3.16 for循环遍历字典。

```
1  collegeDictionaries = {'扬州大学信息工程学院':"http://xxgcxy.yzu.edu.cn/",
2                  '扬州大学广陵学院':"http://glxy.yzu.edu.cn/",
3                  '扬州大学机械工程学院':"http://jxgcxy.yzu.edu.cn/"}
4  for college in collegeDictionaries:
5      print('学院网站为：', college)
```

运行程序,结果如下:

学院网站为：扬州大学信息工程学院
学院网站为：扬州大学广陵学院
学院网站为：扬州大学机械工程学院

注意，关于 for 循环在列表以及字典等方面的应用，由于列表、字典等还未讲授，所以这里仅作简单介绍。

3.3.3 循环结构中 else 子句以及 break 和 continue 语句

一、循环结构中 else 子句

在前面章节中，同学们学习了两种循环语句：while 语句和 for 语句。从前面的讲授中可知，当循环条件满足(循环条件表达式的值为真)时，执行循环体；当循环条件不满足(循环条件表达式的值为假)时，跳出(结束)循环，执行循环语句后面的语句。实际上，这两种循环语句后面都可以像 if-else 语句一样，添加一个 else 代码段。具体格式如表 3.1。

表 3.1　循环语句语法格式与功能

	while 循环语句	for 循环语句
语法格式	while ＜条件表达式＞： 　　＜循环体＞	for　＜迭代变量＞ in ＜序列＞： 　　＜循环体＞
语法格式	else： 　　＜另外的代码段＞	else： 　　＜另外的代码段＞
功能	当条件表达式的值为真(True)时，执行循环体；当条件表达式的值为假(False)时，执行 while 循环后的 else 代码段	当迭代变量在序列时，执行循环体；当迭代变量不在序列时，执行 for 循环后的 else 代码段

注意，上述两种循环语句中的 else 及其后的代码段也属于相应的循环语句。

例 3.17　while 循环结构中 else 子句的使用。

```
1  myUniAdd = "http://www.yzu.edu.cn/"
2  i = 0
3  while i < len(myUniAdd):
4      print(myUniAdd[i],end="")
5      i = i + 1
6  else:
7      print("\n 下面执行 else 代码块")
8      print("\n 我校网址输出完毕！")
```

运行程序，结果如下：

```
http://www.yzu.edu.cn/
下面执行 else 代码块

我校网址输出完毕！
```

注意，在例 3.17 中，len()是用来返回字符串长度的。在运行结果中，“下面执行 else 代码块”和“我校网址输出完毕！”之间有空行，要在结果中去掉该空行，怎么修改程序？

例 3.18　for 循环结构中 else 子句的使用。

```
1  myUniAdd = "http://www.yzu.edu.cn/"
2  for i in myUniAdd:
3      print(i,end="")
4  else:
5      print("\n 下面执行 else 代码块")
6      print("我校网址输出完毕！ ")
```

运行程序，结果如下：

http://www.yzu.edu.cn/

下面执行 else 代码块

我校网址输出完毕！

请比较例 3.17 和例 3.18 的运行结果，为何不同？

二、break 和 continue 语句

1. break 语句

break 语句的功能是立即终止当前循环的执行，跳出当前所在的循环结构。因此，对于 while 循环和 for 循环，如果执行 break 语句，Python 解释器直接终止当前正执行的循环体，执行该循环语句后面的语句（如果循环语句后面有语句）。

注意，break 语句一般会结合 if 语句搭配使用。当某种条件不符合时执行 break 语句，跳出循环体；当某种条件符合时不执行 break 语句，继续执行循环体中后续语句。具体执行流程见图 3.7。

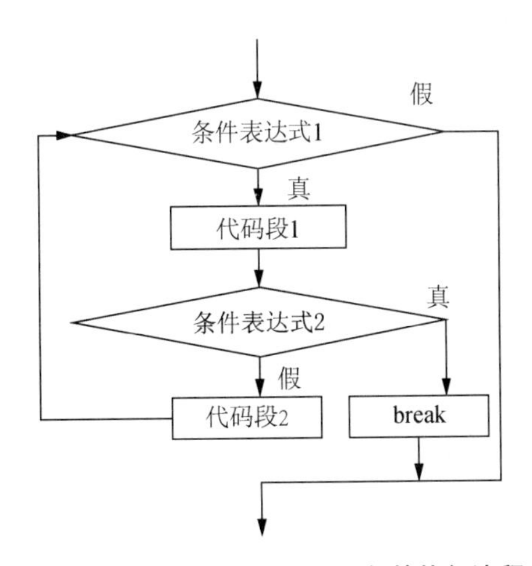

图 3.7　循环中含有 break 语句的执行流程

例 3.19　break 的使用。

```
1  myCollegeAdd = "广院网址 http://gl.yzu.edu.cn/；信院网址 http://xxgcxy.yzu.edu.cn/"
2  for char in myCollegeAdd:
3      if char == '；' :
4          #终止循环
5          break
6      print(char,end="")
7  print("\n 跳出循环，执行循环体外的语句")
```

运行程序,结果如下:

广院网址 http://gl. yzu. edu. cn/

跳出循环,执行循环体外的语句

注意,对于 for-else 循环语句,如果执行 break 语句跳出循环时, else 中代码也不会执行。

例 3.20 for-else 循环语句中 break 语句的使用。

```
1  myCollegeAdd = "广院网址 http://gl.yzu.edu.cn/; 信院网址 http://xxgcxy.yzu.edu.cn/"
2  for char in myCollegeAdd:
3      if char == '; ':
4          break                    #跳出循环
5      print(char, end="")
6  else:
7      print("执行 else 语句中的语句")
8  print("\n 跳出循环, 执行循环体外的语句")
```

运行程序,结果如下:

广院网址 http://gl. yzu. edu. cn/

跳出循环,执行循环体外的语句

2. continue 语句

在 Python 中,continue 语句的功能是不再执行本次循环体中剩余的代码,直接从下一次循环继续执行。对于 while 循环和 for 循环语句,如果执行 continue 语句,Python 解释器跳过当前循环体中的剩余语句,然后继续进行下一轮循环。

注意,与 break 语句一样,continue 语句也是与 if 语句搭配使用。当某种条件不符合时执行 continue 语句,跳出本次循环;当某种条件符合时不执行 continue 语句,继续执行本次循环体中后续语句。具体执行流程见图 3.8。

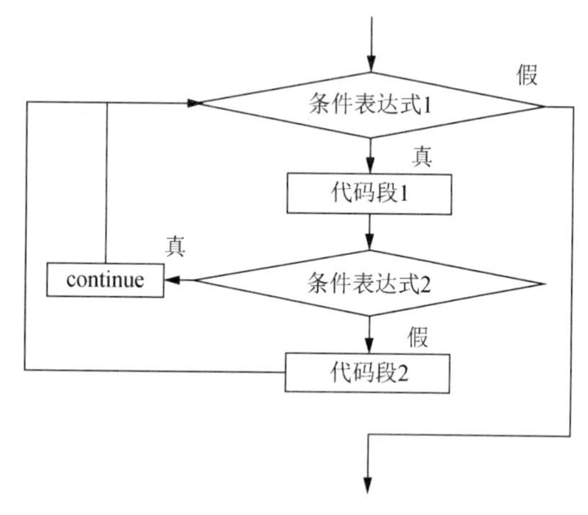

图 3.8 循环中含有 continue 语句的执行流程

例 3.21 continue 语句的使用。

```
1  myCollegeAdd = "广院网址 http://gl.yzu.edu.cn/; 信院网址 http://xxgcxy.yzu.edu.cn/"
2  for char in myCollegeAdd:
3      if char == '; ':
4          print()
5          continue                 #忽略本次循环的剩下语句
6      print(char, end="")
```

运行程序,结果如下:

广院网址 http://gl. yzu. edu. cn/

信院网址 http://xxgcxy. yzu. edu. cn/

3.3.4 Python 循环嵌套

在前面讲授分支语句时,if 语句可以嵌套,即一条 if 语句中包含有另一条 if 语句。与 if

语句一样，for 和 while 循环语句可以嵌套。实际上，像 if 语句、for 语句以及 while 语句等，不仅可自我嵌套，而且不同语句之间还可以相互嵌套，如例 3.19 和例 3.20 就是 for 语句嵌套 if 语句。下面用几个例子介绍 Python 循环嵌套。

例 3.22　显示图形 1。

```
1   i = 1
2   while i<6:
3       for j in range(i):
4           print("*",end='')
5       i=i+1
6       print()
```

运行程序，结果如下：

```
*
**
***
****
*****
```

例 3.23　显示图形 2。

```
1   for i in range(5):
2       n=1
3       while n<=4-i:
4           print(" ",end='')
5           n=n+1
6       j=1
7       while j<=2*i+1:
8           print("*",end='')
9           j=j+1
10      print()
```

运行程序，结果如下：

```
    *
   ***
  *****
 *******
*********
```

关于循环语句的嵌套，需要注意以下几点：

(1) 内外循环的区分。为区分相互嵌套的多个循环结构，常称位于外层的循环为外循环，称位于内层的循环为内循环。

(2) 循环执行次数。嵌套循环的执行总次数＝外循环执行次数×内循环执行次数。

(3) Python 解释器执行循环嵌套的流程：

① 当外层循环条件为真(True)时，则进入外循环，执行其循环体；

② 进入外循环体后，当内层循环的循环条件为真(True)时会执行内循环的循环体，直

到内循环条件为假(False)时,跳出内循环;

③ 如此时外循环的条件仍为真(True),则返回第②步,继续执行外循环,直到外循环的循环条件为假(False);

④ 当内层循环的循环条件为假(False),且外循环的循环条件也为假(False),则整个嵌套循环才算执行完毕。

3.4 异常及其处理

计算机程序开发人员尤其是Python初学者在编写程序时难免会遇到错误。在程序运行时,Python经常显示一些报错信息。如果这些错误不能被及时发现并加以处理,可能会导致程序崩溃。幸运的是,Python语言提供了处理异常的机制。这种机制可让程序开发人员捕获并处理这些错误,并使得程序继续沿着一条预先设计好的路径执行。

一、程序错误类型

Python语言有两种常见错误:语法错误和异常。

(1) 语法错误,就是程序代码不符合Python语言的语法规则。因为这类错误在Python解释器中在解析代码时可被发现,所以这类错误也被称为解析错。如下面语句:

```
>>> print ' Hello world'
```

显然,该语句不符合Python3语法规则。

(2) 异常,也称为运行时错误。即使Python程序的语法是正确的,但在运行它的时候也有可能发生错误。这种运行期检测到的错误被称为异常。如语句:

```
>>> m =1/0+10
```

该语句的功能是,用1除以0,再加上10,并将该和赋值给变量m。从语法来说该语句是正确的,但是,0不能作为除数,运行时触发异常。

二、程序错误的处理

1. 语法错误的处理

语法错误多是开发者疏忽导致的,属于真正意义上的错误,是解释器无法容忍的,因此,只有将程序中的所有语法错误全部纠正,程序才能执行。如果程序有错误,Python解释器一般在解析时就会报出SyntaxError语法错误,且会明确指出最早探测到错误的语句。例如下面语句:

```
>>> print ' Hello world'
SyntaxError: Missing parentheses in call to ' print'. Did you mean print(' Hello world')?
```

上面信息说明,该命令缺少括号(parentheses)。我们必须要将括号添加到上述语句以消除语法错误。修改后的命令执行结果如下。

```
>>> print (' Hello world')
Hello world
```

2. 异常的处理

Python异常处理机制会涉及try、except、else、finally这4个关键字,同时还提供了可主动使程序引发异常的raise语句。Python assert(断言)用于判断一个表达式,在表达式条件为False的时候触发异常。

为了描述异常的处理，我们先来看前面例子的执行结果。

```
>>> m =1/0+10
Traceback (most recent call last):
  File "<pyshell#3>", line 1, in <module>
    m =1/0+10
ZeroDivisionError: division by zero
```

因为0不能作为除数，所以触发异常，并显示相应的错误信息。在这错误信息中，"Traceback"是异常回溯标记，""<pyshell＃3>""表明异常出现的位置或文件路径，"line 1"为异常发生的代码行数，"ZeroDivisionError"是异常类型，"division by zero"是提示信息，一般表明导致异常的原因。

在Python语言中，常见异常类型有AssertionError、AttributeError、IndexError、KeyError、NameError、TypeError和ZeroDivisionError。

在运行时，程序发生异常，说明该程序出现了非正常的情况，不能继续执行，即程序终止运行。实际上，开发者可用捕获异常的方式获取所发生的异常的名称，再通过其他的逻辑代码让程序继续运行，从而避免了程序退出。这种根据异常做出的逻辑处理称为异常处理。

异常处理不仅可以控制在正常情况下的流程运行，还能够在不正常情况下(出现异常)对程序进行必要的处理。这将显著地提高了程序的健壮性和人机交互的友好性。

Python可以使用try-except等语句来实现。下面介绍try-except语句的语法和用法。

【try-except语句的格式】

```
try:
可能产生异常的代码块
except [ (Error1, Error2, ... ) [as e] ]:
处理异常的代码块1
except [ (Error3, Error4, ... ) [as e] ]:
处理异常的代码块2
except  [Exception]:
处理其他异常
```

【说明】

① []括起来的部分可以使用，也可以省略。

② Error1、Error2、Error3和Error4等都是具体的异常类型名称。显然，一个except块可以处理一种异常类型，也可同时处理多种异常。

③ [as e]:作为可选参数，表示给异常类型起一个别名e，这样做的好处是方便在except块中调用异常类型(后续会用到)。

④ [Exception]:作为可选参数，可以代指程序可能发生的所有异常情况，其通常用在最后一个except块。

【执行流程】

① 捕获异常，即Python首先执行try中"可能产生异常的代码块"。如果没有异常发生，忽略except子句，try子句执行后结束；如出现异常，则Python会自动生成一个异常类型，并将该异常提交给解释器。

② 处理异常,即当解释器收到异常对象时,会寻找能处理该异常对象的 except 块。如果找到合适的 except 块(所获得的异常类型和 except 之后的名称相符),则把该异常对象交给相应的 except 块处理。如果解释器找不到处理所捕获的异常相应的 except 块,则程序运行终止,解释器也将退出。

【说明】

① 如在执行 try 子句中 “可能产生异常的代码块”时发生了异常,则该代码块余下的部分将不再执行。如所捕获的异常之类型和 某个 except 之后的名称相符,那么对应的 except 子句将被执行。

② try 块有且仅有一个,但 except 代码块可以有多个,且每个 except 块都可以同时处理多种异常。

③ 如果一个异常没有与任何的 except 匹配,那么这个异常将会传递到上层的 try 中。

④ 最后一个 except 子句可以忽略异常的名称,它将被当作通配符使用。

例 3.24 try-except 语句的使用。

```
1   try:
2       num1 = int(input("输入被除数: "))
3       num2 = int(input("输入除数: "))
4       result = num1 / num2
5       print("您输入的两个数相除的结果是: ", result )
6   except (ValueError, ArithmeticError):
7       print("发生异常: 算术异常或数字格式异常")
8   except :
9       print("未知异常")
10  print("程序继续运行")
```

运行程序,结果如下:

输入被除数:45

输入除数:3

您输入的两个数相除的结果是:15.0

程序继续运行

再次运行程序,结果如下:

输入被除数:8

输入除数:0

发生异常:算术异常或数字格式异常

程序继续运行

与前面学习的 if 语句一样,try-except 语句还有一个可选的 else 子句,但是必须放在所有的 except 子句之后。else 子句将在 try 子句没有发生任何异常的时候执行。

例 3.25 try-except 语句中 else 子句。

```
1   try:
2       num1=int(input('请输入除数:'))
3       num2=int(input('请输入被除数:'))
4       result = num2 / num1
```

```
5   |    print(result)
6   |except ValueError:
7   |    print('必须输入整数')
8   |except ArithmeticError:
9   |    print('算术错误，除数不能为 0')
10  |else:
11  |    print('没有出现异常')
12  |print("继续执行")
```

运行程序，结果如下：

```
请输入除数:2
请输入被除数:4
2.0
没有出现异常
继续执行
```

由例3.25的运行结果可以看出，如果输入数据正确，则try块中的代码正常执行，执行完try块中的代码后，将继续执行else块中的代码，继而执行try语句后续代码。

有读者可能会问，如果把else块中的代码编写在try-except块后面，是不是也可以实现同样的功能？答案是肯定的。读者也许会接着问，既然这样，那么为什么要在try-except语句中添加else块呢？因为使用else子句比把所有的语句都放在try子句里面要好，这样可以避免一些意想不到且except又无法捕获的异常。

在执行例3.25时，如果输入数据不正确，程序会发生异常并被try捕获，Python解释器会调用相应的except块处理该异常。但是异常处理完毕之后，Python解释器并没有接着执行else块中的代码，而是跳过else去执行后续的代码。为了说明这种执行流程，让我们再次运行例3.25。

运行程序，结果如下：

```
请输入除数:0
请输入被除数:34
算术错误,除数不能为 0
继续执行
```

3.5　标准库的使用

Python拥有丰富的标准库函数，本节主要介绍random、math、time以及date time等标准库的一些常用函数。

标准库函数在使用前必须预先导入。这里以random库为例介绍导入的两种方式。

【方式1】：import random

【方式2】：from random import 函数名　　　#加载指定的函数
　　　　　from random import *　　　　　#加载所有函数

注意：利用方式1加载random库，后续使用其中函数时，必须加上库名，即random.函数名。而采用方式2加载random库，后续使用其中函数时，直接使用，不必加上库名。

3.5.1 random 库的使用

不知同学们有没有发现,本章所举的例子,只要输入相同,其执行结果也相同。这说明计算机所完成的计算通常是确定的(certain)。实际上,现实生活中,有些事情是不确定的(uncertain),如,将一枚硬币竖直上抛,到达最高处,竖直下落在水平的桌面上,其结果可能是正面朝上,也有可能反面朝上。在硬币没有落定之前,不能预知究竟哪一个面朝上。这就是不确定性(uncertainty)。如果将这种不确定性引入计算机,常见的形式是随机数。

Python 的随机函数库 random 库主要用于生成各种分布的随机数序列。random 库采用梅森旋转算法生成伪随机数序列。

1. random()函数

【功能】:生成一个 0 与 1 之间的随机浮点数,其值范围[0,1)。

【用法】:random ()

【示例】:

```
>>> from random import *
>>> random()
0.16283401839570077
```

2. uniform(a,b)函数

【功能】:返回 a, b 之间的随机浮点数,范围[a, b]或[a, b),取决于四舍五入,a 不一定要比 b 小。

【用法】:uniform(1,5)

【示例】:

```
>>> from random import *
>>> uniform(1,5)
2.043080167178617
```

3. randint(a, b)函数

【功能】:返回 a, b 之间的整数,范围[a, b]。

【说明】:注意:传入参数必须是整数,a 一定要比 b 小。

【用法】:randint(0, 100)

【示例】:

```
>>> from random import *
>>> randint(0, 100)
59
>>> randint(0, 100)
31
```

4. randrange([start], stop[, step])函数

【功能】:类似 range 函数,返回区间内的整数,可以设置 step。

【用法】:randrange(1, 10, 2)

【示例】:

```
>>> from random import *
>>> randrange(1, 10, 2)
7
>>> randrange(1, 10, 2)
3
```

5. choice(seq)函数

【功能】:从序列 seq 中随机读取一个元素。

【用法】: choice([1,2,3,4,5])

【示例】:

```
>>> from random import *
>>> choice([1,2,3,4,5])
3
>>> choice([1,2,3,4,5])
4
```

6. choices(seq,k)函数

【功能】:从序列 seq 中随机读取 k 个元素,同一个元素允许多次读取,k 默认为 1。

【用法】: choices([1,2,3,4,5], k=3)

【示例】:

```
>>> from random import *
>>> choices([1,2,3,4,5], k=3)
[5, 5, 4]
>>> choices([1,2,3,4,5], k=2)
[2, 3]
>>> choices([1,2,3,4,5], k=4)
[5, 2, 5, 2]
>>> choices([1,2,3,4,5], k=5)
[3, 3, 2, 5, 4]
>>> choices([1,2,3,4,k=5])
[1]
>>> choices([1,2,3,4,5], k=1)
[2]
```

7. shuffle(x)函数

【功能】:将列表中的元素打乱,俗称为“洗牌”。

【说明】:会修改原有序列。

【用法】: shuffle([1,2,3,4,5])

【示例】:

```
>>> from random import *
>>> l=[1,2,3,4,5]
>>> s=shuffle(l)
>>> print(l)
[2, 3, 1, 4, 5]
```

8. sample(seq, k)函数

【功能】:从指定序列中随机获取 k 个元素作为一个片段返回,sample 函数不会修改原有序列,k 个元素不重复。

【用法】: sample([1,2,3,4,5], 2)

【示例】:

```
>>> from random import *
>>> sample([1,2,3,4,5], 2)
[1, 3]
```

注意,在上述 8 个函数示例中,因为采用方式 2(from random import *)使用 random 库,所以直接按函数名调用。如果采用方式 1(import random)使用 random 库,则调用函数时必须在函数名前添加"random."以指明该函数所属于的库。如,random 库中 sample(),其调用形式如下:

```
>>> import random
>>> random.sample([1,2,3,4,5], 2)
[5, 1]
```

在 Python 语言中,开发者可以通过 seed()函数指定随机数种子。随机数种子一般可设置为一个整数,其默认值为系统时间。

9. seed(a=None)函数

【功能】:初始化给定的随机种子,默认为当前系统时间。

注意,每一个数都是随机数,只要随机种子相同,产生的随机数和数之间的关系都是确定的. 随机种子确定了随机序列的产生。具体请看下面例子。

```
>>> seed(9)
>>> random()
0.46300735781502145
>>> seed(9)
>>> random()
0.46300735781502145
>>> seed(8)
>>> random()
0.2267058593810488
```

例 3.26 红包发放。

```
1  #利用random实现简单的随机红包发放
2  from random import *
3  total=5
4  for i in range(3-1):
5      per=uniform(0.01,total/2)
6      total=total- per
7      print('%.2f '%per)
8  else:
9      print('%.2f '%total)
```

运行程序,结果如下:

0.91
0.43
3.66

注意，在【例 3.26】中采用方式 2(from random import *)使用 random 库。如果采用方式 1(import random)使用 random 库，【例 3.26】是不是可以执行？如不能，那如何修改？

3.5.2　math 库的使用

Python math 库提供许多对浮点数的数学运算函数，但是，math 库不支持复数运算。如果需计算复数，可使用 cmath 模块(本文不赘述)。math 库中提供了 4 个常量和 44 个函数。使用 dir() 函数，可以查看 math 库中包含的所有内容。

一、4 个数学常数

math 库中提供了 4 个常量，具体见下表。

表 3.2　math 库中常量

序号	常　数	含　义
1	math.pi	圆周率 π
2	math.e	自然对数底数
3	math.inf	正无穷大∞,
	−math.inf	负无穷大−∞
4	math.nan	非浮点数标记，NaN(not a number)

二、44 个函数

1. 算术函数

Python 的 math 库提供 16 个与算术运算相关的函数，具体见表 3.3。

表 3.3　math 库中算术函数

序号	函　数	含　义
1	math.fabs(x)	X 值的绝对值
2	math.fmod(x,y)	x/y 的余数，结果为浮点数
3	math.fsum([x,y,z])	对樱岁如括号内每个元素求和，其值为浮点数
4	math.ceil(x)	向上取整，返回不小于 x 的最小整数
5	math.floor(x)	向下取整，返回不大于 x 的最大整数
6	math.factorial(x)	X 的阶乘，其中 X 值必须为整型，否则报错
7	math.gcd(a,b)	a,b 的最大公约数
8	math.frexp(x)	x=i * 2^j，返回(i,j)
9	math.ldexp(x,i)	x * 2^i 的运算值，为 math.frexp(x)函数的反运算
10	math.modf(x)	x 的小数和整数部分
11	math.trunc(x)	x 值的整数部分

(续表)

序号	函　数	含　义
12	math. copysign(x,y)	用数值 y 的正负号,替换 x 值的正负号
13	math. isclose(a,b,rel_tol=x,abs_tol=y)	a,b 的相似性,真值返回 True,否则 False
14	math. isfinite(x)	当 x 不为无穷大时,返回 True,否则返回脊启 False
15	math. isinf(x)	当 x 为±∞时,返回 True,否则返回 False
16	math. isnan(x)	当 x 是 NaN,返回 True,否则返回 False

2. 幂运算与对数函数

在 Python 的 math 库中,有 8 个与幂运算与对数相关的函数,具体见表 3.4。

表 3.4　math 库中幂运算与对数函数

序号	函　数	含　义
1	math. pow(x,y)	x 的 y 次幂
2	math. exp(x)	e 的 x 次幂
3	math. expm1(x)	e 的 x 次幂减 1
4	math. sqrt(x)	x 的平方根
5	math. log(x,base)	x 的对数值,仅输入 x 值时,表示 ln(x)函数
6	math. log1p(x)	1+x 的自然对数值
7	math. log2(x)	以 2 为底的 x 对数值
8	math. log10(x)	以 10 为底的 x 的对数值

3. 三角函数

Python 的 math 库含有 16 个与三角函数,具体见下表。

表 3.5　math 库中三角函数

序号	函　数	含　义
1	math. degrees(x)	弧度值转角度值
2	math. radians(x)	角度值转弧度值
3	math. hypot(x,y)	(x,y)坐标到原点(0,0)的距离
4	math. sin(x)	x 的正弦函数值
5	math. cos(x)	x 的余弦函数值
6	math. tan(x)	x 的正切函数值
7	math. asin(x)	x 的反正弦函数值
8	math. acos(x)	x 的反余弦函数值
9	math. atan(x)	x 的反正切函数值
10	math. atan2(y,x)	y/x 的反正切函数值

（续表）

序号	函　数	含　义
11	math. sinh(x)	x 的双曲正弦函数值
12	math. cosh(x)	x 的双曲余弦函数值
13	math. tanh(x)	x 的双曲正切函数值
14	math. asinh(x)	x 的反双曲正弦函数值
15	math. acosh(x)	x 的反双曲余弦函数值
16	math. atanh(x)	x 的反双曲正切函数值

4. 其他函数

Python 的 math 库除了提供上述函数外，还提供了下列 4 个函数，具体见下表。

表 3.6　math 库中其他函数

序号	函　数	含　义
1	math. erf(x)	高斯误差函数
2	math. erfc(x)	余补高斯误差函数
3	math. gamma(x)	伽马函数(欧拉第二积分函数)
4	math. lgamma(x)	伽马函数的自然对数

3.5.3　time、datetime 库的使用

在程序设计中，常常要求时间以及日期以特定格式显示。在 Python 中，涉及时间和日期处理的库主要有 time 和 datetime 库。下面简单介绍这两个库及其使用。

一、time 库

1. time 展示格式

time 模块中时间表现的格式主要有三种：

(1) timestamp 时间戳

时间戳表示的是从 1970 年 1 月 1 日 00:00:00 开始按秒计算的偏移量，由于是基于 Unix Timestamp，所以其所能表述的日期范围被限定在 1970—2038 之间。例如，获取当前时间(时间戳)

```
>>> time.time()
```

(2) struct_time 时间元组，为结构化数据，共有九个元素，其具体含义，见下表。

表 3.7　struct_time 时间元组元素属性

属性	取值范围
tm_year(年)	2024
tm_mon(月)	1～12
tm_mday(日)	1～31

(续表)

属性	取值范围
tm_hour(时)	0～23
tm_min(分)	0～59
tm_sec(秒)	0～61(60 或 61 是闰秒)
tm_wday(weekday)	0～6
tm_yday(一年中的第几天)	1～366
tm_isdst(是否是夏令时)	−1

实例:获取当前时间(结构化数据)

```
>>> time.localtime()
time.struct_time(tm_year=2023, tm_mon=1, tm_mday=12, tm_hour=10, tm_min=47, tm_sec=2,
tm_wday=3, tm_yday=12, tm_isdst=0)
```

(3) format time 字符串格式化时间

已格式化的结构使时间更具可读性。格式包括自定义格式和固定格式。如,

```
>>> time.strftime("%Y-%m-%d %H:%M:%S")
'2023-01-12 10:57:3
```

在该函数中,具体格式及其含义,见下表。

表 3.8　format time 字符串格式

格式	含义
%a	本地星期名称的英文简写(如星期四为 Thu)
%A	本地星期名称的英文全称(如星期四为 Thursday)
%b	本地月份名称的英文简写(如八月份为 Agu)
%B	本地月份名称的英文全称(如八月份为 August)
%c	本地相应的日期和时间的字符串表示(如:15/08/27 10:20:06)
%d	本月第几号(01—31)
%f	微秒(范围 0.999999)
%H	一天中的第几个小时(24 小时制,00—23)
%I	第几个小时(12 小时制,0—11
%j	一年中的第几天(001—366)
%m	月份(01—12)
%M	分钟数(00—59)
%p	本地 am 或者 pm 标识符
%S	秒
%U	一年中的星期数(00—53 星期天是一个星期的开始)

（续表）

格式	含义
%w	一个星期中的第几天(0—6,0 是星期天)
%W	一年中的星期数(1—54)
%x	本地相应日期字符串(如 15/08/01)
%X	本地相应时间字符串(如 08:08:10)
%y	去掉世纪的年份(00—99)两个数字表示的年份
%Y	完整的年份(4 个数字表示年份如 2021)
%z	与 UTC 时间的间隔(如果是本地时间,返回空字符串)
%Z	时区的名字(如果是本地时间,返回空字符串)
%%	'%'字符

2. 常用实例

(1) time. sleep(secs) ＃推迟指定的时间(secs)后继续运行,单位为秒

```
>>> time.sleep(20)
```

(2) time. time() ＃返回当前时间的时间戳

```
>>> time.time()
1673492946.165884
```

(3) time. localtime([sec]):将一个时间戳转化成一个当时时区的 struct_time,如果 sec 参数未输入,则以当前时间为转化标准

```
>>> time.localtime()
```

(4) time. struct_time(tm_year=2023, tm_mon=1, tm_mday=12, tm_hour=11, tm_min=6, tm_sec=41, tm_wday=3, tm_yday=12, tm_isdst=0)

```
#将时间戳转换为元组格式
>>> time.localtime(time.time())
time.struct_time(tm_year=2023, tm_mon=1, tm_mday=12, tm_hour=11, tm_min=6, tm_sec=59,
tm_wday=3, tm_yday=12, tm_isdst=0)
```

(5) time. strftime(format[,t]):将指定的 struct_time(默认为当前时间),根据指定的格式化字符串输出

```
>>> time.strftime("%Y-%m-%d %H:%M:%S")
'2023-01-12 10:57:3
>>> time.strftime("%Y-%m-%d %H:%M:%S",time.localtime())
'2023-01-12 11:12:28'
```

(6) time. perf_counter():返回性能计数器的值(以小数秒为单位)作为浮点数,即具有最高可用分辨率的时钟,以测量短持续时间。它确实包括睡眠期间经过的时间,并且是系统范围的。通常 perf_counter()用在测试代码时间上,具有最高的可用分辨率。不过因为返回值的参考点未定义,因此我们测试代码的时候需要调用两次,做差值。perf_counter()会包含 sleep()休眠时间,适用测量短持续时间.

```
>>> start = time.perf_counter()
>>> time.sleep(2)
>>> end = time.perf_counter()
>>> print(end-start)
2.0046934450001572
```

二、datetime 库

1. datetime 库的类

在 Python 中,datetime 库定义了以下几个类:

(1) 日期类 datetime. date

常用的属性有 year(年), month(月), day(日)。如,datetime. date(2024,12,22)

其中 2024 和 12 以及 22 分别为 year, month, day。

(2) 时间类 datetime. time

常用的属性有 hour(小时), minute(分钟), second(秒), microsecond(微秒)。如,datetime. time(23,33,33,445672)

其中 23、33、33 以及 445672 分别表示 hour、minute、second 以及 microsecond。

(3) 日期时间类 datetime. datetime

该类包含了属性 datetime. date 和 datetime. time 的属性。如,

datetime. datetime(2024,10,22,23,58,58,445672)

其中 2024、10、22、23、58、58、445672 分别为 year、month、day、hour、minute、second 以及 microsecond。

(4) 时间间隔类 datetime. timedelta

该类表示两个时间点之间的长度,具有 day、second 和 microsecond 三个数。如,

datetime. datetime (2024,12,21,23,59,59,1000)

datetime. timedelta(1,10,100)

[Out]: datetime. datetime (2024,12,20,23,59,48,900)

(5) datetime. tzinfo:与时区有关的相关信息。

在 python 中显示 datetime 的相关信息。如,

```
>>> import datetime
>>> datetime.date
<class 'datetime.date'>
>>> datetime.datetime_CAPI
<capsule object "datetime.datetime_CAPI" at 0x000001FB3C76E930>
>>> datetime.MINYEAR
1
>>> datetime.MAXYEAR
9999
```

2. 实例

(1) 常用 datetime. datetime 模块

datetime. datetime. now([tz])

返回一个表示当前本地时间的 datetime 对象,如果提供了参数 tz,则获取 tz 参数所指

时区的本地时间

```
>>> datetime.datetime.now()
datetime.datetime(2024, 5, 23, 11, 49, 50, 858451)
>>> datetime.datetime(2024, 1, 12, 15, 26, 33, 97361) #实例化后获取对应值
datetime.datetime(2024, 1, 12, 15, 26, 33, 97361)

>>> a = datetime.datetime.now()
>>> a
datetime.datetime(2024, 5, 23, 12, 2, 26, 336225)
```

在python中,可查看属性所对应的值。相关属性见下表。

表3.9 datetime模块的属性

a. dst	a. astimezone	a. hour	a. replace	a. microsecond	a. time
a. tzinfo	a. toordinal	a. combine	a. fold	a. isocalendar	a. min
a. now	a. timestamp	a. utcoffset	a. utctimetuple	a. ctime	a. fromisoformat
a. minute	a. isoformat	a. second	a. timetuple	a. tzname	a. weekday
a. date	a. fromordinal	a. isoweekday	a. month	a. strftime	a. max
a. timetz	a. utcfromtimestamp	a. year	a. day	a. fromtimestamp	a. resolution
a. strptime	a. today	a. utcnow			

```
>>> a
datetime.datetime(2023, 1, 12, 15, 31, 10, 749449)
>>> a.date()
datetime.date(2023, 1, 12)
>>> a.time()
datetime.time(15, 31, 10, 749449)
a.strftime("%Y-%m-%d %H:%M:%S")
'2023-01-12 15:31:10'
datetime.datetime.strftime(a,"%Y-%m-%d %H:%M:%S")
'2023-01-12 15:31:10'
```

(2) 通过datetime实现增加天数datetime. timedelta

datetime. timedelta对象代表两个时间之间的时间差,在对时间增减运算,可利用datetime. timedelta。

```
>>>datetime.datetime.now()
datetime.datetime(2024, 12, 27, 15, 53, 23, 239048)
>>>datetime.datetime.now() + datetime.timedelta(days=1)
datetime.datetime(2024, 12, 28, 15, 53, 41, 30286)
>>>datetime.datetime.now() + datetime.timedelta(hours=1)
datetime.datetime(2024, 12, 27, 16, 57, 15, 835111)
>>>datetime.datetime.now() - datetime.timedelta(hours=1)
datetime.datetime(2024, 12, 27, 14, 57, 27, 676511)
```

（3）通过 datetime. combine 合并，取最大值和最小值

```
>>>datetime.datetime.combine(datetime.datetime.now(),datetime.time.min)
datetime.datetime(2023, 12, 27, 0, 0)
>>>datetime.datetime.combine(datetime.datetime.now(),datetime.time.max)
datetime.datetime(2023, 12, 27, 23, 59, 59, 999999)
```

（4）通过. strftime 格式化去掉日期内的 0

进行日期格式化时，默认通过. strftime('%Y/%m/%d')获得的日期如下

```
>>> nowdate = datetime.datetime.combine(datetime.datetime.now(),datetime.time.min)
>>> nowdate
datetime.datetime(2024, 1, 9, 0, 0)
>>> nowdate.strftime('%Y/%m/%d')
'2024/01/09'
```

#如想将 05/04 中的 0 给去掉该如何实现呢？不同的操作系统实现方式不一样

```
Linux平台
>>> nowdate.strftime('%Y/%-m/%-d')
'2024/5/4'

Windows平台
>>> nowdate.strftime('%Y/%#m/%#d')
'2024/5/4'
```

通过 replace 进行替换

```
>>> now = datetime.datetime.now()
>>> now
datetime.datetime(2024, 4, 22, 13, 34, 32, 385715)
>>> now.replace(hour=0,minute=0,second=0,microsecond=0)
datetime.datetime(2024, 4, 22, 0, 0)
>>> now.replace(hour=13,minute=0,second=0,microsecond=23)
datetime.datetime(2024, 4, 22, 13, 0, 0, 23)
```

3.6　综合应用

一、密码输入与验证

随着用户安全意识的提高，很多软件都设置了密码。用户必须输入正确的密码，才能进入或使用系统。输入不正确，可以重新输入密码，但是有输入次数的限制。

例 3.27　输入密码，进入系统。密码输入不正确，可重新输入，但是最多只有 3 次输入机会。

【分析】输入密码，如果输入的密码正确，则进入系统，否则重新输入密码。关键是如何保证只有 3 次输入机会。

【参考代码】

```
1  #输入密码进入系统
2  #有 3 次输入机会
```

```
3    passWord="YZU"
4    count=1
5    num=1
6    while count<=3:
7        mm=input("请输入密码：")
8        if mm==passWord:                        #第一层 if-else 语句
10           break
11       else:
12           if num<=2:                          #第二层 if-else 语句
13               print("密码不正确，请重新输入密码！")
14               print("你还有",3-count,"次输入密码机会")
15               num=num+1
16           else:
17               print("3 次输入密码都不正确!!! ")
18               print("你不是本系统合法用户！")
19           count=count+1
20           continue
```

【说明】变量 count 表示输入密码的次数。当输入的密码正确(mm==passWord)时，执行 break，跳出 while 循环。当输入的密码不正确时，执行第一层 if-else 语句中 else 语句块，即显示相关错误信息、输入次数加 1(count=count+1)，然后执行 continue 命令，结束本次循环，进入下一次循环。第二层 if-else 语句的目的是针对不同的输入错误密码的次显示不同信息。在这里，变量 num 存储输入错误密码的次数。

下面显示了不同输入情况下例 3.27 的运行结果。

运行程序，结果如下：

```
请输入密码:YZU
密码正确,欢迎您进入系统!
```

第二次运行程序，结果如下：

```
请输入密码:1
密码不正确,请重新输入密码!
你还有 2 次输入密码机会
请输入密码:a
密码不正确,请重新输入密码!
你还有 1 次输入密码机会
请输入密码:YZU
密码正确,欢迎您进入系统!
```

再次运行程序，结果如下：

```
请输入密码:a
密码不正确,请重新输入密码!
你还有 2 次输入密码机会
请输入密码:2
密码不正确,请重新输入密码!
```

你还有 1 次输入密码机会
请输入密码:3
3 次输入密码都不正确!!!
你不是本系统合法用户!

读者可对照程序代码,仔细研究上述不同的输入情况,理解程序运行结果差异,理解 break 和 continue 命令。

二、找出水仙花数

在三位正整数中,有一类数很奇特。它们满足以下条件:每个位上数字的 3 次幂之和等于其本身。人们称这类数为水仙花数。如 153 就是水仙花数,因为 $1^3+5^3+3^3=153$。

例 3.28 找出并显示水仙花数。

【分析】可以采用枚举法,逐一判别是否满足水仙花数特性。

【参考代码】

```
1  #找出并显示水仙花数
2  i=0     #水仙花数的个数
3  num=100
4  while num<1000:
5      x=num // 100               # 百位上的数字
6                                 # //为整数除法——对商取整数部分
7      y=num // 10 % 10           # 十位上的数字
8                                 # %为取模运算
9      z=num % 10                 # 个位上的数字
10     if  num==x**3+y**3+z**3:   # 水仙花数的特征
11                                # **为幂运算
12         i=i+1
13         print("第",i,"个水仙花数是",num)
14     num=num+1
15 print("水仙花数总共有",i,"个")
```

运行程序,结果如下:

第 1 个水仙花数是 153
第 2 个水仙花数是 370
第 3 个水仙花数是 371
第 4 个水仙花数是 407
水仙花数总共有 4 个

在例 3.28 中,开发者利用 while 循环语句遍历 100 到 999 之间的整数,并判断每一个整数是否为水仙花数。我们在前面章节中了解到,循环语句除了 while 循环语句还有 for 循环语句。能否用 for 语句实现例 3.28 的功能呢?如能,如何修改其中语句?

假如四位数的水仙花数为每个位上数字的四次方之和,五位数的水仙花数是每个位上数字的五次方之和,六位数的水仙花数是每个位上六次方之和,请找出 100～999999 之间的所有水仙花数。

这里我们要用一个通用代码来实现,不能分段求各位数字的次方和。首先我们必须知道即将判断的数字的位数,在用拆数算法得到每个位上的数字,求累加。参考代码如下:

```
1  for n in range(100,100000):
2      ws=len(str(n))
3      s=0;num=n
4      while n:  #n非零表示条件为真
5          s+=(n%10)**ws
6          n//=10
7      if s==num:print(num)
```

三、打印二维规则图形

例 3.29　显示下列图形。

```
*****
 ****
  ***
   **
    *
```

【分析】在每一行中，显示的符号有两种——空格和 *，并且这两种符号的个数是有规律的。第一行有零个空格、5 个 *；第二行有 1 个空格、4 个 *；第三行有 2 个空格、3 个 *；第四行有 3 个空格、2 个 *；第五行有 4 个空格、1 个 *。找出符号的个数与行号的规律，并给出其表示形式。

【参考代码】显示字符排列的二维规律图形。

```
1  for i in range(5):            #外部循环，控制不同行的显示
2  #内部循环，控制某一行的显示
3      for j in range(i):        #内部循环 1——控制某一行中前面空格的显示
4          print(" ", end="")    #不换行显示一个空格，没有分隔符
5      for n in range(5-i):      #内部循环 2——控制某一行中*的显示
6          print("*", end="")    #不换行显示一个空格，没有分隔符
7      print()                   #换行
```

【说明】二维规则图形有多行多列。这就需要两层循环，外循环控制行，内循环控制列(同一行中)。

在例 3.29 的基础上，请读者再进一步思考一下：如果要显示下列比较复杂的图形，应该如何设计程序呢？

```
*****
 ****
  ***
   **
    *
   **
  ***
 ****
*****
```

上述图形可以看成由两部分构成。第一部分由前面 5 行组成，后面 4 行组成第二部分。

显然,第一部分的显示可由例 3.29 的代码完成。故这里主要任务就是显示第二部分图形。与例 3.29 一样,采用两层循环,外循环控制不同的行,内循环控制每一行的列。其关键还是找出符号的个数与行号的规律,并给出其表示形式。请读者自行思考。

四、素数判定

例 3.30 从键盘输入一个数 n,判断其是否素数。

所谓素数,就是质数。除了 1 和它本身外,再无其他约数。2 是最小的素数。

```
1   n=int(input("请输入一个整数:"))
2   if n>=2:
3       for i in range(2,n):
4           if n%i==0:
5               print(n,"不是素数")
6               break
7           else:
8               print(n,"是素数")
9   else:
10      print(n,"不是素数")
```

代码第 3 行 range(2,n),其实就是让 i 取 2 到 n—1 之间的整数去验证,只要有一个余数为 0,则表示该数不是素数。

我们可以把题目转化一下,请找出 100～200 之间所有素数。

这里只需要我们输出所有素数,非素数不用输出。参考代码如下:

```
1   count=0
2   for n in range(100,201):
3       if n>=2:
4           for i in range(2,n):
5               if n%i==0:
6                   break
7           else:
8               print(n,end=" ")
9               count+=1
10              if count%5==0:print()
```

第 3 章思维导图

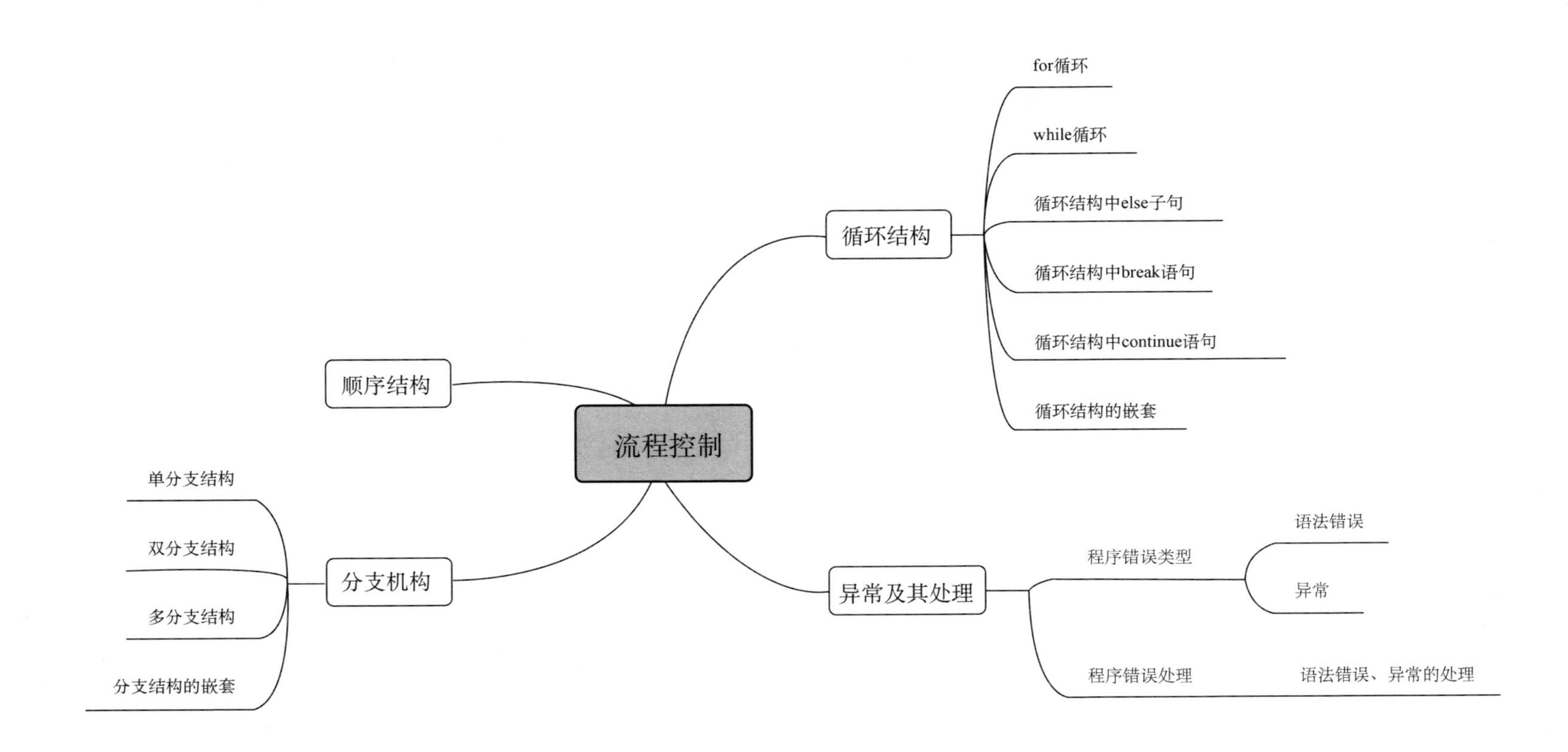
流程控制
循环结构
for循环
while循环
循环结构中else子句
循环结构中break语句
循环结构中continue语句
循环结构的嵌套
顺序结构
分支机构
单分支结构
双分支结构
多分支结构
分支结构的嵌套
异常及其处理
程序错误类型
语法错误
异常
程序错误处理
语法错误、异常的处理

第4章　字符串

字符串(String)是由数字、字母、汉字、标点符号等字符组成的一串有序的字符序列。它是程序设计语言中表示文本的一种数据类型。在计算机的数据处理任务中，处理最多的不是数值型数据而是字符型数据。因此，掌握字符型数据的处理就显得特别重要。

4.1　字符串类型及其基本运算

4.1.1　字符串的表示

一、常规表示

在 Python 中，字符串可使用一对单引号、一对双引号或一对三引号将字符序列标识出来。其中，单引号和双引号仅用于标识单行的字符串，而三引号既可以标识单行的字符串，也可以标识多行的字符串。三引号可以是 3 个单引号，也可以是 3 个双引号。

例如：要将 Yangzhou、烟花三月、225000 等表达成字符串，可以将他们分别加上任意一对字符串括号。

"Yangzhou",'烟花三月',"225000"

如果要将具有多行文字的《大风歌》表达成一个字符串，则必须使用三引号。

'''《大风歌》
作者：刘邦（汉）
大风起兮云飞扬，
威加海内兮归故乡。
安得猛士兮守四方!'''

二、特殊处理

如果某个字符串中包含了单引号或双引号，则应该使用另一对括号作为字符串括号。例如：

"It's a dog."

如果仍然使用一对单引号作为字符串括号，例如：

"It's a dog."

则会出现语法错误提示：SyntaxError: invalid syntax。系统处理字符串时，首先取得第一个字符串括号，然后向后找到第二个与其匹配的字符串括号，将两个字符串括号之间的字符串取为字符串的内容。这里，系统会认为前两个单引号之间的字符' It'是一个字符串，但其后面紧接着又出现了不是运算符号的其他字符，无法解释。因为这不符合 Python 的语法规定，故而报出语法错误的提示。

如果某个字符串中包含了单引号和双引号，此时只能使用三引号作为字符串括号。例如：

''' He said:"It's a dog."'''

这里的三引号不能使用 3 个双引号，为什么？请读者加以思考。

三、注意事项

（1）无论是什么字符串，只需选用任意一对字符串括号即可。'项羽'''项羽"和'''项羽'''表达的效果是一样的，是同一个字符串。

（2）字符串中严格区分大小写。"Yangzhou"和"YangZhou"是两个完全不同的字符串。

（3）字符串是有长度的。一个字符串所拥有的字符的个数，称为该字符串的长度。例如，"Yangzhou"的长度是8，"烟花三月"的长度是4，"Han Dynasty"的长度是11。

（4）字符串可以是空串，用连续的两个字符串括号表示，中间不能有空格。""表示一个空字符串，其长度为0。" "表示由一个空格组成的字符串，其长度为1。

（5）空格也是字符串中的一个字符。"刘邦""刘 邦"和"刘　邦"是互不相同的字符串，它们的长度也不同。

（6）字符串括号必须是英文字符，如果是中文的单引号或双引号，系统会提示语法错误：SyntaxError：invalid character in identifier。

（7）注意不同表达的含义。True是逻辑常量“真”值，true是变量（标识符），"True"是字符串常量。123是数值，可进行算术运算；"123"是字符串，不能进行算术运算，只能进行字符串运算。

（8）身高、体重等数据通常需要进行算术运算，是数值型数据；学号、身份证号、电话号码和邮编等数据，尽管也是纯数字的，但他们不需要进行算术运算，仅表达了某种编号，所以应该用字符串类型来表示。

4.1.2　字符串的基本运算

一、连接运算 +

+运算将左右两端的字符串首尾相连。

```
>>> xy='项羽'
>>> lb='刘邦'
>>> xy + "与" + lb
"项羽与刘邦"
```

二、重复运算 *

*运算可以将给定的字符串重复若干次，形成一个新的字符串。

```
>>>yj = '虞姬'
>>>yj * 2 + '奈若何'
'虞姬虞姬奈若何'
```

注意：yj * 2 与 2 * yj 的结果一样。

三、in/not in 运算

in运算判断一个字符串是否出现在另一个字符串中，也即判断一个字符串是不是另一个字符串的子串。其结果为逻辑值，若存在，则结果为True，否则为False。not in则与之相反。

```
>>> general = '刘邦手下的大将有张良、韩信、陈平、曹参、萧何、周勃、樊哙等'
>>>'韩信' in general
True
>>>'韩 信' in general
False
```

这里,字符串中间多了一个空格。字符串'韩信'和'韩 信'是两个不同的字符串,他们并不相等。

```
>>>'龙且' not in general
True
```

四、比较运算

字符串比较是一项常见且重要的操作。在使用<,<=,>,>=,==和!=等比较运算符对字符串直接进行比较时,是将两个字符串中的字符一对一地按照 Unicode 码值进行比较,直到得出结果为止。

例如:

```
>>> 'yangzhou'=='Yangzhou'
False
>>> 'yangzijiang'<'yangzijin'
True
>>> 'yang'<'yangzhou'
True
>>> 'yangzhou'<'suzhou'
False
>>> '沪'< '浙'< '皖'<'苏'
True
>>> ord('沪'),ord('浙'),ord('皖'),ord('苏')
(27818, 27993, 30358, 33487)
```

此外,也可使用 len()函数比较字符串的长度,使用字符串的方法寻找特定的字符串,还可使用正则表达式进行模式匹配。

注意:在字符串比较时,英文严格区分大小写;汉字不是按照拼音、偏旁部首或笔画数,而是按照 Unicode 编码进行比较,如确需按拼音比较,可安装 pypinyin 等第三方库。

4.1.3 字符串的索引与切片

一、字符串索引

字符串就是一个由若干个字符组成的有序序列。为了便于用户访问各个字符,Python 对字符串中的字符进行了编号索引。对于拥有 n 个字符的字符串,索引可以从左往右用 0—n−1 编号,也可以从右往左用−1—−n 编号。中文字符串中的汉字也是一个汉字对应一个编号,这是因为在 Unicode 编码方案中汉字和英文等其他文字字符统一编码。具体的索引编号如图 4.1 所示。

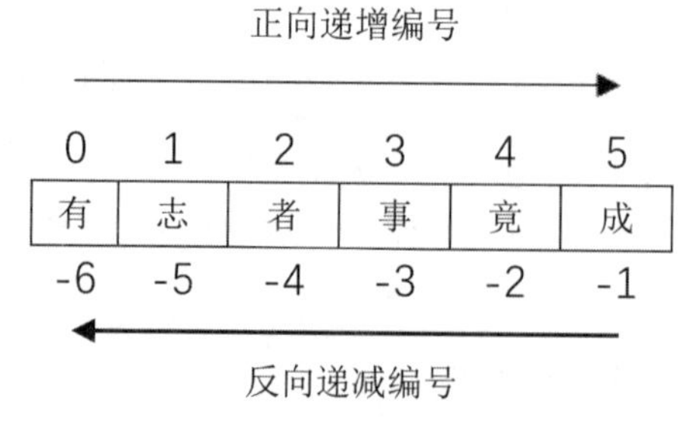

图 4.1 字符串的索引编号

有了字符串的索引编号，就可以访问或引用字符串中的一到多个字符。用索引编号引用字符的格式如下：

字符串[序号]

这里的字符串可以是变量也可以是常量。

例如：图4.1中，汉字“成”的索引编号既可以使用5，也可以使用−1。

```
>>> string = '有志者事竟成'
>>> print(string[0],string[5], string[-1],  string[-5],)
有 成 成 志
```

对字符串的索引操作，需要注意两点：

1. 索引序号不能超出[0，n−1]或[−n，−1]的边界。

```
>>> string1 = '有志者事竟成破釜沉舟百二秦关终属楚'
>>> string1[17]
Traceback (most recent call last):
File "<pyshell#6>", line 1, in <module>
string[17]
IndexError: string index out of range
```

系统提示索引出界。

2. Python字符串的值是不可以改变的，给字符串的索引位置赋值会出错。

```
>>> string1 = '有志者事竟成破釜沉舟百二秦关终属楚'
>>> string1[4] = '皆'
Traceback (most recent call last):
File "<pyshell#3>", line 1, in <module>
String1[4]='皆'
TypeError: 'str' object does not support item assignment
```

系统提示字符串对象不支持这种赋值操作。

二、字符串切片

所谓切片，就是从原字符串中截取一段连续的字符构成一个子字符串。切片以后得到的是一个新字符串，原字符串保持不变。切片操作使用如下格式：

string[i]　　截取索引编号为i的单个字符

string[i:j]　　截取索引编号从i到j−1的字符串，不包含j

string[i:j:k]　截取索引编号从i到j−1间隔步长为k的字符串，不包含j。当步长k为负时，反向取值，结果是逆序。

例如：

```
>>> string = '苦心人天不负卧薪尝胆三千越甲可吞吴'
>>> print(string[2],string[3:6],string[6:16:2],string[-1:9:-1])
人 天不负 卧尝三越可 吴吞可甲越千三
```

切片时，索引编号有时可以缺省。

其实string[i:j]就是string[i:j:k]中默认步长k为1的缺省形式。

string[:j]　　默认起始位置i为0

string[i:]　　默认结束位置到最后，包含最后一个字符。通常如果要取到最后，j可以不给出。

string[::k] 起始和结束位置都采用默认值,表示是对整个源字符串进行操作。

例如:

```
>>> string = '苦心人天不负卧薪尝胆三千越甲可吞吴'
>>> print(string[:6],string[-7:],string[::3])
苦心人天不负 三千越甲可吞吴 苦天卧胆越吞
```

注意:

(1) string[6:10]、string[6:-7]、string[-11:-7]和 string[-11:10]都能得到字符串“卧薪尝胆”。

(2) string[6:10:-1]得到的是空字符串,string[9:5:-1]得到的是字符串“胆尝薪卧”。

(3) string[::2]得到的是“苦人不卧尝三越可吴”,但 string[::-2]得到的是“吴可越三尝卧不人苦”。两者不一样,请注意区别!

(4) string[:17]是正确的引用,但 string[17]则是错误的引用。

例如:明末浙江才女吴绛雪所作《四时山水诗》:

莺啼岸柳弄春晴夜月明(春景);
香莲碧水动风凉夏日长(夏景);
秋江楚雁宿沙洲浅水流(秋景);
红炉透炭炙寒风御隆冬(冬景)。

春景诗可解读如下:

```
>>> s='莺啼岸柳弄春晴夜月明'
>>> print(s[:7],s[3:],s[-1:-8:-1],s[-4::-1])
莺啼岸柳弄春晴 柳弄春晴夜月明 明月夜晴春弄柳 晴春弄柳岸啼莺
```

4.1.4 内置函数与字符串的方法

在实际应用中,人们需要对字符串做各种各样的加工处理,仅仅依靠前面的几个基本运算远远不能满足要求。为此,Python 提供了许多内置函数以及字符串对象的方法来解决这个问题。

一、常用的内置函数

常用的字符串内置函数见表 4.1。

表 4.1 字符串内置函数

函数	功　能
len()	计算字符串长度
str()	将其他类型转换为字符串类型
chr()	将 Unicode 编码转换为字符
ord()	返回字符的 Unicode 编码
eval()	将字符串当成有效的表达式来求值并返回计算结果

1. len()函数

可使用len()函数来计算字符串中所拥有的字符的个数。需要注意的是,在Python中每个英文字母、汉字、数字、标点符号和空格都算作一个字符。

例如:

```
>>> len('人生苦短，我学Python')
13
```

2. str()函数

str(object)函数可将其他类型的数据转换成字符串。

其中参数object可以是整数、浮点数、列表、元组、字典和集合等各种对象。

例如,我们要构造一个祝同学们生日快乐的字符串。

```
>>> age=19
>>> message='Happy' + age + 'th Birthday!'
Traceback (most recent call last):
  File "<pyshell#40>", line 1, in <module>
    message='Happy'+age+'th Birthday!'
TypeError: can only concatenate str (not "int") to str
```

系统给出错误提示:只能进行字符串和字符串的连接,不能实现字符串和整数的连接。所以,此时必须使用str()函数将整数转换成字符串。

```
>>> message = 'Happy' + str(age) + 'th Birthday!'
>>> message
'Happy19th Birthday!'
```

当str()函数中的参数省略时,将返回空字符串。这种方式常常用于创建空字符串或者初始化字符串变量。

例如:

```
>>> '项羽' + str() + '刘邦'
'项羽刘邦'
>>> string = str()
>>> string
''
```

str()函数可以将字符串类型转换为字符串,系统不会提示出错,但会产生额外的时间和空间开销,一般不提倡。

3. chr()函数

chr()函数将Unicode编码转换成对应的Unicode字符。它的功能与ord()函数相反。

例如:

```
>>> print(chr(65),chr(0x5927),chr(27721))
A 大 汉
```

如果要在字符串中并入某个不可见的控制字符,可使用该函数来实现。

```
>>> print('A' + chr(10) + 'B')
A
B
```

4. ord()函数

ord(char)函数将一个 Unicode 字符转换成相应的 Unicode 编码。它的功能与 chr() 函数相反。其中参数 char 是一个 Unicode 字符,如果其长度超过 1,系统将报错。

例如:

```
>>> print(ord('汉'),ord('A'))
27721 65
```

在程序设计中,通常将 ord()函数与 chr()函数组合起来使用,实现字符的变换。例如:

```
>>> char='B'
>>> chr(ord(char) + 2)
'D'
```

5. eval()函数

eval(exp) 函数用来执行一个字符串表达式,并返回表达式的值。

其中参数 exp 是一个字符串表达式。eval()函数是将字符串 exp 当成有效的 Python 表达式来求值,并返回计算结果。

```
>>> print(eval('2+3'),eval('1e3'), eval('pow(3,2)')
5 1000.0 9
```

eval()函数经常用来将 input()函数从键盘获取的字符型数据转换成数值型,以便后续进行算术运算。

例如:

```
>>>r = eval(input('请输入圆的半径: '))
请输入圆的半径: 5
>>> print('area=',3.14 * r * r)
area= 78.5
```

6. repr()函数

repr()函数用于返回一个对象的字符串表示。它可以将各种不同类型的数据转换为适合打印和记录的字符串表示,并可以通过 eval 函数重新构建原来的对象。

例如:

```
>>> repr(418)
'418'
>>> repr(3.14159)
'3.14159'
>>> repr('Yangzhou')
"'Yangzhou'"
>>> repr([1,2,3,4,5])
'[1, 2, 3, 4, 5]'
>>> eval(repr([1,2,3,4,5]))
[1, 2, 3, 4, 5]
```

二、字符串对象的方法

除了内置函数外,Python 又为字符串对象定义了许多方法,用于对字符串作进一步的处理。对象的方法可以像函数一样来调用,不同的是必须在方法的前面标注具体的对象名称。表 4.2 列出了一些常用的方法,这里仅重点介绍前 4 个。

表 4.2　字符串对象的方法

函　数	功　能
find(),rfind()	搜索指定字符串,找不到则返回－1
index(),rindex()	搜索指定字符串,找不到则报错
count()	统计指定的字符串出现的次数
replace()	替换指定次数的 old 为 new
strip(),lstrip(),rstrip()	去除字符串两边、左边、右边指定字符
split()	按指定字符分割字符串
join()	用指定字符连接字符串
upper(),lower()	全部转换成大写、小写
swapcase()	大小写互换
capitalize(),title()	首字母大写其余小写、每个单词首字母大写
startswith(' start')	是否以 start 开头
endswith(' end')	是否以 end 结尾
isalnum()	是否全为字母或数字
isalpha(),isdigit()	是否全字母、全数字
isupper(),islower()	是否全大写、全小写
istitle()	判断首字母是否为大写
isspace()	判断字符是否为空格
ljust(),rjust(),center()	字符串左对齐、右对齐、居中对齐
encode(),decode()	将字符串编码、解码
format()	格式化字符串

1. 字符串查找

(1) find()方法

find(str, begin, end) 方法用来检测字符串的指定范围内是否包含子字符串,如果包含子字符串,则返回起始字符的索引值,否则返回－1。

其中参数 str 是待检测的子字符串; begin 表示检测范围的起始位置, 默认为 0;end 表示检测范围的结束位置,默认为字符串的长度。

例如:

```
>>> s='春江潮水连海平, 海上明月共潮生。'
>>> s.find('潮')
2
>>> s.find('潮',5)
13
>>> s.find('花')
-1
```

(2) index(str, begin, end) 方法也是用来检测字符串的指定范围内是否包含子字符串。该方法与 find()方法一样,只不过如果不包含子字符串,系统会报错,所以一般不用。

例如:

```
>>> s='春江潮水连海平，海上明月共潮生。'
>>> s.index('月')
11
>>> s.index('花')
Traceback (most recent call last):
File "<pyshell#90>", line 1, in <module>
    s.index('花')
ValueError: substring not found
```

(3) rfind()方法与 find()方法类似,但它从字符串的末尾开始查找子字符串,并返回最后一次出现的索引。如果没有找到子字符串,则返回 −1。

(4) rindex()方法与 index()方法类似,但它从字符串的末尾开始查找子字符串,并返回最后一次出现的索引。如果没有找到子字符串,则会引发'ValueError'异常。

例如:

```
>>> s='春江潮水连海平，海上明月共潮生。'
>>> s.rfind('潮')
13
>>> s.rfind('花')
-1
>>> s.rindex('潮')
13
>>> s.rindex('花')
Traceback (most recent call last):
File "<pyshell#95>", line 1, in <module>
    s.rindex('花')
ValueError: substring not found
```

2. 字符串统计

count(str, begin, end)方法用来统计字符串的指定范围内某个子字符串出现的次数。

其中参数 str 是待统计的子字符串; begin 表示统计范围的起始位置, 默认为 0;end 表示统计范围的结束位置,默认为字符串的长度。

例如:

```
>>> s='春江潮水连海平，海上明月共潮生。'
>>> s.count('潮')
2
>>> s.count('花')
0
```

3. 字符串替换

replace(old,new,max)方法是用一个新字符串替换掉原字符串中指定的子字符串。

其中,参数 old 是被替换的子字符串;new 是用于替换 old 的新字符串;max 表示替换不超过 max 次，若缺省则全部替换。该方法类似于 Word 中的替换功能。例如，将《鸿门宴》第一段文字中的“沛公”替换为“刘邦”。

```
>>> text = '沛公军霸上，未得与项羽相见。沛公左司马曹无伤使人言于项羽曰：“沛公欲王关中，使子婴为相，珍宝尽有之。”项羽大怒曰：“旦日飨士卒，为击破沛公军！”当是时，项羽兵四十万，在新丰鸿门；沛公兵十万，在霸上。范增说项羽曰：“沛公居山东时，贪于财货，好美姬。今入关，财物无所取，妇女无所幸，此其志不在小。吾令人望其气，皆为龙虎，成五采，此天子气也。急击勿失！”'
>>> text.replace('沛公','刘邦')
'刘邦军霸上，未得与项羽相见。刘邦左司马曹无伤使人言于项羽曰：“刘邦欲王关中，使子婴为相，珍宝尽有之。”项羽大怒曰：“旦日飨士卒，为击破刘邦军！”当是时，项羽兵四十万，在新丰鸿门；刘邦兵十万，在霸上。范增说项羽曰：“刘邦居山东时，贪于财货，好美姬。今入关，财物无所取，妇女无所幸，此其志不在小。吾令人望其气，皆为龙虎，成五采，此天子气也。急击勿失！”'
```

如果使用 text.replace('沛公','刘邦',3)，那么仅替换掉文本中的前 3 个'沛公'，后面的保持不变。

需要注意的是，replace 不会改变原字符串的内容，也即字符串 text 的内容保持不变。

4. 字符串中删除特定字符

(1) strip()方法用来去除字符串的开头和末尾处的指定字符(默认是空白字符)。当指定字符处于字符串中间时不可去除。

(2) lstrip()方法只去除字符串开头处的指定字符(默认是空白字符)。

(3) rstrip()方法只去除字符串末尾处的指定字符(默认是空白字符)。

例如：

```
>>> s='  春 江 花 月 夜  '
>>> s.strip()
'春 江 花 月 夜'
>>> s.lstrip()
'春 江 花 月 夜'
>>> s.rstrip()
'春 江 花 月 夜'

>>> r='===唐代=张若虚==='
>>> r.strip('=')
'唐代=张若虚'
>>> r.lstrip('=')
'唐代=张若虚==='
>>> r.rstrip('=')
'===唐代=张若虚'
```

5. 字符串拆分

split(splitchar)方法是将字符串按照指定分隔符 splitchar 拆分成若干个子字符串，并生成一个列表。若不指定分隔符，则默认为空格。

例如：

```
>>> s='张良、韩信、陈平、曹参、萧何、周勃、樊哙'
>>> s.split('、')
['张良', '韩信', '陈平', '曹参', '萧何', '周勃', '樊哙']
>>> r='Action speak louder than words'
>>> r.split()
['Action', 'speak', 'louder', 'than', 'words']
```

6. 字符串拼接

join(可迭代对象)方法将可迭代对象中的元素用连接字符连接起来,生成一个新的字符串。其语法格式为:'连接字符'.join(可迭代对象)。

例如:

```
>>> s=['张良', '韩信', '陈平', '曹参', '萧何', '周勃', '樊哙']
>>> ', '.join(s)
'张良, 韩信, 陈平, 曹参, 萧何, 周勃, 樊哙'
>>> ' '.join(s)
'张良 韩信 陈平 曹参 萧何 周勃 樊哙'
>>> ''.join(s)
'张良韩信陈平曹参萧何周勃樊哙'
```

7. 字符串大小写转换

(1) upper()方法用于将字符串中的小写字母转换为大写字母。

(2) lower()方法用于将字符串中的大写字母转换为小写字母。

(3) swapcase()方法用于将字符串中英文字母的大小写互换。

(4) capitalize()方法用于将字符串的首字母大写,其余小写。

(5) title()方法用于将字符串中的每个单词首字母大写,其余小写。

```
>>> s1='Yangzhou University'
>>> s1.upper()
'YANGZHOU UNIVERSITY'
>>> s1.lower()
'yangzhou university'
>>> s1.swapcase()
'yANGZHOU uNIVERSITY'

>>> s2='yangzhou university'
>>> s2.capitalize()
'Yangzhou university'
>>> s2.title()
'Yangzhou University'
```

8. 检查字符串中的元素

(1) isalpha()判断所有字符是否都是字母,是则返回 True,否则返回 False。

(2) isdigit()判断所有字符是否都是数字,是则返回 True,否则返回 False。

(3) isalnum()判断所有字符是否都是字母或数字,是则返回 True,否则返回 False。

(4) isspace()判断字符是否为空格,是则返回 True,否则返回 False。

（5）islower()判断所有字符是否都是小写，是则返回 True，否则返回 False。

（6）isupper()判断所有字符是否都是大写，是则返回 True，否则返回 False。

（7）istitle()判断所有单词是否为首字母大写其余小写，是则返回 True，否则返回 False。

（8）startswith(sub，start=0，end=len(string)）方法用于检查字符串是否以给定的子字符串 sub 开头。

（9）endswith(sub，start=0，end=len(string)）方法用于检查字符串是否以给定的子字符串 sub 结尾。

例如：

```
>>> 'Yangzhou'.isalpha(),'Yangzhou4.18'.isalpha()
(True, False)
>>> '418'.isdigit(),'4.18'.isdigit(),'1e3'.isdigit()
(True, False, False)
>>> 'Yangzhou418'.isalnum(),'Yangzhou 418'.isalnum()
(True, False)
>>> '   '.isspace(),' abc'.isspace()
(True, False)
>>> 'yangzhou'.islower(),'Yangzhou'.islower()
(True, False)
>>> 'YANGZHOU 418'.isupper(),'Yangzhou'.isupper()
(True, False)
>>> 'Yangzhou University'.istitle(),'YANGZHOU UNIVERSITY'.istitle()
(True, False)

>>> 'Yangzhou 418'.startswith('Yang'),'Yangzhou 418'.startswith('YANG')
(True, False)
>>> 'Yangzhou 418'.endswith('418'),'Yangzhou 418'.endswith('zhou')
(True, False)
```

9. 字符串中元素的对齐方式

ljust(length，fillchar)返回一个指定长度 length 的字符串，原字符串左对齐，右侧用指定字符 fillchar 填充。

rjust(length，fillchar)返回一个指定长度 length 的字符串，原字符串右对齐，左侧用指定字符 fillchar 填充。

center(length，fillchar)返回一个指定长度 length 的字符串，原字符串居中，两侧用指定字符 fillchar 填充。

注意：填充字符 fillchar 如不给出，则默认为空格。这些方法返回一个新的字符串，而不会改变原字符串。当指定长度小于等于字符串长度时，不会进行填充和居中操作，直接返回原字符串。

例如：

```
>>> s='Yangzhou'
>>> s.ljust(20,'=')
'Yangzhou============'
>>> s.rjust(20,'=')
```

```
'============Yangzhou'
>>> s.center(20,'=')
'======Yangzhou======'
```

10. 字符串的编码和解码

(1) encode 方法

encode(encoding="编码格式", errors="错误处理")方法将 Unicode 字符串转换为另一种编码格式的字符串。其中,encoding 为要转换的编码格式,默认为"utf－8"。Errors 为错误处理的方案,默认为"strict",如果存在无法编码的字符则会抛出 UnicodeEncodeError 异常。

例如:

```
>>> s='扬州(Yangzhou)'
>>> s.encode(encoding='utf-8')
b'\xe6\x89\xac\xe5\xb7\x9e(Yangzhou)'
```

(2) decode(encoding="编码格式", errors="错误处理")方法将特定编码格式的字符串解码为 Unicode 字符串。Encoding 为要使用的编码格式,必须与编码时使用的格式一致。Errors 为错误处理的方案,默认为" strict",如果存在无法解码的字符则会抛出 UnicodeDecodeError 异常。

例如:

```
>>> b'\xe6\x89\xac\xe5\xb7\x9e(Yangzhou)'.decode()
'扬州(Yangzhou)'
```

4.1.5 转义字符

有时,需要在字符串中加入一些特殊字符,如换行符、制表符、续行符等,这些字符不能直接键入,只能使用转义字符来实现。转义字符以\开头,Python 支持的转义字符见表 4.3。

表 4.3 Python 支持的转义字符

转义字符	说 明
\	续行符,出现在行尾,表示转到下一行
\\	反斜线
\'	单引号
\"	双引号
\n	换行符,将光标位置移到下一行开头
\r	回车符,将光标位置移到本行开头
\f	换页
\t	水平制表符,也即 Tab 键,一般相当于四个空格
\v	纵向制表符
\a	蜂鸣器响铃。注意不是喇叭发声,现在的计算机很多都不带蜂鸣器了,所以响铃不一定有效
\b	退格(Backspace),将光标位置移到前一列

（续表）

转义字符	说　明
\xhh	十六进制
\ooo	八进制
\u	十六进制的 Unicode 编码所对应的字符

例如：

```
>>> sentence = 'He said:"It\'s\x20a\040dog."'
>>> sentence
'He said:"It\'s a dog."'
>>> print(sentence)
He said:"It's a dog."
```

在字符串 sentence 中，由于句子中既有单引号又有双引号，所以字符串括号只能选用三引号。如果依然想用单引号或双引号，就必须使用转义字符将句子中的单引号或双引号进行转义。\x20 是十六进制编码的空格，\040 是八进制编码的空格。

注意：\xhh 是将一个 2 位的十六进制编码转换成对应的字符。\ooo 是将一个 3 位的八进制编码转换成对应的字符。\后的第一个字符不能使用字母“o”，但也不必是数字“0”。

```
>>> couplet = '有志者事竟成破釜沉舟百二秦关终属楚\n\
苦心人天不负卧薪尝胆三千越甲可吞吴'
>>> couplet
'有志者事竟成破釜沉舟百二秦关终属楚\n苦心人天不负卧薪尝胆三千越甲可吞吴'
>>> print(couplet)
有志者事竟成破釜沉舟百二秦关终属楚
苦心人天不负卧薪尝胆三千越甲可吞吴
```

在字符串 couplet 中，为了楹联的美观性，需要将文本在输入和打印时分成两行，但又不想使用三引号，此时可使用转义字符。转义字符“\n”表示需要在上联末尾换行，“\n”后的转义字符“\”表示该字符串的输入在此转到下一行继续。注意，只有在实际输出时“\n”才产生换行效果。

必要时，也可以使用十六进制的 Unicode 编码来表示汉字，此时必须使用转义字符\u。

```
>>> '\u6c49'
'汉'
```

如果字符串中出现了转义字符的形式，但我们又不希望系统进行字符转义，此时可使用 r 来取消转义功能。

例如：

```
>>> string = 'number\name\age'
>>> print(string)
number
```

```
ame●ge
>>> string = r'number\name\age'
>>> print(string)
number\name\age
```

4.2 字符串的格式化

Python 的字符串格式化有三种常见方式：百分号(%)格式化、str. format()方法、f-string 表达式。

一、%占位符

Python 的早期版本使用百分号(%)作为占位符对字符串进行格式化。其格式如下：

'字符串%＜宽度和精度＞类型＜＞'%值

其中，%s 表示字符串类型，%d 表示整数类型，%f 表示浮点型。当需要在字符串中表示 % 字符时，需要用两个百分号%%转义。

例如：

```
import math
s='0123456789'
for ch in s:
    sq=int(ch)**2
    sqr=math.sqrt(int(ch))
print('%s的平方是%2d,平方根是%5.3f '%(ch,sq,sqr))
```

输出：

```
0 的平方是 0,平方根是 0.000
1 的平方是 1,平方根是 1.000
2 的平方是 4,平方根是 1.414
3 的平方是 9,平方根是 1.732
4 的平方是 16,平方根是 2.000
5 的平方是 25,平方根是 2.236
6 的平方是 36,平方根是 2.449
7 的平方是 49,平方根是 2.646
8 的平方是 64,平方根是 2.828
9 的平方是 81,平方根是 3.000
```

二、format()方法

自 Python2.6 版本开始引入了字符串的 format()方法，该方法在字符串中使用花括号{}作为占位符。其格式如下

格式：'字符串{值的索引：格式控制}'. format(值)

其中格式控制信息由"："引导，按先后次序排列为＜填充字符＞、＜对齐方式＞、＜宽度及精度＞，详见表 4.4。

表 4.4　format()方法中的格式控制信息

设置项	可选项
＜填充字符＞	"*"、"="等，只能一个字符，用于填充空白，默认为空格
＜对齐方式＞	＜，＞，^分别代表左，右，居中对齐，默认为右对齐
＜宽度＞	一个整数，指定格式化后的字符串的字符个数

例如：format()方法对字符串的格式化示例。

```
>>>"{:*^20}".format ("Python")      #宽度20，居中对齐，用*填充
'*******Python*******'
>>>"{:=<20}".format ("Python")      #宽度20，左对齐，用=填充
'Python=============='
>>> "{:>20}".format ("Python")      #宽度20，右对齐，默认用空格填充
'              Python'
>>> "{:.2f }".format (3.1415926)     #结果保留2位小数
'3.14'
>>> "{:8.4f }". format (3.1415926)    #结果总宽度8位，小数位4位，小数点占1位，前空2位
'  3.1416'
```

例如：

```
import math
s='0123456789'
for ch in s:
    sq=int(ch)**2
    sqr=math.sqrt(int(ch))
    print('{2}的平方是{0:2d},平方根是{1:5.3f}'.format(sq,sqr,ch))输出：
```

注意：本例中占位符与 format()的对应数据没有采用默认顺序。format(sq，sqr，ch)中 sq，sqr，ch 的索引分别为 0、1、2，因此第一个占位符中的索引 2 表示输出变量 ch 的值。

三、f-string 表达式

自 Python3.6 版本开始引入了 f-string 表达式，使用起来比%占位符、format()方法更简洁。其格式如下：

f'字符串{值：格式控制}'

例如：

```
import math
s='0123456789'
for ch in s:
    sq=int(ch)**2
    sqr=math.sqrt(int(ch))
    print(f'{ch}的平方是{sq:2d},平方根是{sqr:5.3f}')
```

4.3　正则表达式

正则表达式是一种强大的文本处理工具。使用正则表达式可以便捷、精准地匹配和替

换字符串。正则表达式由普通字符(例如字母、数字、符号)和特殊字符(元字符)组成,通过一定的规则和语法来定义匹配模式。

在 Python 中,使用正则表达式需事先导入 re 模块。

一、正则表达式的基本语法

正则表达式的基本语法包括普通字符和特殊字符两种类型。普通字符可以直接匹配其本身,而特殊字符则具有特定的匹配意义。常见的正则表达式元字符如表 4.5 所示。

表 4.5　正则表达式的元字符

<table>
<tr><th>元字符</th><th>说 明</th></tr>
<tr><td>.</td><td>匹配除换行符外的任意字符</td></tr>
<tr><td>*</td><td>匹配*之前的字符 0 次或多次重复</td></tr>
<tr><td>+</td><td>匹配+之前的字符 1 次或多次重复</td></tr>
<tr><td>?</td><td>匹配? 之前的字符 0 次或 1 次</td></tr>
<tr><td>|</td><td>匹配位于|前或后的字符</td></tr>
<tr><td>^</td><td>匹配字符串的开始</td></tr>
<tr><td>$</td><td>匹配字符串的结束</td></tr>
<tr><td>[]</td><td>匹配位于[]中的任一字符</td></tr>
<tr><td>[-]</td><td>匹配指定范围内的任意字符,如[0—9]表示任何数字字符</td></tr>
<tr><td>[^]</td><td>匹配除[]中字符之外的任意字符,如[^0—9]表示除数字字符外的任何字符</td></tr>
<tr><td>{}</td><td>指定匹配的重复次数,如{3}表示重复 3 次,{3,}表示至少重复 3 次,{3,6}表示至少重复 3 次,至多重复 6 次</td></tr>
<tr><td>()</td><td>将()中的内容作为一个整体</td></tr>
<tr><td>\d</td><td>匹配任意数字字符,相当于[0-9]</td></tr>
<tr><td>\D</td><td>与\d 含义相反,匹配非数字字符</td></tr>
<tr><td>\w</td><td>匹配任意字母、数字或下划线字符,相当于[a-zA-Z0-9_]</td></tr>
<tr><td>\W</td><td>与\w 含义相反,匹配任意非字母、数字、下划线字符</td></tr>
<tr><td>\s</td><td>匹配任意空白字符(如空格、制表符、换行符和换页符等)</td></tr>
<tr><td>\S</td><td>与\s 含义相反</td></tr>
<tr><td>\b</td><td>匹配单词头或单词尾</td></tr>
<tr><td>\B</td><td>与\b 含义相反</td></tr>
</table>

例如:

(1) “扬州”的多种拼音:'[Yy]ang[Zz]hou'

(2) 零和非零开头的数字:^(0|[1-9][0-9]*)$

(3) 非零开头的最多带两位小数的数字:^([1-9][0-9]*)+(.[0-9]{1,2})? $

(4) 可带 1—2 位小数的正负数:^(\-|\+)? \d+(\.\d{1,2})? $

(5) 由数字和 26 个英文字母组成的字符串:^[A-Za-z0-9]+$

(6) 汉字:^[\u4e00-\u9ffc]{0,}$

(7) 日期格式:^\d{4}-\d{1,2}-\d{1,2}

(8) 一年的12个月:^(0?[1-9]|1[0-2])$

(9) 一个月的31天:^((0?[1-9])|((1|2)[0-9])|30|31)$

(10) 身份证号码:^[1-9]\d{5}(19|20)\d{2}(0[1-9]|1[0-2])(0[1-9]|[1-2]\d|3[0-1])\d{3}(\d|[xX])$

在正则表达式中,可以使用前缀 r 来取消正则表达式中的转义功能。

在定义匹配模式时,可使用?来选择“贪婪”或“非贪婪”方式。“贪婪”方式为默认方式,匹配尽可能长的字符串,“非贪婪”方式匹配尽可能短的字符串。

例如:

```
>>> import re
>>> s='abcd'
>>> re.search('.*',s)
<re.Match object; span=(0, 4), match='abcd'>
>>> re.search('.*?',s)
<re.Match object; span=(0, 0), match=''>
>>> re.search('.+?',s)
<re.Match object; span=(0, 1), match='a'>
>>> re.search('.+',s)
<re.Match object; span=(0, 4), match='abcd'>
```

二、re 模块的方法

在 Python 中,可以直接调用 re 的方法来处理字符串,也可以先将匹配模式编译成正则表达式对象后再处理字符串。re 模块的方法见表4.6所示。

表4.6　re 模块的方法

方法	说明
match()	从字符串的起始位置匹配一个模式,如果匹配成功则返回匹配对象,否则返回 None
search()	在字符串中匹配第一个符合规则的对象,匹配成功返回匹配对象,否则返回 None
findall()	在字符串中找到所有匹配的子串,并以列表的形式返回
sub()	替换字符串中的匹配项
split()	根据匹配项来分割字符串
compile()	创建模式对象

1. match()

格式:match(rule,string)

功能:从字符串 string 的起始位置开始匹配一个正则表达式 rule,如果匹配成功返回匹配对象,否则返回 None。

例如:

```
>>> import re
>>> re.match('Yang','Yangzhou university')
<re.Match object; span=(0, 8), match='Yangzhou'>
>>> re.match('zhou','Yangzhou university')
>>>
>>>re.match('[a-zA-Z]+','Yangzhou university')
```

```
<re.Match object; span=(0, 8), match='Yangzhou'>
>>> re.match('.','Yangzhou university')
<re.Match object; span=(0, 1), match='Y'>
>>> re.match('.+','Yangzhou university')
<re.Match object; span=(0, 19), match='Yangzhou university'>
```

例如:用正则表达式验证身份证号码各位的有效性。

```
import re
id=input('请输入待验证的身份证号: ')
pattern=r'^[1-9]\d{5}(19|20)\d{2}(0[1-9]|1[0-2])(0[1-9]|[1-2]\d|3[0-1])\d{3}(\d|X)$'
if  re.match(pattern,id):
    print('准确')
else:
    print('错误')
```

2. search()

格式:search(rule,string)

功能:在字符串 string 中查找能匹配正则表达式 rule 的字符串,如果匹配成功返回匹配对象,否则返回 None。

例如:从某个身份证号码中查找出生日期。

```
>>> import re
>>> string='321001209904180016'
>>> pattern='(19|20)\d{2}(0[1-9]|1[0-2])(0[1-9]|[1-2]\d|3[0-1])'
>>> re.search(pattern,string)
<re.Match object; span=(6, 14), match='20990418'>
```

注意:match 从字符串的开头开始匹配,如果开头位置没有匹配成功,就算失败了;而 search 会跳过开头,继续向后寻找是否有匹配的字符串。

3. findall()

格式:findall(rule,string)

功能:在字符串 string 中查找符合正则表达式 rule 的字符串,并将找到的结果以列表返回。若未找到符合规则的字符串,则返回一个空列表。

例如:

```
>>> import re
>>> string='萧娘脸下难胜泪\n桃叶眉头易得愁\n天下三分明月夜\n二分无赖是扬州'
>>> re.findall('.+',string)
['萧娘脸下难胜泪', '桃叶眉头易得愁', '天下三分明月夜', '二分无赖是扬州']

>>> s = ' 418 15e6 18e4e5 23ee4 '
>>> re.findall( r'\b\d+[eE]?\d*\b' , s )
['418', '15e6']

>>> string='This is a peach,This is a plum.'
```

```
>>> re.findall('This is a peach|plum',string)
['This is a peach', 'plum']
>>> re.findall('This is a (peach|plum)',string)
['peach', 'plum']
>>> re.findall('This is a (?:peach|plum)',string)
['This is a peach', 'This is a plum']
```

注意：如果要将一部分规则作为一个整体部分操作时，需要将这部分规则用'(?:)'标注起来，而不是只用一对括号。

4. sub()

格式：sub(rule , replace , string [,count])

功能：在字符串 string 中按正则表达式 rule 查找匹配的字符串，并替换成指定的字符串 replace。count 参数用于指定最大替换次数，否则将替换所有的匹配到的字符串。

例如：将某英文句子中的所有标点符号替换成空格。

```
>>> import re
>>> string='He said:"He is a 10-year-old boy."'
>>> re.sub('[^a-zA-Z0-9]',' ',string)
'He said  He is a 10 year old boy  '
```

subn(rule , replace , string [,count])返回一个包含替换后的字符串和替换次数的元组。而 sub()仅返回一个被替换的字符串。

```
>>> re.subn('[^a-zA-Z0-9]',' ',string)
('He said  He is a 10 year old boy  ', 11)
```

5. split()

格式：split(rule , string [,maxsplit])

功能：使用指定的正则表达式 rule 在字符串 string 中查找匹配的字符串，用它们作为分界，将字符串拆分成一个子串列表。maxsplit 参数是最大拆分次数。

例如：将某英文句子分隔成若干单词。

```
>>> import re
>>> string='He said:"He is a 10-year-old boy."'
>>> re.split('[^a-zA-Z0-9]+',string)
['He', 'said', 'He', 'is', 'a', '10', 'year', 'old', 'boy', '']
```

6. compile()

格式：compile(rule [,flag])

功能：将正则表达式 rule 编译成一个 Pattern 对象，以供接下来使用。

在使用正则表达式进行匹配时，每次都要把规则解释一遍，而规则的解释是要耗费系统资源的，频繁使用显然效率就低了。若需重复使用同一规则，可用 re.compile()函数对规则进行预编译，然后再用编译返回的 Pattern 对象进行匹配。

编译后生成的 Pattern 对象，同样拥有 findall , match , search ,finditer , sub , subn , split 等方法，只不过其参数略有不同。

例如:去除诗词中的空白行。

```
import re
poem='''黄鹤楼送孟浩然之广陵

李白·唐



故人西辞黄鹤楼,


烟花三月下扬州。


孤帆远影碧空尽,
唯见长江天际流。


'''
pattern=re.compile(r'^\s*$\n',re.MULTILINE)  # 匹配空白行
#pattern=re.compile(r'^\s+|\s+$',re.MULTILINE)  # 匹配行首行尾空白符
result=pattern.sub('',poem)
print(result)
```

输出:

```
黄鹤楼送孟浩然之广陵
李白·唐
故人西辞黄鹤楼,
烟花三月下扬州。
孤帆远影碧空尽,
唯见长江天际流。
```

注:re. MULTILINE 表示多行匹配,也可写成 re. M。

4.4 字符串模块(选读内容)

string 模块的主要方法见表 4.7。

表 4.7 string 模块的函数

函 数	说 明
string. ascii_lowercase	打印所有的小写字母
string. ascii_uppercase	打印所有的大写字母
string. ascii_letters	打印所有的大小写字母
string. digits	打印 0—9 的数字
string. punctuation	打印所有的特殊字符
string. hexdigits	打印十六进制的字符
string. printable	打印所有的大小写,数字,特殊字符

使用 string 模块前，必须用 import string 导入该模块。

例如：

```
>>> import string
>>> string.digits
'0123456789'
>>> string.ascii_uppercase
'ABCDEFGHIJKLMNOPQRSTUVWXYZ'
>>> string.whitespace
' \t\n\r\x0b\x0c'
```

4.5　字符的编码(选读内容)

4.5.1　Python 中的字符编码

一、ASCII 编码

早期的计算机中，字符编码统一使用标准的 ASCII 编码方案。ASCII 编码方案收集了 128 个字符，包括 32 个控制字符、10 个阿拉伯数字、52 个大小写英文字母以及 34 个各种符号等组成。通常 ASCII 字符在计算机中采用一个字节表示。表 4.8 给出了标准的 ASCII 编码表。

表 4.8　ASCII 编码表

编号	字符	编号	字符	编号	字符	编号	字符
0	NUL	32	空格	64	@	96	`
1	SOH	33	!	65	A	97	a
2	STX	34	"	66	B	98	b
3	ETX	35	#	67	C	99	c
4	EOT	36	$	68	D	100	d
5	ENQ	37	%	69	E	101	e
6	ACK	38	&	70	F	102	f
7	BEL	39	'	71	G	103	g
8	BS	40	(	72	H	104	h
9	HT	41	)	73	I	105	i
10	LF	42	*	74	J	106	j
11	VT	43	+	75	K	107	k
12	FF	44	,	76	L	108	l
13	CR	45	-	77	M	109	m
14	SO	46	.	78	N	110	n
15	SI	47	/	79	O	111	o

(续表)

编号	字符	编号	字符	编号	字符	编号	字符
16	DLE	48	0	80	P	112	p
17	DC1	49	1	81	Q	113	q
18	DC2	50	2	82	R	114	r
19	DC3	51	3	83	S	115	s
20	DC4	52	4	84	T	116	t
21	NAK	53	5	85	U	117	u
22	SYN	54	6	86	V	118	v
23	ETB	55	7	87	W	119	w
24	CAN	56	8	88	X	120	x
25	EM	57	9	89	Y	121	y
26	SUB	58	:	90	Z	122	z
27	ESC	59	;	91	[	123	{
28	FS	60	<	92	\	124	|
29	GS	61	=	93	]	125	}
30	RS	62	>	94	^	126	~
31	US	63	?	95	_	127	DEL

从表 4.8 中我们可以看出，换行符的编码为 10，回车符的编码为 13，空格的编码为 32。

数字 0—9 的编码为 48—57，大写字母 A—Z 的编码为 65—90，小写字母 a—z 的编码为 97—122。熟记这些常用字符的编码，对日后的程序设计和数据处理会有很大的帮助。

二、汉字编码标准

1. GB2312 编码标准

为了能在计算机中处理汉字，我国于 1981 年颁布了《信息交换用汉字编码字符集基本集》(GB2312—80)。该标准选出 6 763 个常用汉字和 682 个非汉字符号，为每个字符规定了标准代码，以供这 7 445 个字符在不同计算机系统之间进行信息交换使用。GB2312 国标字符集由 3 部分组成：第 1 部分是字母、数字和各种符号等共 682 个；第 2 部分为一级常用汉字，共 3 755 个，按汉语拼音顺序排列；第 3 部分为二级常用汉字，共 3 008 个，按偏旁部首顺序排列。GB2312 采用双字节编码，即每个汉字在计算机中占两个字节。

2. GBK 编码标准

1995 年，我国又颁布了一个汉字编码标准 GBK，全称《汉字内码扩展规范》。它一共收录了 21 003 个汉字和 883 个图形符号，除了包含 GB2312 中的全部汉字和符号外，还收录了 Big5 中的繁体字及 ISO 10646 国际标准的 CJK (中日韩)方案中的其他汉字。GBK 汉字也采用双字节编码，而且 GBK 与 GB2312—80 的汉字编码完全兼容。

3. GB18030 编码标准

2000 年，为了和国际标准 UCS/Unicode 接轨，同时又能保护已有的大量中文信息资源，我国颁布了 GB18030 汉字编码国家标准，即《信息交换用汉字编码字符集基本集的扩充》。

GB18030 标准有两个版本 GB18030—2000 和 GB18030—2005。GB18030—2000 标准收录了 27 484 个汉字，采用单字节、双字节和四字节 3 种方式对字符编码。GB18030—2005 标准收录了 70 000 多个汉字。GB18030 标准与 GB2312、GBK 保持向下兼容。

三、UCS/Unicode 编码标准

1. UCS 编码

为了实现世界各国所有字符都能在同一字符集中等长编码、同等使用，国际标准化组织推出了通用多 8 位编码字符集（UCS）。UCS 中每个字符用 4 个字节编码，故又记作 UCS-4。UCS 的优点是编码空间大，能容纳足够多的各种字符集。缺点是信息处理效率和使用方便性方面还不理想。

2. Unicode 编码

解决上述问题较现实的方案是使用 2 字节格式的 Unicode 编码（又称统一码）。Unicode 编码长度为 16 位，其字符集中包含了世界各国和地区当前主要使用的拉丁字母、数字、CJK 汉字、其他各国的语言文字以及各种符号等，共计 49,194 个字符。其中，中文的编码范围为 4E00—9FFC（注意：许多教材和参考资料中认为中文的编码范围为 4E00—9FA5，其实不然）。

3. UTF-8 编码

为了与目前大量使用的 8 位系统保持向下兼容，同时避免与数据通信中使用的控制码发生冲突，Unicode 在具体实现时可以将双字节代码变换为可变长代码。目前常见的转换形式有 UTF-8、UTF-16 和 UTF-32 等。其中，UTF-8 是目前文本存储和网络传输中最常用的一种形式，它以字节为单位，对 Unicode 不同范围的字符使用不同长度的编码，分别有单字节、双字节、3 字节和 4 字节（理论上可以到 6 字节）的 UTF-8 编码。从 Unicode 编码变换到 UTF-8 编码的规则见表 4.9。

表 4.9　Unicode 到 UTF-8 的转换规则

Unicode 编码（十六进制）	UTF-8 字节流（二进制）
000000-00007F	0xxxxxxx
000080-0007FF	110xxxxx 10xxxxxx
000800-00FFFF	1110xxxx 10xxxxxx 10xxxxxx
010000-10FFFF	11110xxx 10xxxxxx 10xxxxxx 10xxxxxx

由于汉字的编码范围为 4E00—9FFC，在 000800—00FFFF 之间。从表中可以看出，一个汉字采用 UTF-8 编码表示时，将占用 3 个字节。010000-10FFFF 范围内的编码是 Unicode 5.0.0 版本中平面 1 到平面 16 的码位，同学们暂时可以不用考虑。

4.5.2　Python 中字符编码的处理

Python 3 中字符串默认采用 Unicode 编码方案，但是他并不适合用来存储和传输。所以，有必要将其转换成 UTF-8 或 GBK 等格式。

用 Unicode 编码表示的字符串属于字符串（str）类型，而用 UTF-8 或 GBK 等格式表示的字符串属于字节（bytes）类型。

例如:

```
>>> type('扬')
<class 'str'>
>>> type('汉'.encode('utf-8'))
<class 'bytes'>
```

要实现 Unicode 编码到 UTF-8 或 GBK 等格式的转换,可使用 encode()方法。

例如:

```
>>> ord('扬')
25196
```

汉字“扬”的 Unicode 编码为 25196(十进制数)或 626c(十六进制)。

```
>>> '扬'.encode('gbk')
b'\xd1\xef'
```

其中,b 表示字符编码格式为 bytes 类型,\x 表示十六进制。GBK 编码格式中,每个汉字占两个字节。

```
>>> '扬'.encode('utf-8')
b'\xe6\x89\xac'
```

如前所述,在 UTF-8 格式中,通常每个汉字占 3 个字节。

如果需要,也可以通过 decode()方法将 UTF-8 或 GBK 等格式的编码转换成 Unicode 编码。例如:

```
>>>u = b'\xe6\x89\xac'
>>>u.decode('utf-8')
'扬'
>>>g = b'\xd1\xef'
>>>g.decode('gbk')
'扬'
```

在使用 Python 进行文本分析时(本书的第 9 章有专门介绍),一般都将文本文件转换成 UTF-8 格式。

4.6 综合应用

例 4.1 判断一个字符串是否是回文。

设计思路:将源字符串逆向取成一个子字符串,然后进行比较。

```
1  # 判断回文
2  string = '上海自来水来自海上'
3  palindrome = string[::-1]
4  if palindrome == string:
5      print(string + '是回文')
6  else:
7      print(string + '不是回文')
```

例 4.2　打印字母塔。

方法 1 设计思路:用两重循环嵌套控制字母塔的打印输出。外循环控制打印 26 行,第 i 行的输出包括用于定位的 26－i)个空格、前 i 个英文字母、前 i－1 个逆序英文字母以及换行符。

```
1  for i in range(1,27):
2      print(' '*(26-i),end='')
3      for j in range(1,i+1):
4          print(chr(64+j),end='')
5      for j in range(i-1,0,-1):
6          print(chr(64+j),end='')
7      print()
```

运行程序,结果如下:

```
========== RESTART: E:/第 4 章例题/ex4.2—字母塔.py ==========
                         A
                        ABA
                       ABCBA
                      ABCDCBA
                     ABCDEDCBA
                    ABCDEFEDCBA
                   ABCDEFGFEDCBA
                  ABCDEFGHGFEDCBA
                 ABCDEFGHIHGFEDCBA
                ABCDEFGHIJIHGFEDCBA
               ABCDEFGHIJKJIHGFEDCBA
              ABCDEFGHIJKLKJIHGFEDCBA
             ABCDEFGHIJKLMLKJIHGFEDCBA
            ABCDEFGHIJKLMNMLKJIHGFEDCBA
           ABCDEFGHIJKLMNONMLKJIHGFEDCBA
          ABCDEFGHIJKLMNOPONMLKJIHGFEDCBA
         ABCDEFGHIJKLMNOPQPONMLKJIHGFEDCBA
        ABCDEFGHIJKLMNOPQRQPONMLKJIHGFEDCBA
       ABCDEFGHIJKLMNOPQRSRQPONMLKJIHGFEDCBA
      ABCDEFGHIJKLMNOPQRSTSRQPONMLKJIHGFEDCBA
     ABCDEFGHIJKLMNOPQRSTUTSRQPONMLKJIHGFEDCBA
    ABCDEFGHIJKLMNOPQRSTUVUTSRQPONMLKJIHGFEDCBA
   ABCDEFGHIJKLMNOPQRSTUVWVUTSRQPONMLKJIHGFEDCBA
  ABCDEFGHIJKLMNOPQRSTUVWXWVUTSRQPONMLKJIHGFEDCBA
 ABCDEFGHIJKLMNOPQRSTUVWXYXWVUTSRQPONMLKJIHGFEDCBA
ABCDEFGHIJKLMNOPQRSTUVWXYZYXWVUTSRQPONMLKJIHGFEDCBA
```

方法 2 设计思路:对字符串' ABCDEFGHIJKLMNOPQRSTUVWXYZ'进行正向和逆向切片。

```
1  s='ABCDEFGHIJKLMNOPQRSTUVWXYZ'
2  for i in range(0,26):
3      linestr=' '*(26-i)+s[:i]+s[i::-1]
4      print(linestr)
```

例 4.3　分别统计一个字符串中数字字符和英文字符的个数。

设计思路:依次取出字符串中的每一个字符,用 ord()函数判断其 Unicode 编码的取值,在 48—57 之间的是数字字符,在 65—90 之间的是大写字母,在 97—122 之间的是小写字母。

也可以使用 isdigit()函数和 isalpha()函数分别判断其是否为数字、中英文字符。但需要注意的是,isalpha()函数不能区分汉字和英文字母。

```
1  # 分别统计数字和字母的个数
2  string = input('请输入待统计的字符串:')
3  digit = 0
4  alpha = 0
```

```
5   for ch in string:
6       if  48 <= ord(ch) <= 57:    #ch.isdigit() == True:
7           digit+=1
8       elif 65 <= ord(ch) <= 90 or 97 <= ord(ch) <= 122:    #ch.isalpha() == True:
9           alpha += 1
10      else:
11          pass
12  print('数字个数为{}'.format(digit))
13  print('字母个数为{}'.format(alpha))
```

运行程序,结果如下:

========== RESTART: E:/第 4 章例题/ex4.3—统计数字和字母的个数.py ==========

请输入待统计的字符串:扬州(Yangzhou)4.18 烟花三月旅游节

数字个数为 3

字母个数为 8

例 4.4 统计某字符串中汉字的个数。

设计思路:Python 中没有现成的函数来判断一个字符是否为汉字。我们知道汉字的 Unicode 编码范围是 4E00—9FD5(对应的十进制数为 19968—40917),因此可以使用转义字符或 ord()函数来进行判断。

```
1   # 统计汉字字符的个数
2   string = '扬州(Yangzhou)4.18 烟花三月旅游节'
3   count = 0
4   for char in string:
5       if u'\u4e00' <= char <= u'\u9fd5':    #19968 <= ord(char) <= 40917:
6           count += 1
7   print('汉字个数为{}'.format(count))
```

运行程序,结果如下:

========== RESTART: E:/第 4 章例题/ex4.4—统计汉字个数.py ==========

汉字个数为 9

例 4.5 将一个字符串中各个单词的首字母组成大写缩写形式(假设单词全由空格分隔)。

设计思路:先用 strip()函数去除字符串的前导空格,然后截取索引为 0 的字符(单词的首字母)。由于英文单词由空格分隔,可以用 find()函数找到字符串中的空格位置,然后从空格位置开始对字符串进行切片,抛弃空格左边的字符。如此反复,直到字符串中没有空格为止。

```
1   # 首字母缩写
2   string = 'yang zhou university'
3   result = ''
4   while string:
5       string = string.strip()      #去除字符串中的前导空格
```

```
6	    result += string[0]
7	    n = string.find(")
8	    if n > -1:
9	        string = string[n:]
10	    else:
11	        break
12	result = result.upper()
13	print(result)
```

运行程序，结果如下：

========== RESTART：E:/第 4 章例题/ex4.5—首字母缩写.py ==========

YZU

例 4.6　验证身份证号码。

我国的 18 位公民身份证号码由 6 位地址码、8 位出生日期码、3 位顺序码和 1 位校验码组成。

校验码的计算规则如下：

首先为前 17 位数字分别分配各自的权重：{7,9,10,5,8,4,2,1,6,3,7,9,10,5,8,4,2}，然后对前 17 位数字进行加权求和，

再将求得的和对 11 求余得到一个余数，最后按照以下对应关系得到相应的校验码。

余数	0	1	2	3	4	5	6	7	8	9	10
校验码	1	0	X	9	8	7	6	5	4	3	2

试编写程序，验证某身份证号码的校验码是否正确。

设计思路：首先用正则表达式验证身份证号码的 18 位字符是否符合常规，再验证身份证号码的校验码是否正确。验证校验码时，将前 17 位数字的权重用一个长度为 17 的字符串表示，其中权重 10 用字符“x”表示。余数 0—10 所对应的校验码也用一个长度为 11 的字符串表示。

```
1	import re
2	weight='79x584216379x5842'
3	verifycode='10X98765432'
4	pattern=r'^[1-9]\d{5}(19|20)\d{2}(0[1-9]|1[0-2])(0[1-9]|[1-2]\d|3[0-1])\d{3}(\d|X)$'
5	id=input('请输入待验证的身份证号：')
6	id=id.upper()
7	if re.match(pattern,id):
8	    sum=0
9	    for i in range(17):
10	        sum=sum+int(id[i])*(int(weight[i]) if weight[i]!='x' else 10)
11	    remainder=sum%11
12	    if verifycode[remainder]==id[17]:
13	        print('准确')
14	else:
15	    print('错误')
```

例 4.7 将小写金额(假设小于 10 万且无小数位)转换为中文大写形式。例如,418 转换为“肆佰壹拾捌元”,20030 转换为“贰万零叁拾元”。

设计思路:5 位数的金额每个数字对应的单位依次是“万仟佰拾元”。把“零壹贰叁肆伍陆柒捌玖”和“万仟佰拾元”保存在两个字符串中,以便转换时从中取出相应的数字和单位。例如,string1='零壹贰叁肆伍陆柒捌玖',要将数字 4 转换成汉字“肆”,使用 string1[4]即可。

```
1   money = int(input('请输入5位以内的小写金额：'))
2   cmoney = str(money)
3   string1 = '零壹贰叁肆伍陆柒捌玖'
4   string2 = '万仟佰拾元'
5   result = ''
6   k=len(cmoney)
7   for i in range(k):
8       if int(cmoney[i])==0 and int(cmoney[i-1])==0:continue
9       if k-i!=1 and int(cmoney[i:])!=0 or k-i==1 and int(cmoney[i:])!=0:
10          result+=string1[int(cmoney[i])]+(string2[(k-i)*(-1)] if int(cmoney[i])!=0 else "")
11      else:
12          result+=string2[-1]
13  print(result)
```

运行程序,结果如下:

```
========== RESTART: E:/第 4 章例题/ex4.7 金额小写转大写.py ==========
请输入 5 位以内的小写金额:20030
贰万零叁拾元
```

如果需要转换 12 位数以内的整数金额,该程序应如何修改?如果允许带两位小数,又该如何处理?

例 4.8 恺撒密码。

恺撒密码是一种广为人知的替换加密技术。将替换密码用于军事用途的第一个文献记载是古罗马恺撒大帝所著的《高卢记》。书中描述了他是如何将密信传递到了被围困的西塞罗手中。密信中的罗马字母都被替换成了对应的希腊字母,即使敌人获得密信也无法看懂,因为敌人没有相应的密码表。当然我们现在讲的恺撒密码,是恺撒用过的另外一种移位密码。这种加密方法只是简单地把信中的每一个字母,用字母表中其后的第三个字母来代替。对应规则为:

原文中:A B C D E F G H I J K L M N O P Q R S T U V W X Y Z

密文中:D E F G H I J K L M N O P Q R S T U V W X Y Z A B C

方法 1:使用 ord()和 chr()函数进行转换

设计思路:从明文中依次取出每一个字符,判断其是否是英文字母。若是英文字母,则用 ord()函数求出其 Unicode 编码,加上 3 以后再用 chr()函数转换成相应的字符,即 chr(ord(ch)+3)。考虑到“XYZ”要转换成“ABC”,因此需要将字符的编码加上 3 以后对 26 求余。

```
1    #凯撒密码1
2    plain_text = input('请输入明文：')
3    ciphertext = ''
4    for char in plain_text:
5        if char.islower():            #ord('a') <= ord(char) <= ord('z')
6            ciphertext += chr((ord(char) – 97 +3 ) % 26 + 97)
7        elif char.isupper():
8            ciphertext += chr((ord(char) – 65 + 3) % 26 + 65)
9        else:
10           ciphertext += char
11   print(ciphertext)
```

运行程序,结果如下:

```
========== RESTART：E:/第 4 章例题/ex 4.8.1—恺撒密码 1.py ==========
请输入明文:Yang Zhou
Bdqj Ckrx
```

方法 2:使用字符串 string 模块的方法。

设计思路:先由 string. ascii_lowercase 和 string. ascii_uppercase 分别生成小写字母列表和大写字母列表,然后由 string. ascii_letters 生成所有的小写和大写字母列表,并由小写字母列表和大写字母列表生成 26 个字母顺延 3 个字符后所对应的字母列表。

小写字母列表:abcdefghijklmnopqrstuvwxyz

大写字母列表:ABCDEFGHIJKLMNOPQRSTUVWXYZ

加密前:abcdefghijklmnopqrstuvwxyzABCDEFGHIJKLMNOPQRSTUVWXYZ

加密后:defghijklmnopqrstuvwxyzabcDEFGHIJKLMNOPQRSTUVWXYZABC

最后用 maketrans()函数生成加密规则映射表,用 translate()函数将明文根据映射表转换成密文。

```
1    # 凯撒密码 2 使用 string 模块
2    import string
3    s = input('请输入明文：')
4    lower = string.ascii_lowercase #小写字母列表
5    upper = string.ascii_uppercase #大写字母列表
6    before = string.ascii_letters  #小写大写字母列表
7    after = lower[3:] + lower[:3] + upper[3:] + upper[:3]
8    table = ''.maketrans(before, after) #创建加密规则映射表
9    print('明文为：' + s)
10   print('密文为：' + s.translate(table))
```

例 4.9　生成随机验证码。

用户在运行某个程序时,为安全起见,需要生成验证码让用户输入。如果用户输入的验证码正确,则继续往下执行,否则继续生成验证码等待用户输入。

下面给出的程序是一段简化的代码,仅具有生成验证码的功能。

```
1   # 生成验证码
2   import random
3   check_code = ''
4   for i in range(4):
5       current = random.randrange(0,4)
6       if current != i:
7           temp = chr(random.randint(65,90))
8       else:
9           temp = random.randint(0,9)
10      check_code += str(temp)
11  print('验证码为: ' + check_code)
```

运行程序,结果如下:

```
========== RESTART: E:/第 4 章例题/ex4.9—验证码.py ==========
7VYP
```

当然,如果将这个程序编写成用户自定义函数,则可以反复调用,不断生成新的验证码。关于用户自定义函数,将在后续章节介绍。

例 4.10 编写程序,打印输出某区间的 Unicode 编码和字符。要求编码用十进制和十六进制两种形式输出。

设计思路:给定 Unicode 编码范围,使用 chr()函数即可转换成字符。十六进制数的转换可使用 hex()函数。为了打印输出的美观,可使用转义字符\t 输出制表符。

```
1   #输入 Unicode 编码起始值和终止值, 打印此范围内所有字符
2   beg = int(input("请输入起始值: "))
3   end = int(input("请输入终止值: "))
4   print("十进制编码\t 十六进制编码\t 字符")
5   for i in range(beg,end + 1):
6       print("{}\t\t{}\t\t{}".format(i,hex(i),chr(i)))  # hex()转十六进制
```

运行程序,结果如下:

```
========== RESTART: E:/第 4 章例题/ex4.10— Unicode 编码表.py ==========
请输入起始值:48
请输入终止值:57
十进制编码      十六进制编码      字符
48              0x30              0
49              0x31              1
50              0x32              2
51              0x33              3
52              0x34              4
53              0x35              5
54              0x36              6
55              0x37              7
56              0x38              8
57              0x39              9
```

第 4 章思维导图

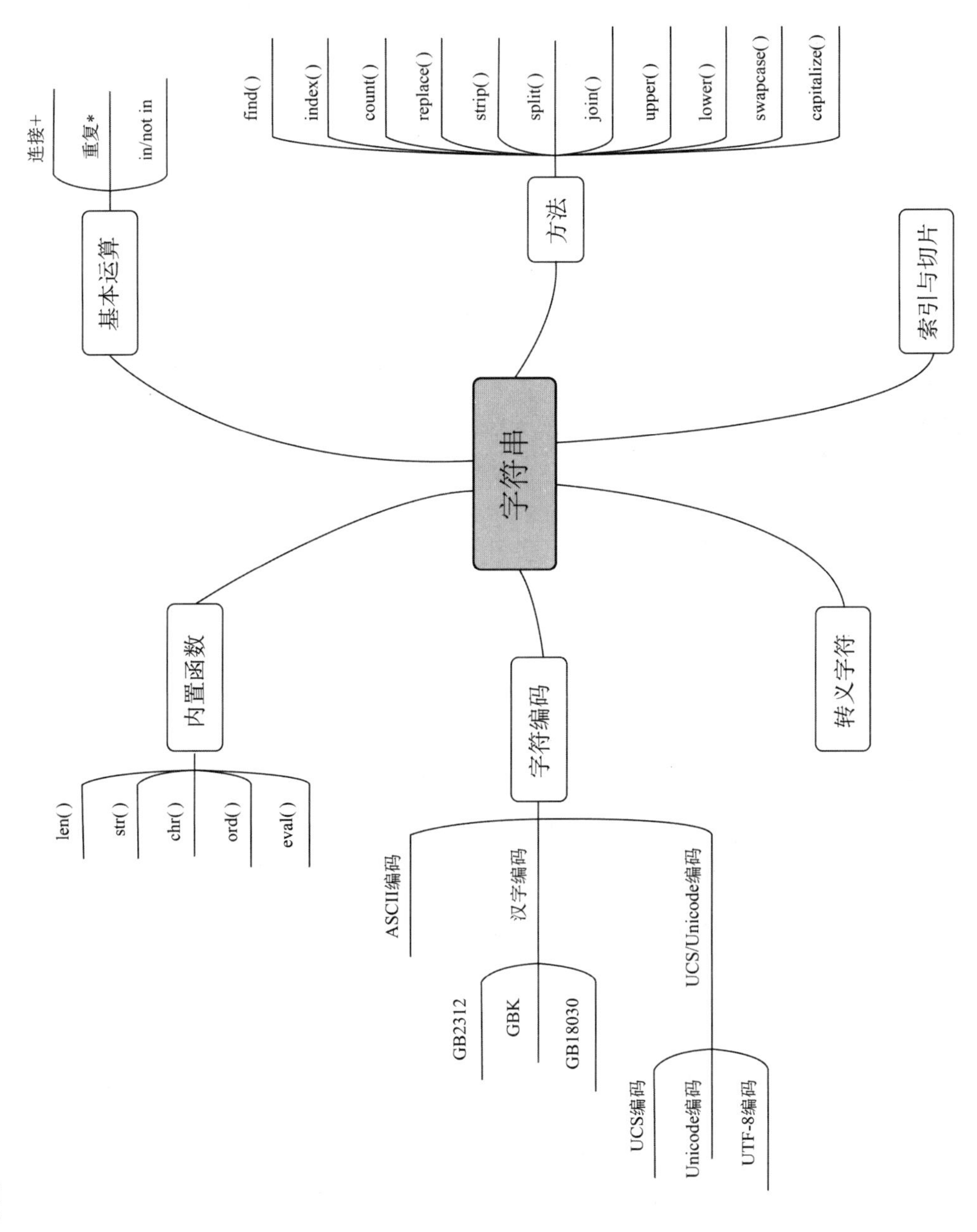
字符串
基本运算
连接+
重复*
in/not in
方法
find()
index()
count()
replace()
strip()
split()
join()
upper()
lower()
swapcase()
capitalize()
索引与切片
转义字符
字符编码
ASCII编码
汉字编码
GB2312
GBK
GB18030
UCS/Unicode编码
UCS编码
Unicode编码
UTF-8编码
内置函数
len()
str()
chr()
ord()
eval()

第5章　列表与元组

序列(sequence)是Python中一种最基本的数据结构。常用的序列有字符串(str)、列表(list)、元组(tuple)和range对象(range objects)。序列的操作包括索引、切片、加、乘、检查成员等。本章主要介绍内置序列类型中的列表和元组。

5.1　列表

列表(list)是最常用的Python数据类型。列表表示包含在方括号内的、用逗号分隔开的对象序列。列表可以添加和移除成员,支持一些算术操作,比如像字符串那样连接和复制。列表的数据项不必具有相同的类型,内容可以修改,也可以用元组风格的解包,把列表元素赋值给多个单独的变量。

5.1.1　创建列表

一、创建空列表

列表由一对中括号"[]"来表示。中括号中不包含任何数据时表示空列表。list()函数的功能是将元组或字符串转换为列表,没有任何参数时,表示创建一个空列表。

```
ls1=[]
ls2=list()
```

空列表一般应用于列表对象初始化,使其成为列表类型,后续代码中可以通过调用列表的方法,实现向列表追加数据。

二、直接创建列表

把逗号分隔的多个数据项用方括号括起来即为列表。数据可以是数值、字符、布尔值等。

```
#字符串列表
>>> clist=['项庄','韩信','英布','彭越','陈武']
#数值列表
>>> slist=[78 , 95 , 87 , 63 , 75]
#列表元素类型相异
>>> plist=[1, ' BA', ' The Boeing Company', 184.76]
#嵌套列表
qlist=[["张三","男",55],["李四","男",45],["王五","男",65]]
```

从键盘手工输入数据序列需要经过处理,才能得到正确的列表结果。以下分别介绍逗号分隔的数据和空格分隔的数据如何转换为数值列表。

- 逗号分隔数据

```
>>> ls = list(eval(input("请输入一组数据(逗号分隔):")))
请输入一组数据(逗号分隔):1,2,3,4
>>> ls
```

```
[1, 2, 3, 4]
```

- 空格分隔数据

```
>>> ls=list(map(int,input("请输入一组数据,空格分隔:").split()))
请输入一组数据,空格分隔:1 2 3 4
>>> ls
[1, 2, 3, 4]
```

以下几种方式将无法得到正确的结果:

```
>>> ls=input("请输入一组数据(逗号分隔):")
请输入一组数据(逗号分隔):1,2,3,4
>>> ls
'1,2,3,4'        #字符串
>>> ls=eval(input("请输入一组数据(逗号分隔):"))
请输入一组数据(逗号分隔):1,2,3,4
>>> ls
(1, 2, 3, 4)     #元组
>>> ls=list(input("请输入一组数据(逗号分隔):"))
请输入一组数据(逗号分隔):1,2,3,4
>>> ls
['1', ',', '2', ',', '3', ',', '4']     #列表,每个字符均为元素
```

三、字符串转换成列表

(1) list()函数将其他序列类型数据转换成列表。

```
>>> slist=list('项庄、韩信、英布、彭越')
>>> slist
['项', '庄', '、', '韩', '信', '、', '英', '布', '、', '彭', '越']
```

上例用 list 函数转换字符串为列表,它会将字符串中的每个字符识别为列表的一个元素,包括字符串中的标点符号。

(2) 字符串的 split()方法能将字符串按指定分隔符拆分成列表。

```
>>> st='项庄、韩信、英布、彭越'
>>> tlist=st.split('、')
>>> tlist
['项庄', '韩信', '英布', '彭越']
```

list()方法是将字符串中的每一个字符拆分成列表的一个元素,包含字符之间的分隔符;split()方法根据指定的分隔符拆分,得到的元素中不包含分隔符。

四、列表生成式

当需要产生一个有规律的列表时,无须手工依次输入数据,可以用 for 循环构造一个列表生成式,形式如下:

[表达式 for 循环变量 in 迭代器 if 匹配条件]

语法说明:

[表达式]:构造列表元素的表达式。

[for 循环变量 in 迭代器]:重复生成元素的次数。

[if 匹配条件]:满足条件生成列表元素。

当列表生成式中出现嵌套循环时,两个 for 语句之间不能有其他语句,if 条件判断语句只能位于列表生成式的最后位置。

```
>>> dList=[x for x in range(1,10,2)]
>>> dList
[1, 3, 5, 7, 9]
```

有规律的数据列表可以利用列表生成式由算术表达式来构造:

```
>>> dList=[2 * x-1 for x in range(1,6)]
>>> dList
[1, 3, 5, 7, 9]
```

如果需要清空列表中的多个空值,可用以下代码来实现:

```
>>> test=['a','','b','','c','','']
>>> test=[i for i in test if i != ''] #穷举列表,排除空值元素
>>> print(test)
```

输出结果为:

```
['a', 'b', 'c']
```

列表生成式中有多重循环时要注意循环执行的顺序,下例的第 1 个 for 是外循环,第 2 个 for 是内循环,执行过程类似于嵌套循环。

```
>>> print([(x,y) for x in [1,2] for y in [3,4]])
[(1, 3), (1, 4), (2, 3), (2, 4)]
>>> print([(x,y) for x in [1,2] for y in [3,x]])
[(1, 3), (1, 1), (2, 3), (2, 2)]
```

例 5.1 利用列表生成式,输出如下所示的九九乘法表。

```
1*1=1
2*1=2  2*2=4
3*1=3  3*2=6   3*3=9
4*1=4  4*2=18  4*3=12  4*4=16
5*1=5  5*2=10  5*3=15  5*4=20  5*5=25
6*1=6  6*2=12  6*3=18  6*4=24  6*5=30  6*6=36
7*1=7  7*2=14  7*3=21  7*4=28  7*5=35  7*6=42  7*7=49
8*1=8  8*2=16  8*3=14  8*4=32  8*5=40  8*6=48  8*7=56  8*8=64
9*1=9  9*2=18  9*3=27  9*4=36  9*5=45  9*6=54  9*7=63  9*8=72  9*9=81
```

分析:每个列表元素是一个乘法算式,由两部分构成:算式和分隔符。分隔符有两种:空格和回车。

以下代码用列表生成式产生一个九九乘法表。注意换行符插入的位置,保证输出列表时,对应输出的是一个矩阵的下三角元素。

```
1  list1=["{}*{}={:<2}".format(i,j,i*j)+(" " if i!=j else "\n")
2          for i in range(1,10) for j in range(1,i+1)]
3  for item in list1:
4      print(item,end="")
```

如果不将换行符事先放入到乘法算式字符串中，我们也可以通过行、列两个量的变化规律通过以下代码来实现九九乘法表的输出。

```
1   lst=["{}*{}={:<2d}".format(i, j, i*j)
2       for i in range(1, 10) for j in range(1, i+1)]
3   i=1; j=0
4   for item in lst:
5       print(item, end=" ")
6       j+=1
7       if j==i:
8           print()
9           j=0
10          i+=1
```

5.1.2　列表的基本操作

一、列表元素的访问

列表中每个元素对应一个位置编号，称为元素索引。访问列表元素之前，必须先弄清楚列表的索引。假如有列表 s，其元素值如下：

s = [41, 22, 53, 64, 35, 76]

列表s正向和反向索引编号顺序如图5.1所示。

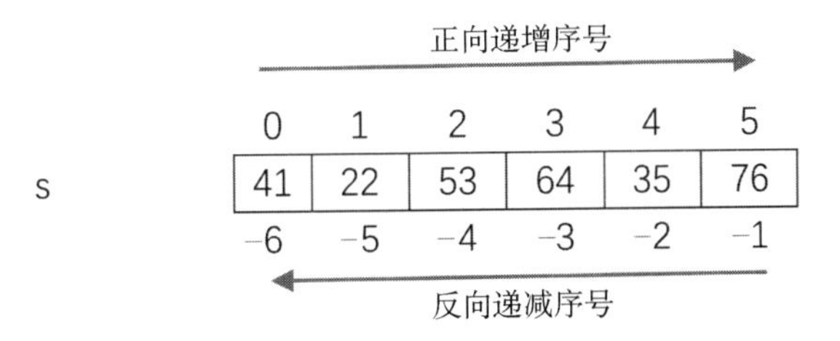

图 5.1　列表索引编号

列表的索引编号的规则同字符串，因为它们同属序列类型。可以通过索引访问列表中的每一个元素。

1. 单个元素的访问

单个元素的访问，语法格式为：

列表名[索引]

与字符串一样，列表元素也有正向和反向两种索引方式。长度为 n 的列表中，最后一个元素的索引既可以是 n－1，也可以直接用－1 表示。

```
>>> clist=['项庄', '韩信', '英布', '彭越']
>>> print( clist[0] , clist[len(clist)-1] , clist[-1] )
项庄 彭越 彭越
```

2. 多个元素的访问——列表切片

列表切片是提取列表中的部分元素，语法格式为：

列表[起始索引:终止索引:步长]

表示从起始索引开始，按步长依次提取，直到终止索引的元素(不含终止索引元素)，切片规则同字符串切片。例如存在如下列表,表 5.1 中列出了对其切片的多种形式。

```
>>> t=["a","b","c","d","e"]
```

表 5.1　列表切片的多种表现形式

切片形式	结果
t[1:3]	['b','c']
t[1:-2]	['b','c']
t[:4]	['a','b','c','d']
t[3:]	['d','e']
t[:]	['a','b','c','d','e']
t[3:0:-1]	['d','c','b']
t[3:1]	[]
t[::-1]	['e','d','c','b','a']

注意:

(1) 如果缺省起点,表示从索引 0 元素开始。

(2) 如果缺省终点,默认到最后一个元素位置。

(3) 同时缺省起点和终点,表示整个列表。

(4) 步长 n 为 1 时可以缺省,表示从左往右取连续元素,步长 n 不为 1 时,表示提取不连续的元素。

(5) 起始索引和终止索引同时缺省,步长 n 取-1 时,表示取列表逆序组成切片。

3. 嵌套列表元素的访问

对于嵌套列表,我们可以通过索引编号的依次描述,访问到其中的任何一个元素。例如:

```
>>> s=[1,2,3,[4,5,6],[7,8,9]]
>>> len(s)
5
>>> s[3][2]
6
```

二、列表元素的更新

1. 单个元素更新

相当于修改单个元素,可以直接通过索引访问修改该元素。

```
>>> list1=['项庄','韩信','英布','彭越']
>>> list1[1]= '陈武'
>>> list1
['项庄','陈武','英布','彭越']    #元素'韩信'改为'陈武'
```

2. 多个元素更新

通过对切片的赋值,可同时修改多个元素。

```
>>> list1=['项庄','韩信','英布','彭越']
>>> list1[1:3]=['樊哙','灌婴']      #修改多个连续元素
```

```
>>> list1
['项庄', '樊哙', '灌婴', '彭越']
```

如果切片元素不连续，同样也可以更新。

```
>>> list1=['项庄', '韩信', '英布', '彭越']
>>> list1[0:3:2]=['樊哙','灌婴']    #修改多个不连续的元素 list1[0]、list1[2]
>>> list1
['樊哙', '韩信', '灌婴', '彭越']
```

当赋值语句左边元素个数与右边提供的数值个数不一致时，列表元素更新的规则是怎样的？

例如：

```
>>> list2=[1,2,3,4,5,6]
>>> list2 [:1]=[]        #切片被赋值为空列表，相当于删除元素
>>> list2
[2, 3, 4, 5, 6]
>>> list2 [:2]=' a'       #多个元素的切片被赋一个值，该切片变成一个元素
>>> list2
[' a', 4, 5, 6]
>>> list2 [2:]=' b'
>>> list2
[' a', 4, ' b']
>>> list2 [2:3]=[' x',' y']    #一个元素被赋多个值，该元素替换为多个元素
>>> list2
[' a', 4, ' x', ' y']
```

三、列表的基本运算

1. 连接运算"＋"

语法：列表1＋列表2＋…

＋运算实现多个列表之间的拼接

```
>>> list1=['项庄', '韩信', '英布', '彭越']
>>> list2=['彭越', '韩信', '项庄', '龙且']
>>> list1+list2
['项庄', '韩信', '英布', '彭越', '彭越', '韩信', '项庄', '龙且']
```

从结果可以看出，该运算符仅仅是进行了一个简单的物理拼接，重复元素在结果中依旧重复出现。

2. 重复运算"*"

语法：r* 列表名或者列表名* r

*运算实现列表的复制，r为列表元素重复次数

```
>>> list1=['项庄', '韩信'] * 3
>>> list1
['项庄', '韩信', '项庄', '韩信', '项庄', '韩信']
```

当要复制的元素为组合数据类型，运算符' * '并没有将组合类型的数据复制，而是将其

地址信息进行了复制。例如：

```
>>> ls=[[0]]*3
>>> ls
[[0], [0], [0]]
>>> id(ls[1])
2704055082048
>>> id(ls[0])
2704055082048
```

此处我们能看到列表中第 1 个元素和第 2 个元素的 id()函数返回值相同,也就意味着它们对应的是同一个对象。相反,如果用列表生成式来产生这个列表,则输出的 id 值是不同的。

```
>>> ls=[[0] for i in range(3)]
>>> id(ls[0])
2704055081920
>>> id(ls[1])
2704055081280
```

3. 成员运算“in”和“not in”

语法:值 in 列表

值 not in 列表

成员操作符,判断某个值是否属于列表。

```
>>> list1=['项庄','韩信','英布','彭越']
>>> '韩信' in list1
True
>>> ['韩信'] in list1    # ['韩信']为列表,不同于'韩信'
False
```

注意列表在执行“=”和“+=”运算时结果的区别如下：

① 变量分为不可变类型和可变类型,字符串、元组、整型、浮点型等是不可变类型,字典、列表、集合是可变类型。

② 对于不可变类型,执行 a=a+b 或 a += b,a 的内存地址都会变,可以理解为生成了新变量;

对于可变类型,执行 my_list=my_list + new_list 时,my_list 的地址发生变化,即 my_list 变成了一个新变量;

但是在执行 my_list += new_list 时,my_list 地址不会变化,即没有生成新的变量,效果类似于列表的 extend 操作。

四、删除列表元素

删除指定位置或范围的列表元素可以使用 del 方法,del 方法也可以删除整个列表。如需要删除匹配元素内容的数据项,可以使用列表的 remove 方法,也可以使用 pop 方法移除列表中的一个元素。

1. 已知删除元素位置信息的 del 命令

del 命令不仅能删除单个或多个列表元素,也可以删除整个列表。一般来说,编写程序时不需要删除整个列表,因为当列表出了作用域(例如,程序结束,函数调用完成等),Python

会自动删除该列表。

(1) del 命令删除列表元素

语法：

del dataList[i]

del dataList[start:end]

其中,del 为命令关键字,dataList 为列表变量名称,i 为待删除列表元素的索引。start 是起始索引,end 是终止索引。

```
>>> list1=['项庄','韩信','英布','彭越']
>>> del list1[2]
>>> list1
['项庄','韩信','彭越']
```

删除多个元素,可以利用列表切片描述。

```
>>> list1=['项庄','韩信','英布','彭越']
>>> del list1[:]    #列表不会被删除,该列表将变成空列表。
>>> list1
[]
```

(2) del 命令删除列表

语法：

del dataList

其中,del 为命令,dataList 为列表名。

```
>>> list1=['项庄','韩信','英布','彭越']
>>> del list1
>>> list1
Traceback (most recent call last):
  File "<pyshell#14>", line 1, in <module>
    list1
NameError: name 'list1' is not defined
```

因为列表已经被删除,所以当再次访问该列表时系统会报错。

2. remove 方法

语法：

dataList.remove(obj)

参数 obj 为需要删除的内容(如字符串、数值等对象)。

remove 方法删除列表中与指定内容相匹配的第一项元素。

注意:remove 和 del 之间的区别。

```
>>> a=[1,2,3,5,4,2,6]
>>> a.remove(a[5])    #等价于 a.remove(2),删除第一个值为 2 的元素
>>> a
[1, 3, 5, 4, 2, 6]
```

#说明 remove 方法移除的并不是指定的元素,而是第一个与其值相同的元素。

```
>>> a=[1,2,3,5,4,2,6]
```

```
>>> del a[5]
>>> a
[1, 2, 3, 5, 4, 6]
```

#说明 del 命令是以其参数作为索引值,删除其对应的元素,索引起始位置为 0。

3. pop *方法*

语法:

列表名.pop(index,default)

pop 方法是列表提供的内置删除方法,使用方式和 del 删除相同,但 pop 在删除元素的同时,会返回被删元素的值。

```
>>> list1=['项庄', '韩信', '英布', '彭越']
>>> list1.pop()    #默认删除最后一个列表元素
'彭越'
>>> list1
['项庄', '韩信', '英布']
>>> list1.pop(2)
'英布'
>>> list1
['项庄', '韩信']
>>> list1.pop(2)    #当删除元素的索引值不存在时,产生异常
Traceback (most recent call last):
  File "<pyshell#23>", line 1, in <module>
    list1.pop(2)
IndexError: pop index out of range
```

4. clear *方法*

语法:列表名.clear()

clear 方法是列表提供的内置删除方法,用于清除列表中的所有元素,使之成为空列表。

```
>>> list1 = ['项庄', '韩信', '英布', '彭越']
>>> list1.clear()
>>> list1
[]
```

5.1.3 列表函数与方法

一、内置函数

常用的列表内置函数见表 5.2。

表 5.2 列表内置函数

函数	功能
len()	计算列表元素个数
min()	返回列表元素最小值

（续表）

函数	功能
max()	返回列表元素最大值
sum()	返回列表元素之和

例 5.2 学校举行一场演讲比赛，5 名同学参加比赛，共有若干个评委为其打分，最后得分的计算方法是：去掉最高分和最低分后的平均分。得分表格如表 5.3 所示。

表 5.3　选手得分表

选手姓名	评委 1	评委 2	评委 3	评委 4	评委 5	评委 6	评委 7
金良玉	9.83	9.77	9.64	9.85	9.72	9.54	9.87
李佳琪	9.85	9.80	9.77	9.89	9.82	9.62	9.72
梁　恩	9.82	9.85	9.87	9.79	9.87	9.85	9.62
史琳娜	9.79	9.68	9.86	9.58	9.79	9.81	9.79
张成浩	9.79	9.72	9.63	9.88	9.61	9.65	9.59

请编程计算每个选手的最终得分并顺序输出。

```
1   list1 = [['金良玉',9.83,9.77,9.64,9.85,9.72,9.54,9.87],
2            ['李佳琪',9.85,9.80,9.77,9.89,9.82,9.62,9.72],
3            ['梁　恩',9.82,9.85,9.87,9.79,9.87,9.85,9.62],
4            ['史琳娜',9.79,9.68,9.86,9.58,9.79,9.81,9.79],
5            ['张成浩',9.79,9.72,9.63,9.88,9.61,9.65,9.59]]
6   total = []
7   for item in list1:
8       name = item[0]
9       avg = (sum(item[1:])-max(item[1:])-min(item[1:]))/(len(item[1:])-2)
10      total.append([name,avg])
11  for item in total:
12      print("{}的最终得分是{:.3f}".format(item[0],item[1]))
```

运行程序，结果如下：

```
金良玉的最终得分是 9.762
李佳琪的最终得分是 9.792
梁　恩的最终得分是 9.836
史琳娜的最终得分是 9.772
张成浩的最终得分是 9.680
```

再看以下代码，max()函数还可以有 key、default 两个参数，分别设置求最大值规则和默认最大值，且默认最大值只在序列无任何值时起作用。

```
>>> max([(3,4),(8,0),(2,3)])
(8, 0)
>>> max([(3,4),(8,0),(2,3)],key=lambda x:x[1])
(3, 4)
>>> max([(3,4),(),(2,3)],default=5)
(3, 4)
>>> max([],default=5)
5
```

二、列表的方法

1. append()方法

append() 方法用于在列表末尾添加新的对象。

语法:列表名.append(obj)

如果列表已存在,可以直接通过列表名调用 append 方法添加列表元素。例如:

```
>>> s=[1,2,3,4]
>>> s.append(5)
```

如果列表不存在,则需要先创建一个空列表,才能调用 append()方法。例如:

```
>>> s=[]
>>> s.append(1)
```

因为 append 是列表的方法,如果 s 列表不存在,系统不会把 s 识别为列表,而是报错。

2. insert()方法

语法:列表名.insert(index, obj)

insert()方法用于将指定对象插入列表的指定位置。

```
>>> aList=[123, 'xyz', 'zara', 'abc']
>>> aList.insert( 3, 2009)
>>> print "Final List : ", aList
Final List : [123, 'xyz', 'zara', 2009, 'abc']
```

3. extend()方法

语法:list.extend(seq)

extend()方法用于在列表末尾一次性追加另一个序列中的多个值(用新列表扩展原来的列表)。

```
>>> aList=[123, 'xyz', 'zara', 'abc', 123]
>>> bList=[2009, 'manni']
>>> aList.extend(bList)
>>> print("Extended List : ", aList)
Extended List : [123, 'xyz', 'zara', 'abc', 123, 2009, 'manni']
```

extend 方法的参数除了列表外,还可以是字符串、元组、字典、集合、range 对象等可迭代对象。

```
>>> cList = [1,2,3]
>>> cList.extend("abc")
>>> cList
```

```
[1, 2, 3, 'a', 'b', 'c']
>>> cList.extend({'f':3,'d':2})
>>> cList
[1, 2, 3, 'a', 'b', 'c', 'f', 'd']
>>> cList.extend(range(4,9,2))
>>> cList
[1, 2, 3, 'a', 'b', 'c', 'f', 'd', 4, 6, 8]
```

4. index()方法

语法1:列表名.index(需查找的值)

在整个列表中查找指定的值,返回其索引号。如该值多次出现,则返回其首次出现的索引号。

```
>>> dlist=[1,2,3,4,3,2]
>>> dlist.index(3)
2
```

语法2:列表名.index(需查找的值,起点,终点)

在列表的指定区间内查找指定的值,返回其区间范围内首次索引号。

```
>>> dlist=[1,2,3,4,3,2,1,2,3,4]
>>> dlist.index(2,3,6)
5
```

此处需要注意,其返回的索引号其实是该元素在整个列表中的索引号,而不是区间内的序号。

三、列表的遍历

假定存在列表list1,具体数据如下:

```
list1=['项庄','韩信','英布','彭越']
```

1. 迭代遍历

我们可以通过将整个列表作为循环迭代器来获取列表中的每一个元素,访问整个列表。

```
>>> for st in list1:
        print("序号:{}\t 值:{}".format(list1.index(st)+1,st))
```

序号:1 值:项庄
序号:2 值:韩信
序号:3 值:英布
序号:4 值:彭越

此处需要注意,如果列表中的元素存在重复值,则此处利用list1.index(st)获取其索引序号会产生错误的序号,因为只会返回第一个值的序号。此外,此处st虽然能获取每个元素的值,但无法通过st完成对列表元素的修改。st获得元素值之后,跟列表元素就没有直接联系,循环体中不管怎么处理st,列表元素值都不会发生变化。

2. 索引遍历

我们可以通过range()产生列表索引号序列作为循环迭代器,然后通过索引号依次访问列表所有元素。

```
>>> for i in range(len(list1)):
```

```
        print("序号:{}\t 值:{}".format(i+1,list1[i]))
序号:1 值:项庄
序号:2 值:韩信
序号:3 值:英布
序号:4 值:彭越
```

此种方法的好处有两个,第一,i 的值可以通过 range()函数来控制其变化规律,可以连续或非连续的获取列表元素值。第二,因为此处是通过列表名[索引序号]来获取列表元素值的,同时可以直接完成对它的赋值,达到修改列表元素的目的。

3. *枚举遍历*

enumerate() 函数用于将一个可遍历的数据对象(如列表、元组或字符串)组合为一个索引序列,同时列出数据下标和数据,一般用在 for 循环当中当迭代器用。

```
>>> for i,st in enumerate(list1):
        print("序号:{}\t 值:{}".format(i+1,st))
序号:1 值:项庄
序号:2 值:韩信
序号:3 值:英布
序号:4 值:彭越
```

四、列表的排序

1. *sort 方法*

语法:列表名.sort()

将列表中的数据按升序排序。当列表元素为组合类型数据(如嵌套列表),则只按第 1 个元素排序。

如果需要按降序排序,可以在方法中增加 reverse=True 这个参数。

例 5.3 如将例 5.1 的编程要求改为:请编程计算每个选手的最终得分并按从高到低的顺序输出。则代码需作如下修改:

```
1   list1 = [['金良玉',9.83,9.77,9.64,9.85,9.72,9.54,9.87],
2            ['李佳琪',9.85,9.80,9.77,9.89,9.82,9.62,9.72],
3            ['梁  恩',9.82,9.85,9.87,9.79,9.87,9.85,9.62],
4            ['史琳娜',9.79,9.68,9.86,9.58,9.79,9.81,9.79],
5            ['张成浩',9.79,9.72,9.63,9.88,9.61,9.65,9.59]]
6   total = []
7   for item in list1:
8       name = item[0]
9       avg = (sum(item[1:])-max(item[1:])-min(item[1:]))/(len(item[1:])-2)
10      total.append([avg,name])  #为了方便排序, 将分数放第 1 个位置
11  total.sort(reverse=True)
12  for item in total:
13      print("{1}的最终得分是{0:.3f}".format(item[0],item[1]))
```

运行程序,结果如下:

```
梁  恩的最终得分是 9.836
```

```
李佳琪的最终得分是9.792
史琳娜的最终得分是9.772
金良玉的最终得分是9.762
张成浩的最终得分是9.680
```

2. sorted 函数

语法:sorted(列表名[,reverse=True])

返回一个数据已排序的列表,原列表数据不发生改变。默认按升序排序,如果需要按降序排序,需设置 reverse 参数。特别是在一些没有提供 sort 方法的组合类型数据处理过程中,经常需要用到此函数。

```
>>> st=['范增','龙且','季布','项庄','韩信','英布','彭越','陈武']
>>> st1=sorted(st)
>>> st1
['季布', '彭越', '英布', '范增', '陈武', '韩信', '项庄', '龙且']
>>> st2=sorted(st,reverse=True)
>>> st2
['龙且', '项庄', '韩信', '陈武', '范增', '英布', '彭越', '季布']
```

3. reverse 方法

语法:列表名. reverse()

将对指定列表进行前后的翻转,相当于逆序排列。此方法并未产生新的列表,只是将原列表中的数据索引顺序颠倒过来。

```
>>> st=['范增','龙且','季布','项庄','韩信']
>>> st.reverse()
>>> st
['韩信', '项庄', '季布', '龙且', '范增']
```

4. reversed 函数

语法: reversed(列表名)

```
>>> cList=[1,2,3]
>>> reversed(cList)
<list_reverseiterator object at 0x000002759644E890>
>>> list(reversed(cList))
[3, 2, 1]
>>> cList
[1, 2, 3]
```

从以上代码执行中可以看出,该函数执行后返回 list_reverseiterator 对象,可以作为循环迭代器,如果想看到内容,可以利用 list 函数转换,而且参数列表本身不发生改变。

例 5.4　1949 年 4 月 23 日,中国人民解放军午夜解放南京,毛泽东同志在清晨获得消息后写下《七律 人民解放军占领南京》,全文如下所示:

钟山风雨起苍黄,百万雄师过大江。

虎踞龙盘今胜昔,天翻地覆慨而慷。

宜将剩勇追穷寇,不可沽名学霸王。

天若有情天亦老,人间正道是沧桑。

编写程序,以每半句为单位,保留标点符号为原顺序及位置。要求输出全文的翻转形式。

例如:

人间正道是沧桑,天若有情天亦老。

不可沽名学霸王,宜将剩勇追穷寇。

天翻地覆慨而慷,虎踞龙盘今胜昔。

百万雄师过大江,钟山风雨起苍黄。

```
1   s = "钟山风雨起苍黄，百万雄师过大江。\
2   虎踞龙盘今胜昔，天翻地覆慨而慷。\
3   宜将剩勇追穷寇，不可沽名学霸王。\
4   天若有情天亦老，人间正道是沧桑。"
5   ls = []
6   while len(s)>0:
7       n=s.find("。")
8       ls.append(s[:n])
9       s=s[n+1:]
10  for i in range(len(ls)):
11      ls[i]=ls[i].split("，")
12      ls[i].reverse()
13  ls.reverse()
14  for item in ls:
15  print("{}，{}。".format(item[0],item[1]))
```

5.1.4 列表深拷贝与浅拷贝

一、深拷贝与浅拷贝的区别

在浅拷贝时,拷贝出来的新对象的地址和原对象是不一样的,但是新对象里面的可变元素(如列表)的地址和原对象里的可变元素的地址是相同的。也就是说,浅拷贝拷贝的是浅层次的数据结构(不可变元素),列表中的可变元素作为深层次的数据结构并没有被拷贝到新地址里面去,而是和原对象里的可变元素指向同一个地址。所以在新对象或原对象里对这个可变元素做修改时,两个对象是同时改变的,但是深拷贝不会这样。这个是浅拷贝相对于深拷贝最根本的区别。

列表的 copy()方法属于浅拷贝,只是简单复制父对象(一级元素),不复制内部子对象。而 Python 提供的 copy 模块中的 deepcopy()属于深拷贝,既复制父对象,也复制内部子对象。

```
>>> s = [1,2,3,4,[5,6,7]]
>>> s1 = s
>>> s1
[1, 2, 3, 4, [5, 6, 7]]
>>> id(s)#返回该变量在内存中的编号,相同编号即为同一个变量
2448695229952
```

```
>>> id(s1)
2448695229952
```

实际上,我们通过列表 id 可以看到,s 和 s1 的 id 相同,这说明并没有创建新的列表,只是 s 和 s1 指向了同一个列表。

```
>>> s[4][0] = 8
>>> s1
[1, 2, 3, 4, [8, 6, 7]]
```

修改 s 列表中嵌套列表的第 1 个元素的值,s1 的内容发生变化。

二、浅拷贝列表

1. 利用列表切片实现

```
>>> Ls1 = [1,2,3,4,[5,6,7]]
>>> Ls3 = Ls1[:]
>>> id(Ls1)
2448695229184
>>> id(Ls3)#值相同,但编号不同,表示新建了一个变量
2448702794752
>>> Ls1[4][0] = 8
>>> Ls3
[1, 2, 3, 4, [8, 6, 7]]
>>> Ls1[1] = 99
>>> Ls3[1]
2
```

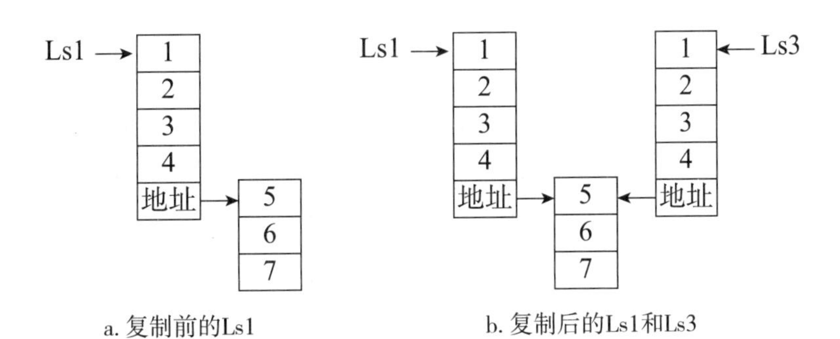

图 5.2 列表浅拷贝示意图

通过以上代码我们可以注意到,Ls1 和 Ls3 的 id 不同,说明时两个不同的列表,但修改 Ls1 列表中嵌套列表的第 1 个元素,Ls3 的相同位置也发生了变化。但修改第 1 层列表元素 Ls1[1]时,Ls3[1]的元素值未发生变化。

2. 利用 copy()方法实现

```
>>> s = [1,2,3,4,[5,6,7]]
>>> s1 = s.copy()
>>> s1
[1, 2, 3, 4, [5, 6, 7]]
```

```
>>> s[1] = 99
>>> s1[1]
2
>>> s[4][0] = 88
>>> s1[4][0]
88
```

以上代码可以了解到,列表 s 第 1 层元素修改后,s1 的第 1 层元素的值未发生改变,但对于 s 列表中嵌套列表的第 1 个元素修改后,s1 列表的对应位置的元素发生了改变。这说明嵌套列表对于 s 和 s1 是同一个列表,并未复制。

三、深拷贝列表

通过 copy 模块中的 deepcopy()实现列表深拷贝。

```
>>> import copy
>>> Ls1 = [1,2,3,4,[5,6,7]]
>>> Ls2 = copy.deepcopy(Ls1)
>>> id(Ls1)
1694724740616
>>> id(Ls2)
1694724805896
>>> Ls1
[1, 2, 3, 4, [5, 6, 7]]
>>> Ls2
[1, 2, 3, 4, [5, 6, 7]]
>>> Ls2[4][1] = 88
>>> Ls1[4][1]
6
```

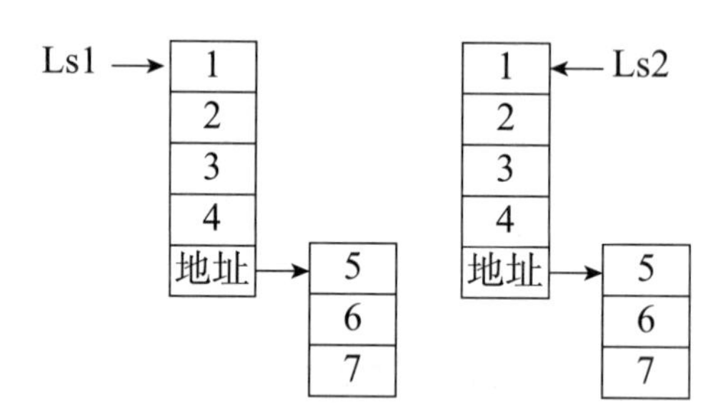

图 5.3　列表深拷贝示意图

从以上代码可以了解到,修改了列表 s2 中嵌套列表的第 2 个元素,s 列表对应位置的元素没有发生变化,说明 s 和 s2 的嵌套列表不是同一个列表,也就是说,在复制列表时,其内部的嵌套列表也同时被复制。

5.2　元组

元组是具有一定关联的任意对象的集合。Python 语言并没有对元组包含的对象有任何的限制。Python 中的元组通常被形容为其他程序设计语言中记录(record)或结构体(structure)的等价物。

元组的字面值包含一系列用逗号分开的值(或变量)。通常,为避免语义歧义,元组整体都被包括在圆括号中。但元组本身并没有这样的要求,因此在一般情况下,逗号分隔的多个数据,系统自动识别为一个元组。

元组是不可改变的,所以一旦元组被创建之后,就不能修改或扩展它。可以像字符串一样,基于现有元组创建一个新的元组,从而实现对元组的数据修改。可以通过调用tuple()类型函数来创建一个新的空元组。由于元组是不可改变的,因此它可以作为字典的键。

Python 元组有一个非常有用的特性,被称为解包(unpacking)。这个特性能够帮助使用者将元组中的值提取出来并赋值给单独的变量。最常在以下的场景使用这个特性:你想要将函数返回的元组中的值存储在不同的变量中,此功能在第7章函数中介绍。

5.2.1　元组申明与赋值

声明一个元组并赋值的语法与列表相同,不同之处是元组使用小括号,列表使用方括号,元素之间也是用英文逗号分隔。需要注意的是,当元组只有一个元素时,需要在元素的后面加一个英文逗号分隔符,以防止与表达式中的小括号混淆。这是因为小括号既可以表示元组,又可以表示表达式中的优先级算符,容易产生歧义。

1. 直接创建

```
>>> tup1=('abc', -4.24e93, 18+6.6j, 'xyz')
>>> tup1
('abc', -4.24e+93, (18+6.6j), 'xyz')
>>> type(tup1)
<class 'tuple'>
>>> tup2=()
```

元组里面可以包含可变数据类型,可以间接修改元组的内容。

```
>>> t1=([1,2,3],4)
>>> t1[0].append(4)
>>> t1
([1, 2, 3, 4], 4)
```

元组只有一个元素的时候,后面一定要加逗号,否则数据类型不确定。

```
>>> t2=('hello',)
>>> t2
('hello',)
>>> t3=(1,)
>>> type(t3)
<class 'tuple'>
```

2. 无关闭分隔符

任意无关闭分隔符的对象,以逗号隔开,默认为元组,如以下实例:

```
>>> tup2=3,4,5
```

```
>>> tup2
(3, 4, 5)
>>> type(tup2)
<class 'tuple'>
>>> 3,"a",4+5j
(3, 'a', (4+5j))
```

3. 通过 tuple()函数可将序列转换为元组

```
>>> tuple()    #创建空元组
()
>>> tuple([1,2,[3,4]])
(1, 2, [3, 4])
>>> tuple("alex")
('a', 'l', 'e', 'x')
```

5.2.2 元组操作

元组的基本操作见表 5.4。

表 5.4 元组的基本操作

操作名称	操作语法	基本操作含义
元组访问	t[i]	求索引为 i 的元素
元组切片	t[i:j:k]	切片求 t 的位置索引为 i 到 j−1,间隔 k 的子元组
连接运算	t1 + t2	将 t1 与 t2 连接
元组复制	t * n 或者 n * t	将 t 复制 n 次
元组长度	len(t)	求 t 的长度
遍历元组	for <var> in t	对 t 元素循环,遍历元组每个元素
包含运算	<expr> in t	查找 t 是否存在<expr>,返回的值为布尔类型
删除元组	del t	删除元组
最大值	max(t)	返回元组中最大的值
最小值	min(t)	返回元组中最小的值

注意:

由于元组不可修改,因此它具有以下特点:

① 不能向元组增加元素,元组没有 append 或 extend 方法。

② 不能从元组删除元素,元组没有 remove 或 pop 方法,del 命令也不能删除元素。

③ 不能在元组中重新排列元素顺序,元组没有 sort 方法。

1. 元组的访问及切片

元组的访问和列表相同,可以直接使用下标索引访问元组中的单个数据项,也可以使用截取运算符访问子元组。访问运算符包括“[]”和“[:]”。

```
>>> tup1=('physics', 'chemistry', 1997, 2000)
```

```
>>> print ("tup1[0]: ", tup1[0])
tup1[0]:  physics
>>> tup2=(1, 2, 3, 4, 5, 6, 7 )
>>> print ("tup2[1:5]: ", tup2[1:5])
tup2[1:5]:  (2, 3, 4, 5)
```

2. 元组连接及复制

元组是不可修改类型，虽然在程序运行过程中无法对元组的元素进行插入和删除运算，但可以通过再构造一个新的元组来替换旧的元组，从而实现元素的插入和删除。

```
>>> tup1=(' physics', ' chemistry', 1997, 2000)
>>> tup2=tup1[0]+"python"+tup1[2:]
Traceback (most recent call last):
  File "<pyshell#70>", line 1, in <module>
    tup2=tup1[0]+"python"+tup1[2:]
TypeError: can only concatenate str (not "tuple") to str
```

产生上述错误的原因是因为 tup1[0]、"python"为字符串，可以进行+运算，但是 tup1[2:]为元组切片，结果依旧是元组，而字符串和元组不能进行+运算。

```
>>> tup2=(tup1[0],)+("python",)+tup1[2:]
>>> tup2
(' physics', ' python', 1997, 2000)
```

此例将 tup1[0]、"python"分别加上圆括号后，使之变成两个元组，则可以直接进行元组的+运算，使之形成一个新元组。

3. 元组的长度及遍历

元组的遍历方式和列表相同，都是应用 for 循环语句遍历元组的元素。

```
>>> tup1=(' physics', ' chemistry', 1997, 2000)
```

方法一：直接把元组作为迭代器。

```
>>> for x in tup1:
        print(x,end=" ")
physics chemistry 1997 2000
```

方法二：用元组每个元素的序号作为迭代器。

```
>>> for i in range(len(tup1)):
        print(tup1[i],end=" ")
physics chemistry 1997 2000
```

4. 元组包含运算

判断某个值是否包含于元组中，可以通过 in 或 not in 运算符来实现，它返回一个逻辑值。

```
>>> tup=('范增','龙且','项庄','韩信','英布','彭越')
>>> '项庄' in tup
True
>>> '刘邦' in tup
False
```

5. 删除元组

元组不可修改,因此不能删除元组中的元素,只能将整个元组删除。

```
>>> tup=((2,3,1),(1,3,5),(5,1,2))
>>> del tup[0]
Traceback (most recent call last):
  File "<pyshell#11>", line 1, in <module>
    del tup[0]
TypeError: 'tuple' object doesn't support item deletion
>>> del tup
>>> tup
Traceback (most recent call last):
  File "<pyshell#13>", line 1, in <module>
    tup
NameError: name 'tup' is not defined
```

6. 元组求最值

求元组的最大最小值,可以通过 max()函数和 min()函数实现。需要注意的是,当元组元素为元组或列表时,将以该元素多个值的第 1 个值参与比较,返回第 1 个元素值最大的元素。例如:

```
>>> tup=((2,3,1),(1,3,5),(5,1,2))
>>> max(tup)
(5, 1, 2)
```

5.2.3 列表和元组的区别

通过表 5.5,我们可以看出列表和元组的相同点和不同点。

表 5.5 列表和元组的区别

	列表(list)	元组(tuple)
相同点	1. 支持初始化、索引及切片操作。 2. 常用内置函数:count()、index()、reverse() / reversed()、sort()/sorted()等。 3. 可以放置任意数据类型的有序集合,并都可以嵌套	
不同点	动态的,长度大小不固定,可以增加、删减或者改变元素	静态的,长度大小固定,无法增加、删减或改变元素

列表和元组更深层次的一些区别如下:

1. 列表与元组存储方式的差异(以 64 位操作系统环境为例)

```
>>> l=[1,2,3]
>>> l.__sizeof__()
64
>>> tup=(1,2,3)
>>> tup.__sizeof__()
48
```

从以上结果可以看到，对于列表和元组，虽然放置了相同的元素，但是元组占用的存储空间却比列表少16个字节。这里列表多出字节数的主要原因是：由于列表是动态的，所以它需要存储指针，来指向对应的元素（上述例子中，int型为8字节）。另外，由于列表可变，所以需要额外存储已经分配的长度大小（8字节），这样才可以实时追踪列表空间的使用情况，当空间不足时，及时分配额外空间。

2. 列表与元组性能的差异

Python有一个垃圾回收机制，是指在后台对静态的数据做一些资源缓存（resource caching）。如果一些变量不被使用了，Python就会回收它们所占用的内存，返还给操作系统，以便其他变量和其他应用程序使用。

但是对于一些静态变量，比如元组，如果它不被使用，并且占用空间不大时，Python会暂缓交出这部分内存。这样，下次我们再创建同样大小的元组时，Python就可以不用再向操作系统发出请求，去寻找内存，而是可以直接分配之前缓存的内存空间，这样就能大大加快程序运行的速度。

```
import timeit      #提供timeit函数，用来测试某语句执行指定次数所花费的时间
# 统计初始化操作所耗时间
    >>>print(timeit.timeit(stmt=' x=[1,2,3,4,5]',number=10000000))
    # 0.5384310339999274
    >>>print(timeit.timeit(stmt=' x=(1,2,3,4,5)',number=10000000))
    # 0.12699467200002346
    # 统计索引操作所耗时间
    >>>print(timeit.timeit(stmt=' x=[1,2,3,4,5];y=x[3]',number=10000000))
    # 0.7750472509999327
    >>>print(timeit.timeit(stmt=' x=(1,2,3,4,5);y=x[3]',number=10000000))
    # 0.32637773800001924
```

通过以上例子可以发现，在执行1000万次循环之后，无论是初始化还是索引操作，元组的耗时都要比列表少，也就是说，元组的性能要优于列表。

3. 列表和元组使用场景的差异

根据上面的分析，我们可以做一个总结来区分列表和元组的使用场景。

列表是动态的，长度大小可变，可以随意增加、删减、改变元素，列表的存储空间略大于元组，且性能稍差。

元组是静态的，长度大小固定，不可以对元素进行增加、删减或更改操作，元组相对于列表更加轻量级，性能更好。

如果存储的数据和数量不变，比如你有一个函数，返回某一地点的经纬度，那么肯定选用元组更合适。

如果存储的数据或数量可变，比如社交平台上的一个日志功能，是统计一个用户在一周之内看了哪些帖子，那么则用列表更合适。

tuple（元组）的应用场景主要有四个：

① 函数的参数和返回值，一个函数可以接收任意多个参数，一次返回多个数据。

② 让列表不可以被修改，保护数据。若定义数据是常量，需要使用元组。

③ 元组比列表操作速度快。定义了一个值，仅需要不断地遍历，需要使用元组。

④ 元组不可变,可以作为字典的键(key)。

5.3 综合应用

例 5.5 购物车程序。要求能将客户选择的商品存入购物车,在结束选择时,统计出购物车中商品的数量以及商品的总价。

设计思路:

将购物车设计为一个空列表,在购物过程中,利用列表的追加元素功能实现将商品放入购物车,结算时通过遍历列表的功能,求出所有商品的总价。

```
1   products =[['iphone8', 6888], ['MacPro', 14888], ['小米6', 2499],
2               ['Coffe', 31], ['Book', 80], ['NIke Shoes', 799]]
3   shopping_car = []
4   flag = True
5   while flag:
6       print("========商品列表=======")
7       for index,i in enumerate(products):
8           print("{}   {:<10}\t{}".format(index,i[0],i[1]))
9       choice = input("请输入您想购买的商品的编号(输入 q 结束购买): ")
10      if choice.isdigit():          #isdigit()判断变量是否为数字
11          choice = int(choice)
12          if choice>=0 and choice<len(products):
13              shopping_car.append(products[choice])
14              print("已经将{}加入购物车".format(products[choice]))
15          else:
16              print("该商品不存在")
17      elif choice == "q":
18          if len(shopping_car)>0:
19              total=0
20              print("您打算购买以下{}件商品: ".format(len(shopping_car)))
21              for index,i in enumerate(shopping_car):
22                  print("{}\t{:<10}\t{}".format(index,i[0],i[1]))
23                  total=total+i[1]
24              print("您的商品共计{}元。".format(total))
25          else:
26              print("您的购物车中没有添加商品")
27          flag = False
```

例 5.6 一个数如果恰好等于它的因子之和,这个数就称为"完数"。例如,6 的因子为 1、2、3,而 6=1+2+3,因此 6 是完数。编写程序,找出 1 000 之内的所有完数,并输出该完数及对应的因子。

设计思路:

利用穷举的方法,将 1 000 以内的所有数据取出,针对完数概念进行判断,满足条件的则追加到列表中。

```
1   m=1000
2   for a in range(2, m+1):
3       s=a
4       L1=[]
5       for i in range(1, a):
6           if a%i==0:
7               s-=i
8               L1.append(i)
9       if s==0:
10          print("完数:{}=".format(a), end="")
11          L1=list(map(str, L1))
12          print("+".join(L1))
```

运行结果如下：

完数:6＝1＋2＋3

完数:28＝1＋2＋4＋7＋14

完数:496＝1＋2＋4＋8＋16＋31＋62＋124＋248

例 5.7　某个班级的学生信息如表 5.6 所示。

表 5.6　学生信息表

姓名	性别	籍贯
陈妍	女	江苏南京
黄茂林	男	江苏南通
梁玉洁	女	江苏南京
刘文娟	女	江苏盐城
吴国强	男	安徽合肥
徐心宇	男	江苏扬州
夏志成	男	江苏南通
张铭峰	男	江苏扬州
贾楠	女	江苏苏州

现在需统计出这些同学来自多少个不同的地区，有哪些地区？

设计思路：

我们可以通过建立一个列表存储上面的表格，表格的一行数据作为列表的一个元素，可以用列表或元组来表示。统计来自多少个不同的地区，我们只需要将籍贯的数据取出来，构造一个列表，然后删除列表中的重复值。

```
1   students=[("陈妍","女","江苏南京"),("黄茂林","男","江苏南通"),
2             ("梁玉洁","女","江苏南京"),("刘文娟","女","江苏盐城"),
3             ("吴国强","男","安徽合肥"),("徐心宇","男","江苏扬州"),
4             ("夏志成","男","江苏南通"),("张铭峰","男","江苏扬州"),
5             ("贾楠","女","江苏苏州")]
```

```
6    places=[]
7    for x in students:
8        places.append(x[2])
9    k=len(places)
10   i=0
11   while True:
12       if i>k-1:break
13       if places.count(places[i])>1:
14           m=places[i]
15           for j in range(places.count(places[i])-1):
16               places.remove(m)
17               k=k-1
18       else:
19           i=i+1
20   print("本班同学共来自{}个不同的地区".format(len(places)))
21   print("分布于如下地区：")
22   print(places)
```

运行程序,结果如下：

本班同学共来自 6 个不同的地区

分布于如下地区：

['江苏南京','江苏盐城','安徽合肥','江苏南通','江苏扬州','江苏苏州']

本例题我们还会遇到一种情况,假如输入的一组数据为：

1,7,6,7,7,True,'a',9.8,'a',True

现需要删除该组数据中所有相同的元素,要求输出结果为：

before:[1, 7, 6, 7, 7, True, 'a', 9.8, 'a', True]

after:[1, 6, 7, 9.8, 'a', True]

你该如何实现呢？这里你要认识到,在 Python 中,remove()方法会把数值 1 与布尔常量 True 识别为同一个值,但题目要求我们识别为不同的值,因此在删除时不能用 remove()方法删除。参考代码如下：

```
1    v=list(eval(input()))
2    print("before:",v)
3    i=0
4    while i<len(v)-1:
5        m=v[i]
6        cnt=0
7        for j in range(len(v)):
8            if v[j]==m and type(m)==type(v[j]):
9                cnt+=1
10       m=str(m)
11       if cnt>=2:
12           for j in range(cnt-1):
13               del v[[str(i) for i in v].index(m)]
```

```
14	    else:
15	        i+=1
16	print("after:",v)
```

例5.8　随机产生10个两位数的列表s1，将其中的素数筛选出来放到另一个列表s2中。

设计思路：

素数就是指一个数除了1和其本身外，无其他任何约数。我们可以拿这个数n跟2，3，…，n－1分别求余数，一旦有一个能整除（即余数为0），则说明其不是素数。

遍历s1列表，针对每个元素判断是否为素数，满足条件则追加到列表s2中。

```
1	import random
2	s1=[]    #创建空列表，将用于存放随机产生的两位数
3	s2=[]
4	for i in range(10):
5	    s1.append(random.randint(10,99))  #随机产生一个两位整数
6	print(s1)
7	for i in range(10):
8	    n=s1[i]
9	    for j in range(2,n):         #素数判定
10	        if n%j==0:break
11	    else:
12	        s2.append(n)
13	print(s2)
```

运行程序，结果如下：

```
[45, 88, 93, 24, 66, 61, 26, 32, 61, 86]
[61, 61]
```

例5.9　用筛选法求300以内的所有素数。

所谓筛选法，就是将一堆数中所有不满足条件的数逐步筛除，最后剩下所有满足条件的数据。

```
1	lst=[i for i in range(301)]
2	lst[:2]=[0,0]
3	for i in range(2,len(lst)):
4	    if lst[i]==0:continue
5	    for j in range(2*lst[i],len(lst),lst[i]):
6	        lst[j]=0
7	lst1=[n for n in lst if n!=0]
8	for i in range(len(lst1)):
9	    if i!=0 and i%10==0:print()
10	    print("{:>3d}".format(lst1[i]),end=" ")
```

例5.10　进步排行榜。

假设每个学生信息包括用户名、进步总数和解题总数。解题进步排行榜中，按进步总数及解题总数生成排行榜。要求先输入n个学生的信息；然后按进步总数降序排列；若进步总

数相同,则按解题总数降序排列;若进步总数和解题总数都相同,则排名相同,但输出信息时按用户名升序排列,否则排名为排序后相应的序号。

输入格式:首先输入一个整数 T,表示测试数据的组数,然后是 T 组测试数据。每组测试数据先输入一个正整数 n(1 < n < 50),表示学生总数。然后输入 n 行,每行包括一个不含空格的字符串 s(不超过 8 位)和 2 个正整数 d 和 t,分别表示用户名、进步总数和解题总数。

```
2
6
24015131 21 124
24015101 27 191
24015113 31 124
24015136 18 199
24015117 27 251
24015118 21 124
10
24015131 21 124
24015101 27 191
24015107 24 154
24015113 31 124
24015117 25 251
24015118 21 124
24015119 22 117
24015121 43 214
24015128 21 124
24015136 28 199
```

输出格式:对于每组测试,输出最终排名。每行一个学生的信息,分别是排名、用户名、进步总数和解题总数。每行的各个数据之间留一个空格。

```
1 24015113 31 124
2 24015117 27 251
3 24015101 27 191
4 24015118 21 124
4 24015131 21 124
6 24015136 18 199

1 24015121 43 214
2 24015113 31 124
3 24015136 28 199
4 24015101 27 191
5 24015117 25 251
6 24015107 24 154
```

```
7 24015119 22 117
8 24015118 21 124
8 24015128 21 124
8 24015131 21 124
```

此例题需要解决两个问题：

(1) 如何按每个元素的多个值排序，而且每个排序依据要求的顺序（升序、降序）不统一；

(2) 输出排序结果时，如何实现同名次的输出。

因为列表的 sort()对多个值的元素排序时，默认先按第一个排序，第一个值相同，则按第二个排序，以此类推。而且只能按一种顺序实现，为了解决这个问题，我们需用到 sort()方法中的 key 参数，通过 lambda 函数指定新的排序规则。

输出名次时，要考虑第一个学生的输出，相同名次学生的输出，以及不同名次学生的输出。

```
1   t=int(input())
2   for i in range(t):
3       n=int(input())
4       xsxx=[]
5       for j in range(n):
6           yhm,jbs,jts=input().split()
7           xsxx.append((int(jbs),int(jts),yhm))
8       xsxx.sort(key=lambda x:(-x[0],-x[1],x[2]))
9       for j in range(len(xsxx)):
10          if j==0:
11              k=j+1;jbs=xsxx[j][0];jts=xsxx[j][1]
12              print(j+1,xsxx[j][2],xsxx[j][0],xsxx[j][1])
13          elif jbs==xsxx[j][0] and jts==xsxx[j][1]:
14              print(k,xsxx[j][2],xsxx[j][0],xsxx[j][1])
15          else:
16              k=j+1;jbs=xsxx[j][0];jts=xsxx[j][1]
17              print(j+1,xsxx[j][2],xsxx[j][0],xsxx[j][1])
```

例 5.11　从键盘接收 10 个数据，完成对 10 个数的排序。

设计思路：

Python 本身提供了 sort()方法和 sorted()函数，能实现列表数据的排序功能，一般情况下我们都只是利用这些方法和函数实现列表的排序功能。在此介绍选择排序法仅仅是培养大家的一种算法思想。

选择排序法的基本思路是这样的：首先用第 1 个元素与其后 9 个元素进行比较，选择出一个值最小元素的索引，然后拿第 1 个元素与最小值元素交换。以此类推，用第 2 个元素与后 8 个元素进行比较，找出最小值元素并与第 2 个元素进行交换，直到第 9 个元素交换后停止。

```
1   #!/usr/bin/python
2   # -*- coding: UTF-8 -*-
3   N = 10
4   # input data
5   print('请输入 10 个数字:')
6   l = []
7   for i in range(N):
8       l.append(int(input('输入第{}个数字:'.format(i+1))))
9   print('排列之前：',end="")
10  for i in range(N):
11      print(l[i],end=" ")
12  print()
13  for i in range(N - 1):    # 选择排序法排列 10 个数字
14      min = i
15      for j in range(i + 1,N):
16          if l[min] > l[j]:min = j
17      l[i],l[min] = l[min],l[i]
18  print('排列之后：',end="")
19  for i in range(N):
20      print(l[i],end=" ")
```

运行程序,结果如下:

```
请输入 10 个数字:
输入第 1 个数字:54
输入第 2 个数字:63
输入第 3 个数字:34
输入第 4 个数字:46
输入第 5 个数字:28
输入第 6 个数字:71
输入第 7 个数字:16
输入第 8 个数字:32
输入第 9 个数字:52
输入第 10 个数字:29
排列之前:54 63 34 46 28 71 16 32 52 29
排列之后:16 28 29 32 34 46 52 54 63 71
```

例 5.12 一群猴子要选新猴王。新猴王的选择方法是:

让 N 只候选猴子围成一圈,从某位置起顺序编号为 1～N 号。从第 1 号开始报数,每轮从 1 报到 3,凡报到 3 的猴子即退出圈子,接着又从紧邻的下一只猴子开始同样的报数。如此不断循环,最后剩下的一只猴子就选为猴王。

请问是原来第几号猴子当选猴王?

```
1  n=int(input())
2  lst=[i for i in range(1,n+1)]
3  k=n;i=0;cnt=0
4  while k>1:
5      if lst[i]!=0:
6          cnt+=1
7          if cnt==3:
8              lst[i]=0
9              cnt=0
10             k-=1
11             if k==1:break
12     i+=1
13     if i%n==0:i=0
14 for i in lst:
15     if i!=0:print(i,end="")
```

例 5.13 十个孩子围成一圈,每人手上有数目不等的糖果。从指定为第一个的孩子开始,依次将手上的糖果分一半给下一个。所谓依次意思是接到前一个给自己的糖果后,将手上全部糖果的一半分给下一个(当某孩子的糖果为奇数时,他就先吃掉一块然后再分)。如此循环直到除第一个孩子外每人手上的糖果数目相等为止。列表 child 存放每个人的糖果数。child=[12,2,8,22,16,4,10,6,14,20]

(1) 届时每人有几块糖果?

(2) 共吃掉了几块糖果?

```
1  child=[12,2,8,22,16,4,10,6,14,20]
2  eaten=0
3  while len(set(child[1:]))!=1:
4      if child[0]%2==1:eaten+=1
5      child[0]=child[0]//2
6      for i in range(1,10):
7          child[i]+=child[i-1]
8          if child[i]%2==1:eaten+=1
9          child[i]//=2
10     child[0]+=child[i]
11 print(child)
12 print(eaten)
```

例 5.14 一副扑克牌有 52 张牌,分别是红桃、黑桃、方片、梅花各 13 张,不包含大小王,现在 Alex 抽到了 n 张牌,请将扑克牌按照牌面从大到小的顺序排序。牌的表示方法:红桃(heart)用字母 h 表示,黑桃(spade)用字母 s 表示,方片(dianmond)用字母 d 表示梅花(club)用字母 c 表示。2～10 的牌面直接用 2,3,4,5,6,7,8,9,10 表示,其余的分别为 A,J,Q,K 比如方片 J 用 dJ 表示,红桃 A 用 hA 表示,牌面大小:2>A>K>Q>J>10>9>……>4>3 相同牌面的按照花色(h>s>d>c)顺序排。

键盘每次输入一手牌,接收若干手牌后,如遇到空输入,则结束程序代码运行。

输入样例:

h7 c10 h4 s7 c5 cA dA c4 sJ h9 hQ d8 h2 s2 d9 sA dQ c6 hA

h7 s8 s7 c5 c8 cK sQ d2 s3 hQ d8 s10 sA d5 h10 hA

输出样例:

h2 s2 hA sA dA cA hQ dQ sJ c10 h9 d9 d8 h7 s7 c6 c5 h4 c4

d2 hA sA cK hQ sQ h10 s10 s8 d8 c8 h7 s7 d5 c5 s3

```
1   pmx=['2','A','K','Q','J','10','9','8','7','6','5','4','3']
2   hsx=['h','s','d','c']
3   lst=[]
4   while True:
5       try:
6           s=input()
7           if s=="":break
8           lsts=s.split()
9           lstsort=[]
10          for i in pmx:
11              for j in hsx:
12                  if j+i in lsts:
13                      lstsort.append(lsts.pop(lsts.index(j+i)))
14          lst.append(lstsort)
15      except:
16          break
17  print("输出结果为:")
18  for i in range(len(lst)-1):
19      print(' '.join(lst[i])+" ")
20  print(' '.join(lst[-1]),end=" ")
```

运行代码,结果如下:

h7 c10 h4 s7 c5 cA dA c4 sJ h9 hQ d8 h2 s2 d9 sA dQ c6 hA

h7 s8 s7 c5 c8 cK sQ d2 s3 hQ d8 s10 sA d5 h10 hA

输出结果为:

h2 s2 hA sA dA cA hQ dQ sJ c10 h9 d9 d8 h7 s7 c6 c5 h4 c4

d2 hA sA cK hQ sQ h10 s10 s8 d8 c8 h7 s7 d5 c5 s3

第 5 章思维导图

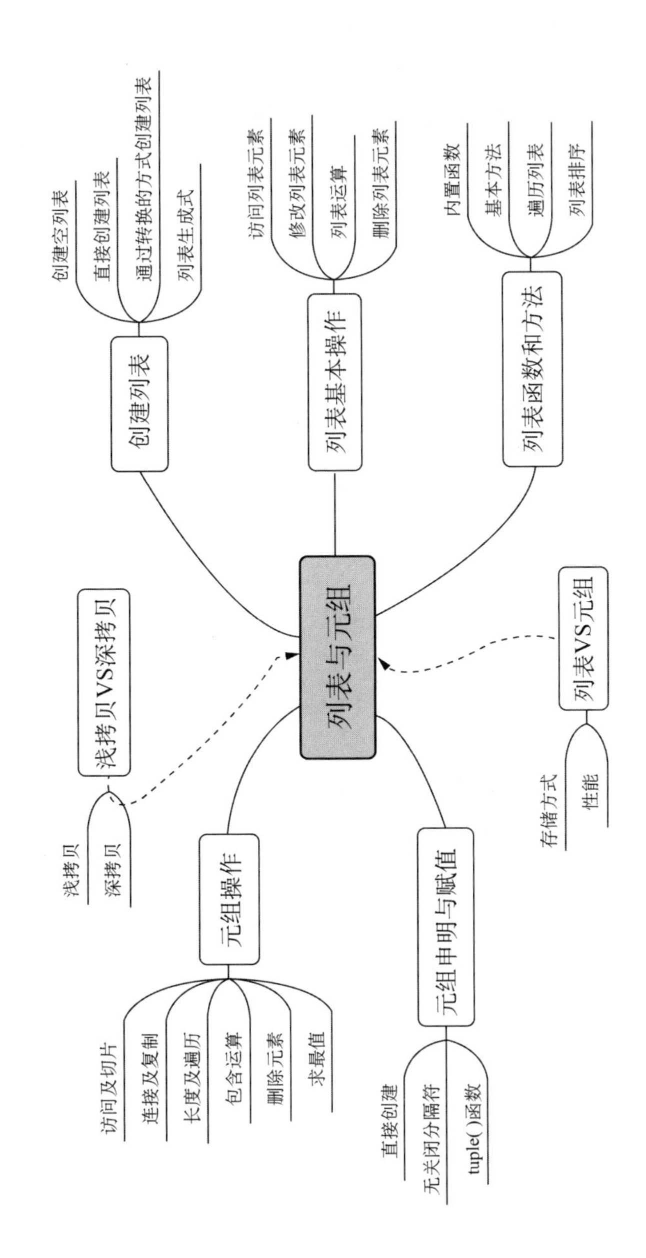

列表与元组
创建列表
创建空列表
直接创建列表
通过转换的方式创建列表
列表生成式
列表基本操作
访问列表元素
修改列表元素
列表运算
删除列表元素
列表函数和方法
内置函数
基本方法
遍历列表
列表排序
列表VS元组
存储方式
性能
元组申明与赋值
直接创建
无关闭分隔符
tuple()函数
元组操作
访问及切片
连接及复制
长度及遍历
包含运算
删除元素
求最值
浅拷贝VS深拷贝
浅拷贝
深拷贝

第 6 章　字典与集合

字典在 Python 中提供了一种高效、灵活且动态的方式来存储和管理数据，特别适用于那些需要快速查找和访问特定数据的情况。字典是 Python 中一个非常有用的内置组合数据类型，也是唯一的映射类型。字典由“键—值”对组成，字典的“值”通过“键”来引用。字典常用于存储某个对象的描述信息。集合中的元素是唯一的，这个特性可用来去除列表中的重复元素。

6.1　字典

字典是初学者经常忽略的超级强大的数据结构。它为大量常见的编程问题提供了解决方案。字典使用起来就像列表，但是它的元素是通过键值（而不是数值索引）的方式被访问的。因此，一个 Python 字典就是一个（无序的）键值对序列。

字典的字面值包含逗号分隔的键值对。键和它对应的值用冒号分隔，再整体包含到一组大括号{}中。

关于字典的键与值，需要强调以下几点：

① 键具有唯一性，字典中不允许出现相同的键，但是不同的键允许对应相同的值。

② 字典中的键必须是不可变的类型，一般是字符串、数字或者元组，而值却可以是任何数据类型。也就是值可以是一个列表，但键不能是列表，因为列表的值可以修改，但字典的键不允许修改。

③ 如果在字典的定义中确实需要使用多个子元素联合充当键，需要使用元组。

6.1.1　创建字典

创建字典的方法主要有以下几种：

1. 直接创建字典

语法：字典名＝{键：值，键：值，……}

```
>>> dict1={}
>>> dict1
{}
>>> type(dict1)
<class 'dict'>
>>> dict2={"苏":"江苏","皖":"安徽","浙":"浙江","沪":"上海"}
>>> dict2
{'苏':'江苏','皖':'安徽','浙':'浙江','沪':'上海'}
```

2. 使用内置函数 dict()创建字典

此方法适用于一组双元素序列转换为字典。

```
>>> dict()                          # 创建空字典
```

```
{}
>> dict3=dict("苏"="江苏","皖"="安徽","浙"="浙江","沪"="上海")
SyntaxError: expression cannot contain assignment, perhaps you meant "=="?
>>> dict3=dict(苏="江苏",皖="安徽",浙="浙江",沪="上海")
>>> dict3
{'苏': '江苏', '皖': '安徽', '浙': '浙江', '沪': '上海'}
```

从这个例子可以看出,通过 dict()函数创建字典时,字典的键为字符,不能加引号。字典创建后,键值自动识别为字符。

```
>>> items=[('苏','江苏'),('皖','安徽'),('浙','浙江'),('沪','上海')]
>>> dict4=dict(items)
>>> dict4
{'苏': '江苏', '皖': '安徽', '浙': '浙江', '沪': '上海'}
>>> items=[['苏','江苏'],['皖','安徽'],['浙','浙江'],['沪','上海']]
>>> dict5=dict(items)
>>> dict5
{'苏': '江苏', '皖': '安徽', '浙': '浙江', '沪': '上海'}
```

从以上例子可以看出,具有双元素的列表和元组都可自动转换为字典的键和值。

3. 用 fromkeys()方法创建字典

适用于创建一个所有值都相等的字典。相当于为多个键设置同一个默认值。

语法:字典.fromkeys(seq[,value])

其中,seq 为键的序列,value 为所有键对应的默认值。

```
>>> ginfo={}.fromkeys((' mayue',' lilin',' wuyun'),3000)
>>> print(ginfo)
{' lilin':3000,' mayue':3000,' wuyun':3000}
```

4. 通过 zip()函数和 dict()函数将两个列表组合为字典

zip() 函数用于将可迭代的对象作为参数,将对象中对应的元素打包成一个个元组,然后返回由这些元组组成的对象,这样做的好处是节约不少内存空间。

如果各个迭代器的元素个数不一致,则返回列表长度与最短的对象相同,利用 * 号操作符,可以将元组解压为列表。

语法:zip([iterable, ...])

其中,iterable 是一个或多个迭代器;返回值为一个 zip 对象。

```
>>> a=[1,2,3]
>>> b=[4,5,6]
>>> c=[4,5,6,7,8]
>>> zipped=zip(a,b)        # 返回一个对象
>>> zipped
<zip object at 0x103abc288>
>>> for item in zip(a,b):   #返回的 zip 对象可作为循环迭代器
        print(item)
(1, 4)
```

```
(2, 5)
(3, 6)
>>> list(zipped)            # list() 将 zip 对象转换为列表
[(1, 4), (2, 5), (3, 6)]
>>> list(zip(a,c))           #新列表元素个数与元素最少的列表元素个数一致
[(1, 4), (2, 5), (3, 6)]
```

与 zip 相反,zip(*) 可理解为解压,返回二维矩阵式。

```
>>> a1, a2=zip( * zip(a,b))
>>> list(a1)
[1, 2, 3]
>>> list(a2)
[4, 5, 6]
>>> dict(zip([' one', ' two', ' three'], [1, 2, 3]))    # 映射函数方式来构造字典
{' three': 3, ' two': 2, ' one': 1}
>>> names=[' Mayue', ' Lilin', ' Wuyun']
>>> salaries=[3000, 4500, 8000]
>>> dict(zip(names,salaries))
{' Mayue': 3000, ' Lilin': 4500, ' Wuyun': 8000}
```

存储双元素的可以是元组,也可以是列表,但一定只能包含两个元素。第一个元素充当键,第 2 个元素充当值。

注意:

① 每个键与值用冒号隔开,每个键值对用逗号分隔,整体放在大括号中。

② 键必须独一无二,但值则可以相同。

③ 值可以取任何数据类型,但键必须是不可变的,如字符串、数值或元组。

6.1.2 字典操作

一、访问字典的键和值

字典存储的若干条目都是无序的。字典没有索引的概念,只能通过键访问条目。

语法:字典名[键]

```
>>> dict1={'苏': '江苏', '皖': '安徽', '浙': '浙江', '沪': '上海'}
>>> dict1["苏"]
'江苏'
>>> dict1["京"]
Traceback (most recent call last):
  File "<pyshell#94>", line 1, in <module>
    dict1["京"]
KeyError: '京'
```

访问字典时,如果使用一个不存在的键,则会引起系统报错;如果试图用索引访问字典,同样也是一个错误操作。

如果字典中的值是一个序列，可以进一步通过[索引值]的方式访问值序列中的子元素。

```
>>> dict1["皖"][1]        #访问字典中"皖"键值所对应的值的第2项。
'徽'
```

二、添加条目和修改条目

字典名[键]=值

此语句是一个双重操作，键在字典中存在时，执行的是修改条目操作；键在字典中不存在时，执行的是添加条目操作。

```
>>> dict2={'苏':'江苏','皖':'安徽','浙':'浙江','沪':'上海'}
>>> dict2["苏"]="江苏省"    #键在字典中出现，表示修改键值
>>> dict2
{'苏':'江苏省','皖':'安徽','浙':'浙江','沪':'上海'}
>>> dict2["赣"]="江西"    #键未在字典中出现，表示添加条目
>>> dict2
{'苏':'江苏省','皖':'安徽','浙':'浙江','沪':'上海','赣':'江西'}
```

三、删除字典条目和字典

1. 使用del命令删除指定条目

语法：del 字典名[键]

该命令的功能是删除指定条目，如果指定的键不存在，则出错。

```
>>> dict3={'苏':'江苏','皖':'安徽','浙':'浙江','沪':'上海'}
>>> del dict3["浙"]
>>> dict3
{'苏':'江苏','皖':'安徽','沪':'上海'}
>>> del dict3["鲁"]
Traceback (most recent call last):
  File "<pyshell#104>", line 1, in <module>
    del dict3["鲁"]
KeyError: '鲁'        #键错误，字典中找不到该键
```

2. 使用pop()方法删除指定条目

语法：字典名.pop(键,默认值)

该方法能删除指定键所对应的字典条目，并返回该键所对应的值。默认值参数是当字典中不存在该键时所返回的信息。不指定默认值时，什么也不返回。

```
>>> dict3={'苏':'江苏','皖':'安徽','浙':'浙江','沪':'上海'}
>>> dict3.pop("皖")
'安徽'
>>> dict3
{'苏':'江苏','浙':'浙江','沪':'上海'}
>>> dict3.pop("鲁","无此条目")
'无此条目'
```

注意：

① 当不确定指定的键在字典中是否存在时，需要给出默认值，否则删除字典中不存在

的条目时系统会报错。

② 使用该方法时,最少要包含一个用于指定键的参数,如果参数都缺省的话,系统会报错。

3. 用 popitem()方法随机删除字典条目

语法:字典名. popitem()

该方法的功能是直接随机删除并返回某个完整的条目。

```
>>> dict3={'苏':'江苏','皖':'安徽','浙':'浙江','沪':'上海'}
>>> item=dict3.popitem()
>>> item         # item 是一个 tuple(元组)类型
('沪','上海')
>>> dict3.popitem()
('浙','浙江')
```

这里需要注意,popitem()是一个无参方法,它不能指定要删除的条目。

4. 用 clear()方法清空字典条目

语法:字典名. clear()

该方法可以一次性清空字典所有条目。

```
>>> dict3={'苏':'江苏','皖':'安徽','浙':'浙江','沪':'上海'}
>>> dict3.clear()
>>> dict3
{}
```

注意:虽然删除了所有条目,但依然是一个字典(空字典)。

5. 直接删除整个字典

语法:del 字典名

直接删除字典本身,从内存中注销掉该字典对象。

```
>>> dict3={'苏':'江苏','皖':'安徽','浙':'浙江','沪':'上海'}
>>> del dict3
>>> dict3
Traceback (most recent call last):
  File "<pyshell#119>", line 1, in <module>
    dict3
NameError: name 'dict3' is not defined
```

四、查找字典条目

1. 成员运算符 in

语法:键 in 字典

该运算符的功能是判断字典中是否存在该键值,如果存在该键就返回 True,否则返回 False。

```
>>> dict4={'苏':'江苏','皖':'安徽','浙':'浙江','沪':'上海'}
>>> "沪" in dict4
True
>>> "鲁" in dict4
False
```

2. 用 get()方法获取条目的值

语法:字典名. get(键,默认值)

该方法的功能是从指定字典中获取指定键所对应的值,如果指定的键在字典中不存在,则返回默认值参数。

```
>>> dict4={'苏':'江苏','皖':'安徽','浙':'浙江','沪':'上海'}
>>> dict4.get("皖")
'安徽'
>>> dict4.get("鲁","该键不存在")
'该键不存在'
>>> dict4.get("鲁")
>>> print(dict4.get("鲁"))
None
```

如字典中既不存在对应的条目,方法也没给出默认值,则系统执行语句,但不返回任何信息。

例 6.1　列表 ls 中存储了我国 39 所 985 高校所对应的学校类型,请以这个列表为数据变量,编写 Python 代码,统计输出各类型的数量。

分析:这是一个典型的频率统计算法,可以借助于字典实现。

```
1   ls = ["综合", "理工", "综合", "综合", "综合", "综合", "综合", "综合", \
2           "综合", "综合", "师范", "理工", "综合", "理工", "综合", "综合", \
3           "综合", "综合", "综合", "理工", "理工", "理工", "理工", "师范", \
4           "综合", "农林", "理工", "综合", "理工", "理工", "理工", "综合", \
5           "理工", "综合", "综合", "理工", "农林", "民族", "军事"]
6   d = {}
7   for word in ls:
8       d[word] = d.get(word, 0) + 1
9   for k in d:
10      print("{}:{}".format(k, d[k]))
```

运行程序,结果如下:

```
综合:20
理工:13
师范:2
农林:2
民族:1
军事:1
```

6.1.3　字典的应用

一、字典遍历

1. 遍历字典中所有的键——keys()方法

语法:字典名. keys()

返回字典所有键组成的 dict_keys 类型序列。

```
>>> dict1={'苏':'江苏','皖':'安徽','浙':'浙江','沪':'上海'}
>>> dict1.keys()
dict_keys(['苏','皖','浙','沪'])
```

key()方法配合 for 循环一起使用时就可以遍历字典中每一个键。

```
>>> dict1={'苏':'江苏','皖':'安徽','浙':'浙江','沪':'上海'}
>>> for key in dict1.keys():
        print(key,end=" ")
苏 皖 浙 沪
>>> for key in dict1.keys():
        print("{}是{}的简称。".format(key,dict1[key]))        #输出键和键所对应的值
苏是江苏的简称。
皖是安徽的简称。
浙是浙江的简称。
沪是上海的简称。
```

2. 遍历字典中所有的值——values()方法

values()方法配合 for 循环一起使用时就可以遍历字典中每一个值。

```
>>> dict1={'苏':'江苏','皖':'安徽','浙':'浙江','沪':'上海'}
>>> dict1.values()
dict_values(['江苏','安徽','浙江','上海'])
```

因为字典的值无法映射到对应的键,因此无法遍历完整的条目信息。如果仅需要提取字典各条目的值时,可以使用此方法。

3. 遍历字典中所有的条目——items()方法

items()方法能以元组的形式“(键,值)”来返回所有的条目。

```
>>> dict1={'苏':'江苏','皖':'安徽','浙':'浙江','沪':'上海'}
>>> dict1.items()
dict_items([('苏','江苏'),('皖','安徽'),('浙','浙江'),('沪','上海')])
>>> for item in dict1.items():
        print(item,end=" ")
('苏','江苏') ('皖','安徽') ('浙','浙江') ('沪','上海')
>>> type(dict.items())
<class ' dict_items'>
```

从返回结果可以看出,其返回的键和值组成了由元组构成的迭代器。所以,我们还可以将每个元组元素解包赋值给两个不同的量,使得一次循环就能同时获得该字典条目的键和值。

```
>>> for key,value in dict1.items():
        print("{}:{}".format(key,value))
苏:江苏
皖:安徽
浙:浙江
沪:上海
```

二、字典排序

内置函数 sorted():将字典中的键按照字母顺序排列成有序的列表,但字典本身的值并没有发生改变。字典不支持对条目进行排序。

```
>>> dict2={'苏':'江苏','皖':'安徽','浙':'浙江','沪':'上海'}
>>> sorted(dict2)
['沪','浙','皖','苏']
```

函数返回字典键组成的列表,字典本身内容不改变,但可以依据列表中键的次序依次访问字典的相应键值,可以实现按顺序输出。

这里我们可以发现,汉字排序后,我们无法理解其顺序,其原因是 Python 中默认的字符编码为 Unicode 编码,所有汉字其实是按照 Unicode 编码值顺序排列。

```
>>> sortlist=sorted(dict2)
>>> for key in sortlist:
        print(key,dict2[key])
沪 上海
浙 浙江
皖 安徽
苏 江苏
```

如果需要按值的顺序排列字典条目,则需先利用列表生成式将字典转换成列表,并交换键与值的位置。

```
>>> dict2={'苏':'江苏','皖':'安徽','浙':'浙江','沪':'上海'}
>>> listvk=[(v,k) for k,v in dict2.items()]
>>> listvk
[('江苏','苏'),('安徽','皖'),('浙江','浙'),('上海','沪')]
>>> listvk.sort()
>>> listvk
[('上海','沪'),('安徽','皖'),('江苏','苏'),('浙江','浙')]
>>> listkv=[(k,v) for v,k in listvk]
>>> listkv
[('沪','上海'),('皖','安徽'),('苏','江苏'),('浙','浙江')]
```

其实,这种方法实现排序很麻烦,在本书后续的函数章节中学完 lambda 匿名函数后,字典排序一般直接通过 lambda 函数来实现,不需要进行如此烦琐的转换。当然,即使采用 lambda 函数处理后,排序的结果也不再是字典,而是一个列表。主要是因为字典本身是无序的。

如果存在字典 dic={1:3, 5:9, 3:2, '1':4, 6:2, 4:8},完成排序后要求结果显示为以下形式:

```
{1:3, '1':4, 3:2, 4:8, 5:9, 6:2}
```

我们可以采用何种方式来实现?

三、字典的合并

1. 使用 for 循环

通过 for 循环遍历字典,将其中的条目逐条加到另一个字典中。

```
>>> dict31={'苏':'江苏','皖':'安徽','浙':'浙江','沪':'上海'}
>>> dict32={"京":"北京","津":"天津","沪":"上海"}
>>> for k,v in dict32.items():
      dict31[k]=v
>>> dict31
{'苏':'江苏','皖':'安徽','浙':'浙江','沪':'上海','京':'北京','津':'天津'}
```

2. 使用字典的 update()方法

语法:字典名.update(参数字典名)

以更为简洁的方式实现了字典与字典的合并。参数字典的内容不会发生改变。

```
>>> dict31={'苏':'江苏','皖':'安徽','浙':'浙江','沪':'上海'}
>>> dict32={"京":"北京","津":"天津","沪":"上海"}
>>> dict31.update(dict32)
>>> dict31
{'苏':'江苏','皖':'安徽','浙':'浙江','沪':'上海','京':'北京','津':'天津'}
```

update()方法把一个字典的关键字和值合并到另一个字典,如果出现键值相同的条目,它直接覆盖相同键的值,所以使用此方法时要慎重,以免造成数据丢失。

3. 使用 dict()函数

将一组双元素序列转换为字典。

先将两个字典条目对应的所有双元素元组合成一个列表,然后再使用 dict()函数将合并后的列表转换为字典。

```
>>> dict31={'苏':'江苏','皖':'安徽','沪':'上海 1'}
>>> dict32={"京":"北京","津":"天津","沪":"上海 2"}
>>> dict3=dict(list(dict31.items())+list(dict32.items()))
>>> dict3
{'苏':'江苏','皖':'安徽','沪':'上海 2','京':'北京','津':'天津'}
```

从上面的代码运行结果可以看出,两个键值相同的条目,只保留了第 2 个字典中的键值。

其实,我们还可以将第二个字典直接作为参数传递到 dict()函数中,只要在第二个参数的字典名之前加上两个星号“**”,告诉系统,这不是普通参数,这是字典名。相关知识在下一章“函数”中会学到。

```
>>> dict31={'苏':'江苏','皖':'安徽','沪':'上海 1'}
>>> dict32={"京":"北京","津":"天津","沪":"上海 2"}
>>> dict3=dict(dict31,**dict32)
>>> dict3
{'苏':'江苏','皖':'安徽','沪':'上海 2','京':'北京','津':'天津'}
```

6.1.4 字典的其他函数和方法

字典的其他函数和方法见表 6.1。

表6.1　字典的其他函数和方法

函数和方法	功能
len(dict)	计算字典元素个数，即键的总数
str(dict)	输出字典可打印的字符串表示
dict.copy()	返回一个字典的浅复制
dict.setdefault(key, default=None)	和get()类似，但如果键不存在于字典中，将会添加键并将值设为default

1. len()函数

返回字典条目的个数。

语法：len(字典名)

```
>>> dict1={'苏':'江苏','皖':'安徽','沪':'上海'}
>>> len(dict1)
3
```

2. str()函数

返回字典中所有可显示字符。

语法：str(字典名)

```
>>> d={'苏':'江苏\t','皖':'安徽','浙':'浙江','沪':'上海'}
>>> str(d)
"{'苏':'江苏\\t','皖':'安徽','浙':'浙江','沪':'上海'}"
```

注意：此处\\已不是转义符，而是代表字符原意，表示字符串中此处有一个反斜杠。

3. copy()方法

语法：字典名.copy()

```
>>> dict1={"苏":["江苏",123],"皖":"安徽","浙":"浙江","沪":"上海"}
>>> dict2=dict1.copy()
>>> dict2
{'苏':['江苏',123],'皖':'安徽','浙':'浙江','沪':'上海'}
>>> dict1["苏"][1]=234
>>> dict2
{'苏':['江苏',234],'皖':'安徽','浙':'浙江','沪':'上海'}
```

4. setdefault()方法

setdefault()方法也用于根据键(key)来获取对应的值(value)。但该方法有一个额外的功能，即当程序要获取的键(key)在字典中不存在时，该方法会先为这个不存在的键(key)设置一个默认的值(value)，然后再返回该键(key)对应的值(value)。

```
>>> dict3={'苏':'江苏','皖':'安徽','浙':'浙江','沪':'上海'}
```

有字典dict3如上所示，字典中不存在条目{"鲁":"山东"}。

```
>>> dict3.setdefault("鲁","山东")
'山东'
>>> dict3
{'苏':'江苏','皖':'安徽','浙':'浙江','沪':'上海','鲁':'山东'}
```

通过调用 setdefault()方法后,字典 dict3 显示的内容可看到,字典中已经自动增加了{"鲁","山东"}这个条目。

6.2 集合

集合(set)体现了在编程中常用的一个数学概念:一个集合中的元素必须是唯一的。在 Python 中,集合和字典有很多相似的地方。

集合在 Python 中的类型是 set。关于字典键的基本规则同样也适用于集合。也就是说,集合里的元素必须是不可变的,并且是唯一的。

set()函数的默认返回值是空集。这也是唯一能表达一个空集的方式,因为{}已经被用来表示一个空字典。set()函数可以接受任意类型的可迭代对象作为参数,把它们转换为一个集合,并自动去除重复数据项。

(1) 集合是一个无序不重复元素的序列(由于集合是无序的,所以不支持索引),集合的元素不能为可变类型(列表、字典、集合)。

(2) 可以使用 { }或 set( ) 创建集合,但是创建一个空集合时,只能使用 set()。

(3) 集合的特点:

① 无序性:集合中每个元素的地位是相同的,元素之间是无序的。

② 互异性:一个集合中,每个元素只能出现一次,任何元素之间都是不相同的。

③ 确定性:给定一个集合,给定一个元素,该元素或属于该集合,或不属于该集合。

6.2.1 集合的创建

一、创建空集合

创建空集合不能直接用一对空大括号{}表示,而要用不带参数的 set()函数表示。

一对空大括号{}表示创建一个空字典。

```
>>> s=set()
>>> s
set()
>>> type(s)
<class ' set'>
```

二、直接创建集合

直接将元素放在一对大括号{}中,元素必须是不可变的,元素与元素之间也要保证互不相同。

s={元素 1,元素 2,……}

由于集合的元素必须是不可变的,而列表或字典元素是可变序列,因此无法作为集合元素。而整型量、浮点型量、复型量、字符型和元组都是不可变的,它们可以作为集合元素。

```
>>> s={'张良','韩信','陈平','曹参','萧何','周勃','樊哙','灌婴'}
```

三、使用 set()函数创建集合

set()函数用来将序列转换为集合,在转换的过程中,重复的元素只会保留一个。由于集合内部存储的元素是无序的,因此输出顺序和原列表的顺序有可能是不同的。

```
>>> s1 = set("范增,龙且,季布,钟离眜,虞子期,龙且".split(","))
>>> s1
{'龙且', '虞子期', '范增', '季布', '钟离眜'}
>>> s2 = set("Hello world")
>>> s2
{'H', 'o', 'w', ' ', 'r', 'l', 'd', 'e'}
>>>s3 = set(1231)
Traceback (most recent call last):
  File "<pyshell#56>", line 1, in <module>
    s3 = set(1231)
TypeError: 'int' object is not iterable
```

从以上举例可以看出，set()函数的参数必须是一个序列(如列表、字符串等)，当参数为单独整数时，系统会报错。

6.2.2　集合的操作

一、集合的访问

由于集合是无序的，不记录元素位置或者插入点，因此不支持索引、切片或其他类序列的操作。

集合元素的访问有以下两种方式：

(1) 通过集合名作整体输出

```
>>> s={'张良','韩信','陈平','曹参','萧何','周勃','樊哙','灌婴'}
>>> s[1]
Traceback (most recent call last):
  File "<pyshell#25>", line 1, in <module>
    s[1]
TypeError: 'set' object is not subscriptable
>>> s
{'张良', '周勃', '曹参', '灌婴', '萧何', '樊哙', '韩信', '陈平'}
```

(2) 通过 for 循环实现元素遍历

```
>>> for x in s:
print(x,end=" ")
张良 周勃 曹参 灌婴 萧何 樊哙 韩信 陈平
```

二、添加元素

1. s.add(item)

item 只能是不可变的数据、单个的数据或元组，此方法将会把 item 作为集合的一个元素添加进去。

```
>>> s = {'张良', '周勃', '曹参', '灌婴'}
>>> s.add({'萧何', '樊哙' })
Traceback (most recent call last):
  File "<pyshell#18>", line 1, in <module>
    s.add({'萧何', '樊哙'})
```

```
TypeError: unhashable type: 'set'
>>> s.add(('萧何', '樊哙'))
>>> s
{'张良', '周勃', '曹参', '灌婴', ('萧何', '樊哙')}
```

从以上举例中可以看出,集合是可变数据,不能作为元素添加到集合中,而单个数据和元组都是不可变数据,可以作为一个元素添加到集合中。

2. s. update(item)

item 可以是可变数据,也可以是数据序列。

```
>>> s.update({'韩信','陈平'})
>>> s
{'张良','周勃','曹参','灌婴',('萧何','樊哙'),'韩信','陈平'}
#此处'韩信','陈平'是集合的两个元素,不是一个元素
```

注意:

① 通过 add(item)方法可以添加元素到 set 中,将 item 作为一个整体,可以重复添加,但不会有效果。

② update(item)方法,将另一个对象更新到已有的集合中,如果 item 是组合数据类型,则里面的每个元素将形成集合的多个新元素。这一过程同样会进行去重。关键字相同,保留最新值。

三、删除元素

1. remove()方法

语法:集合名. remove(item)

将指定元素 item 从集合中删除,如 item 不存在,系统报错。

```
>>> s={'张良','韩信','陈平','曹参'}
>>> s.remove('陈平')
>>> s
{'曹参','张良','韩信'}
>>> s.remove('萧何')
Traceback (most recent call last):
  File "<pyshell#33>", line 1, in <module>
    s.remove('萧何')
KeyError: '萧何'
```

2. discard() 方法

语法:集合名. discard(item)

将指定元素 item 从集合中删除,如 item 不存在,系统正常执行,无任何输出。

```
>>> s={'张良','韩信','陈平','曹参'}
>>> s.discard('萧何')
>>> s
{'曹参','张良','韩信','陈平'}
```

3. pop()方法

语法:集合名. pop()

从集合中随机删除并返回一个元素。

```
>>> s={'张良','韩信','陈平','曹参'}
>>> s.pop()
'曹参'
>>> s
{'张良','韩信','陈平'}
>>> s.pop(1)
Traceback (most recent call last):
  File "<pyshell#47>", line 1, in <module>
    s.pop(1)
TypeError: pop() takes no arguments (1 given)
```

4. clear()方法

语法:集合名.clear()

清空集合中的所有元素。

```
>>> s={'张良','韩信','陈平','曹参'}
>>> s.clear()
>>> s
set()        #表示空集合
```

通过 remove(item)方法或 pop()方法均可删除元素,但需要注意,pop()方法无法设置参数,也无法删除指定元素。

四、成员判断

item in s 或者 item not in s。

判断元素 item 是否在集合 s 中,返回 True 和 False。

```
>>> s={'张良','韩信','陈平','曹参'}
>>> '韩信' in s
True
>>> '萧何' not in s
True
```

6.2.3　集合的基本运算

假设存在 seta 和 setb 两个集合,具体数据如下:

```
>>> seta=set("abcd")
>>> setb=set("cdef")
```

1. 子集

子集,为某个集合中一部分的集合,故亦称为部分集合。

使用操作符“<”执行子集操作,同样地,也可使用方法 issubset()完成。

```
>>> setc=set("ab")
>>> setc<seta
True
>>> setc<setb
False
```

```
>>> setc.issubset(seta)
True
```

其实,子集运算相当于集合之间的关系运算,通过关系运算符实现,所以子集运算符不止“<”,还有“>”“>=”“<=”等符号,比下面所讲的运算符优先级要低。

2. 并集

一组集合的并集是这些集合的所有元素构成的集合,但不包含其他元素。

使用操作符“|”执行并集操作,同样地,也可使用方法 union()完成。

```
>>> seta=set("abcd")
>>> setb=set("cdef")
>>> seta|setb
{'d', 'a', 'f', 'c', 'b', 'e'}
>>> seta.union(setb)
{'d', 'a', 'f', 'c', 'b', 'e'}
```

3. 交集

两个集合 seta 和 setb 的交集是含有所有既属于 seta 又属于 setb 的元素,且没有其他元素的集合。

使用“&”操作符执行交集操作,同样地,也可使用方法 intersection()完成。

```
>>> seta&setb
{'c', 'd'}
>>> seta.intersection(setb)
{'c', 'd'}
```

4. 差集

集合 seta 与集合 setb 的差集是所有属于 seta 且不属于 setb 的元素构成的集合。

使用操作符“-”执行差集操作,同样地,也可使用方法 difference()完成。

```
>>> seta-setb
{'b', 'a'}
>>> seta.difference(setb)
{'b', 'a'}
```

5. 对称差集

两个集合的对称差集是指只属于其中一个集合而不属于另一个集合的元素组成的集合。

使用“^”操作符执行对称差集操作,同样地,也可使用方法 symmetric_difference()完成。

```
>>> seta^setb
{'a', 'f', 'b', 'e'}
>>> seta.symmetric_difference(setb)
{'a', 'f', 'b', 'e'}
```

这里我们要注意,集合的并集、交集、差集、对称差集四种运算本身存在运算优先级,差集优先级最高,其次是交集,然后是对称差,并集优先级最低。因此我们在一个集合运算表达式中,如果出现多个集合运算符,一定要注意利用圆括号来提高某些优先级低的运算。

6.3　综合应用

例 6.2　有字符串 "k：1|k1：2|k2：3|k3：4"，处理成字典{'k'：1，'k1'：2，…}。

设计思路：

我们首先要将字符串以竖线"|"为分隔符拆分成列表，再将列表的每个元素以冒号"："为分隔符拆分成字典的键和值。

```
1  str1 = "k:1|k1:2|k2:3|k3:4"
2  dic = {}
3  lst = str1.split("|")
4  for l in lst:
5      lst2 = l.split(":")
6      dic[lst2[0]] = eval(lst2[1])
7  print(dic)
```

其实我们还可以充分利用列表生成式，直接产生一个两个值构成一个元素的列表，然后通过 dict()函数转换为字典，修改后代码如下：

```
1  str1="k:1|k1:2|k2:3|k3:4"
2  lst=[[x[0],eval(x[1])] for x in [y.split(":") for y in str1.split("|")]]
3  dic=dict(lst)
4  print(dic)
```

例 6.3　罗马数字包含以下七种字符(字母大写)：I，V，X，L，C，D，M 对应关系如下：I＝1，V＝5，X＝10，L＝50，C＝100，D＝500，M＝1000

比如 3 表示为 III，也就是 1＋1＋1＝3

XII 表示 10＋1＋1 ＝ 12

MD 表示 1000＋500 ＝1500

一般来说，大的数字出现在小的数字的左边，但也存在下列情况：IV＝4，IX＝9，XL＝40，XC＝90，CD＝400，CM＝900

输入一个罗马数字数串，计算对应的 10 进制整数数值并输出。

```
1  d={'I':1,'V':5,'X':10,'L':50,'C':100,'D':500,'M':1000,
2     'IV':3,'IX':8,'XL':30,'XC':80,'CD':300,'CM':800}
3  s=input()
4  t=0
5  for i in range(len(s)):
6      if s[i-1:i+1] in d:
7          t+=d[s[i-1:i+1]]
8      else:
9          t+=d[s[i]]
10 print(s,t)
```

例 6.4　随机生成 1000 个[20，100]范围内的整数，升序输出所有不同的数字及每个数字重复的次数。

设计思路:

统计数字出现的频率,最好是用字典来表示,数字当键,次数当值。

```
1   import random
2   nums = []
3   for i in range(1000):       #产生 1000 个数
4         num = irandom.randint(20,100)
5         nums.append(num)
6   # print(nums)
7   sort_nums = sorted(nums)    #对数据排序，在构造字典的时候就会按升序出现
8   dict = {}
9   for i in    sort_nums:
10          dict[i] = dict.get(i,0)+1
11  n = 0
12  for k,v in dict.items():
13        print("{}:{:2d}".format(k,v),end = "\t")
14        n += 1
15        if n%8==0:print()
```

运行程序,结果如下:

```
20:12   21:6    22:14   23:14   24:8    25:11   26:16   27:14
28:10   29:14   30:8    31:11   32:13   33:12   34:9    35:15
36:12   37:12   38:6    39:17   40:7    41:8    42:8    43:15
44:18   45:12   46:16   47:22   48:16   49:9    50:14   51:12
52:16   53:16   54:14   55:10   56:12   57:12   58:17   59:16
60:14   61:14   62:12   63:6    64:14   65:11   66:14   67:13
68:10   69:20   70:15   71:15   72:18   73:11   74:11   75:8
76:11   77:14   78:15   79:14   80:11   81:14   82:12   83:7
84:7    85:17   86:6    87:18   88:9    89:12   90:8    91:7
92:13   93:11   94:8    95:11   96:11   97:11   98:10   99:18
100:15
```

例 6.5　统计单词的重复次数。由用户输入一句英文句子,此处假定单词之间以空格为分隔符,并且不包含任何标点(,和.)。打印出每个单词及其重复的次数。例如:

输入:

```
"hello java hello python"
```

输出:

```
hello 2
java 1
python 1
```

设计思路:

首先我们要将输入的英文句子以空格为分隔符拆分成列表,然后运用字典完成对列表中每个单词的词频统计。

```
1   sentence = input('sentence:')    # 接收用户输入一句英文句子
2   # print(sentence.split(' '))
3   split_sentence = sentence.split(' ')    #将接收的英文句子分离
4   dict = {}
5   for i in  split_sentence:    #存入字典，key--每个单词 value--单词重复的次数
6       if i not in dict:
7           dict[i] = 1
8       else:
9           dict[i] += 1
10  for key,value in dict.items():    #按要求输出
11      print(key,value)
```

运行程序,结果如下:

```
sentence:hello java hello python
hello 2
java 1
python 1
```

此题需要注意,如果输入的英文句子中存在标点符号,我们在进行频率统计之前,还需要将英文句子中的标点符号清除。可用以下代码来实现。

```
1   str1=input("请输入英文句子:")
2   bd=[",",".","?",":","\"","'","!"]
3   for s in bd:
4       str1=str1.replace(s," ")
5   words=str1.split()
6   dic1={}
7   for word in words:
8       dic1[word]=dic1.get(word,0)+1
9   print(dic1)
```

例 6.6　统计车流量。从某个高速入口监控采集到车牌信息中,统计经过该入口的车流在各省的车辆分布情况。

设计思路:

假定已经从监控数据中获取了车牌信息,并存放在列表 cars 中,本例主要是对列表数据进行统计,并通过字典保存统计结果。

```
1   # coding:utf-8
2   # 统计每个省的车辆数目
3   cars = ['苏A', '沪B', '沪C', '皖A', '苏K','苏L','皖K','苏E']
4   locals1 = {'沪': '上海', '苏': '江苏', '皖': '安徽'}
5   dic = {}
6   for car in cars:
7       if dic.get(car[0]):
8   # 如果能通过get方法获得数据, 那么加1即可, 否则初始化为1
9           dic[car[0]] += 1
10      else:
```

```
11            dic[car[0]] = 1
12    for k,v in dic.items():
13        print("属于{}的汽车有{}辆。".format(locals1[k],v))
```

运行程序,结果如下:

属于江苏的汽车有 4 辆。

属于上海的汽车有 2 辆。

属于安徽的汽车有 2 辆。

例 6.7 某班级统计了全班同学的通讯录后发现忘记统计邮箱地址,于是又补充统计了一份邮箱表,现在想把这两张表的数据合并。部分未登记邮箱的默认 QQ 邮箱。

通讯录表

姓名	性别	手机号码	QQ
李明	男	1893435678	34623419
杨柳	女	1876655432	64562318
张一凡	男	1774354328	17456238
许可	女	1804532674	34556220
王小小	女	1893452177	63452319
陈心	女	1874632145	13455639

邮箱统计表

姓名	邮箱
李明	Liming@163. cn
张一凡	yfzhang@126. cn
王小小	xixowang@qmail. cn
陈心	Chenxin_88@sina. com

设计思路:

本题主要是实现字典的合并,我们可以将两张表格的数据建立成字典,然后通过遍历通讯录字典,将邮箱统计字典的数据添加进去。

代码如下:

```
1     txl = {"李明":["男","1893435678","34623419"],
2            "杨柳":["女","1876655432","64562318"],
3            "张一凡":["男","1774354328","17456238"],
4            "许可":["女","1804532674","34556220"],
5            "王小小":["女","1893452177","63452319"],
6            "陈心":["女","1874632145","13455639"]}
7     email = {"李明":"Liming@163.cn",
8              "张一凡":"yfzhang@126.cn",
9              "王小小":"xixowang@qmail.cn",
10             "陈心":"Chenxin_88@sina.com"}
```

```
11  for key,value in txl.items():
12      if key in email:
13          txl[key].append(email[key])
14      else:
15          mail = txl[key][2]+"@qq.com"
16          txl[key].append(mail)
17  print("{:<4}\t{:<2}\t{:<12}\t{:<10}\t{:<25}"
18          .format("姓名","性别","手机号","QQ 号码","邮箱地址"))
19  for key,value in txl.items():
20      print("{:<4}\t{:<2}\t{:<12}\t{:<10}\t{:<25}"
21              .format(key,value[0],value[1],value[2],value[3]))
```

运行程序，结果如下：

```
 姓名    性别    手机号        QQ 号码      邮箱地址
李  明    男    1893435678    34623419    Liming@163.cn
杨  柳    女    1876655432    64562318    64562318@qq.com
张一凡    男    1774354328    17456238    yfzhang@126.cn
许  可    女    1804532674    34556220    34556220@qq.com
王小小    女    1893452177    63452319    xixowang@qmail.cn
陈  心    女    1874632145    13455639    Chenxin_88@sina.com
```

例 6.8　小明想在学校中请一些同学一起做一项问卷调查，为了实验的客观性，他先用计算机生成了 N 个 1～1000 之间的随机整数(N≤1000)，N 是用户输入的，对于其中重复的数字，只保留一个，把其余相同的数字去掉，不同的数对应着不同的学生的学号，然后再把这些数从小到大排序，按照排好的顺序去找同学做调查，请你协助小明完成“去重”与排序工作。

设计思路：

集合可以用来去重，即每生成一个随机数将其加入预先定义的空集合中即可。sorted()函数可以对集合进行排序。

代码：

```
1   import random
2   # 接收用户输入
3   N = int(input('N:'))
4   # 定义空集合;用集合便可以实现自动去重(集合里面的元素是不可重复的)
5   gather = set()
6   # 生成 N 个 1～1000 之间的随机整数
7   for i in range(N):
8       num = random.randint(1,1000)
9       # add:添加元素
10      gather.add(num)
11  print(gather)
12  # sorted: 集合的排序
13  print(sorted(gather))
```

例 6.9 存在三个数据集合 s1、s2、s3。

s1={11,34,25,67,33};s2={22,33,15,66,25};s3={87,63,22,25,76}

现在需要求得以下结果:

① 获取 s1、s2 和 s3 中内容相同的元素列表。

② 获取 s1 中有、s2 中没有的元素列表。

③ 获取 s1 和 s2 中内容都不同的元素。

④ 获取 s1、s2、s3 中都包含的元素。

⑤ 获取 s1、s2、s3 中只出现一次的元素。

设计思路:

本题主要考查集合的运算。充分利用集合的交、并、差及对称差运算来实现题目中要求的功能。

```
1   s1 = {11,34,25,67,33}
2   s2 = {22,33,15,66,25}
3   s3 = {87,63,22,25,76}
4   #1.获取 s1、s2 和 s3 中内容相同的元素列表
5   sres1 = s1 & s2 & s3
6   print(sres1)
7   #2.获取 s1 中有、s2 中没有的元素列表
8   sres2 = s1 - s2
9   print(sres2)
10  #3.获取 s1 和 s2 中内容都不同的元素
11  sres3 = s1 ^ s2
12  print(sres3)
13  #4.获取 s1、s2、s3 中都包含的元素
14  sres4 = s1 & s2 & s3
15  print(sres4)
16  #5.获取 s1、s2、s3 中只出现一次的元素
17  sres5 = (s1 ^ s2 ^ s3)- (s1 & s2 & s3)
18  print(sres5)
```

运行程序,结果如下:

```
{25}
{11, 34, 67}
{66, 34, 67, 22, 11, 15}
{25}
{66, 67, 11, 76, 15, 87, 34, 63}
```

例 6.10 输入整数 n(3<=n<=7),编写程序输出 1,2,…,n 整数组成的全排列,按字典序输出。输入格式:输入正整数 n;输出格式:按字典序输出 1 到 n 的全排列。每种排列占一行,数字间无空格。例如:

输入:

3

输出:

123
132
213
231
312
321

设计思路：

本题要求我们利用 1～n 之间的数字排列组合，利用循环来实现比较麻烦，我们可以事先将 1～n 中的数字以字符方式放入一个列表中，不断打乱列表元素顺序，然后利用字符列表的 join 方法，将其组合成不同排列的数字，当然这里会出现重复值，我们可以利用字典键的唯一性，或者集合元素的唯一性来排除重复值，利用字典，我们除了可以知道所有的排列组合，还可以获取每种排列组合在随机过程中出现的频率。以下代码分别利用集合和字典方式解决问题。

＃方法一，通过集合实现

```
1   import random
2   import math
3   n=int(input())
4   lst=[str(i) for i in range(1,n+1)]
5   count=math.factorial(n)
6   s1=set()
7   while len(s1)<count:
8       random.shuffle(lst)
9       s1.add("".join(lst))
10  sortlst=sorted(s1)
11  for i in range(len(sortlst)):
12      print(sortlst[i],end="\n" if i<len(sortlst)-1 else "")
```

＃方法二，通过字典实现

```
1   import random
2   import math
3   n=int(input())
4   lst=[str(i) for i in range(1,n+1)]
5   count=math.factorial(n)
6   s1={}
7   while len(s1)<count:
8       random.shuffle(lst)
9       s1["".join(lst)]=s1.get("".join(lst),0)+1
10  lstsort=sorted(s1)
11  for i in range(len(lstsort)):
12      print("{}:{}".format(lstsort[i],s1[lstsort[i]]),end="\n" if i<len(lstsort)-1 else "")
```

本题不管是采用集合实现还是采用字典实现，都是利用了集合元素和字典键的唯一性，从而可以排除重复的排列，保留不同的排列组合，采用字典实现同时可以了解每种组合出现的次数。如果不在意次数，则用集合实现比较方便。

第 6 章思维导图

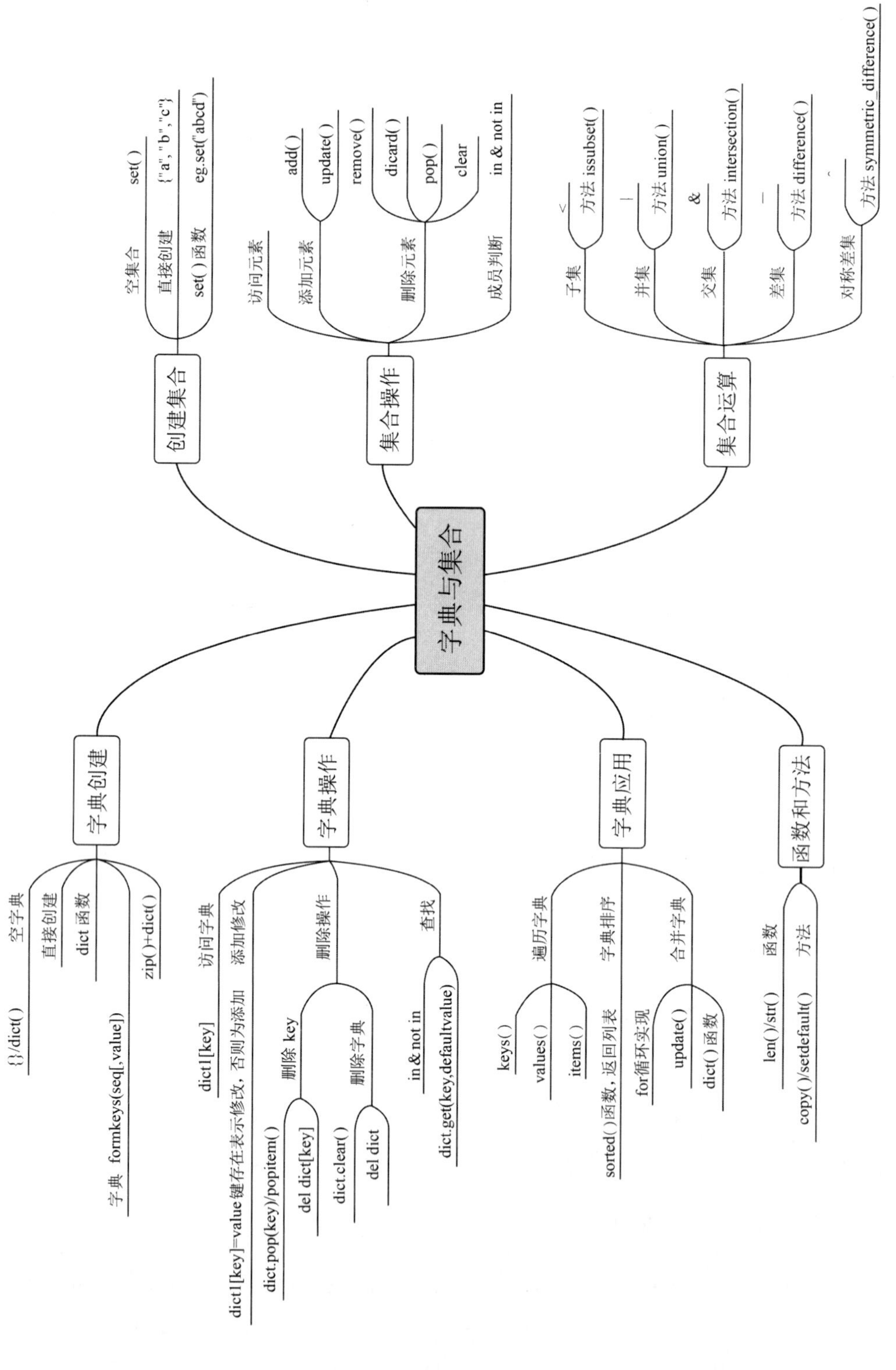

- 字典与集合
  - 字典创建
    - 空字典
      - {}/dict( )
    - 直接创建
    - dict 函数
      - 字典 formkeys(seq[,value])
    - zip( )+dict( )
  - 字典操作
    - 访问字典
      - dict1[key]
    - 添加修改
      - dict1[key]=value 键存在表示修改，否则为添加
    - 删除操作
      - 删除 key
        - dict.pop(key)/popitem( )
        - del dict[key]
      - 删除字典
        - dict.clear( )
        - del dict
    - 查找
      - in & not in
      - dict.get(key,defaultvalue)
  - 字典应用
    - 遍历字典
      - keys( )
      - values( )
      - items( )
    - 字典排序
      - sorted( )函数，返回列表
    - 合并字典
      - for循环实现
      - update( )
      - dict( )函数
  - 函数和方法
    - 函数
      - len( )/str( )
    - 方法
      - copy( )/setdefault( )
  - 创建集合
    - 空集合
      - set( )
    - 直接创建
      - {"a", "b","c"}
    - set( )函数
      - eg.set("abcd")
  - 集合操作
    - 访问元素
    - 添加元素
      - add( )
      - update( )
    - 删除元素
      - remove( )
      - dicard( )
      - pop( )
      - clear
    - 成员判断
      - in & not in
  - 集合运算
    - 子集
      - <
      - 方法 issubset( )
    - 并集
      - |
      - 方法 union( )
    - 交集
      - &
      - 方法 intersection( )
    - 差集
      - –
      - 方法 difference( )
    - 对称差集
      - ^
      - 方法 symmetric_difference( )

第7章　函数

通过前面几章的学习，我们知道 Python 提供了许多内置函数供开发者使用，开发者也可以根据需要自己编写函数，然后进行调用。本章重点介绍 Python 函数的定义和调用、函数的参数、lambda 函数、变量的作用域、函数递归调用等知识，最后通过例题强调函数的使用。定义和使用函数是 Python 程序设计的重要组成部分。

7.1　函数的概念

7.1.1　函数概述

引例：假设需要计算3个半径分别为1.1、2.2、3.3的圆面积及周长，利用前面已经学过的知识，编写的代码可能是这样的：

```
1   #引例.py
2
3   #计算半径为 1.1 的圆面积和周长
4   radius1=1.1
5   area_1=3.14*radius1*radius1
6   perimeter_1=2*3.14*radius1
7   print("半径为{}的圆面积为:{:>5.2f}.".format(radius1,area_1))
8   print("半径为{}的圆周长为:{:>5.2f}.".format(radius1,perimeter_1))
9
10  #计算半径为 2.2 的圆面积和周长
11  radius2=2.2
12  area_2=3.14*radius2*radius2
13  perimeter_2=2*3.14*radius2
14  print("半径为{}的圆面积为:{:>5.2f}.".format(radius2,area_2))
15  print("半径为{}的圆周长为:{:>5.2f}.".format(radius2,perimeter_2))
16
17  #计算半径为 3.3 的圆面积和周长
18  radius3=3.3
19  area_3=3.14*radius3*radius3
20  perimeter_3=2*3.14*radius3
21  print("半径为{}的圆面积为:{:>5.2f}.".format(radius3,area_3))
22  print("半径为{}的圆周长为:{:>5.2f}.".format(radius3,perimeter_3))
```

运行程序，结果如下：

```
半径为1.1的圆面积为：3.80.
半径为1.1的圆周长为：6.91.
半径为2.2的圆面积为：15.20.
```

半径为 2.2 的圆周长为:13.82.
半径为 3.3 的圆面积为:34.19.
半径为 3.3 的圆周长为:20.72.

在程序设计中,有很多操作或运算是完全相同或相似的,只是处理的数据不同。从这个例子可以看出,计算不同半径的圆面积和周长,除了变量名不同,三段代码都非常相似,也就是说大部分代码是重复的。我们固然可以采用对程序段进行复制改写的方法解决问题,但这样不仅烦琐,也会带来程序的冗余。那么,能否只编写一段通用的代码然后重复使用呢?对于这样的问题,就可以使用自定义函数来解决。

函数是一段具有特定功能、可重复使用的语句组,通过自定义的函数名进行表示和调用。它是一段预先定义、可以被多次使用的代码,往往用函数实现一个独立的特定功能。开发者将某项功能相对独立且可能要多次执行的一组操作语句作为一个整体封装起来,就形成了一个函数。使用函数的主要目的就是降低编程难度和增加代码复用。

7.1.2 函数分类

Python 中的函数可分为系统函数和用户自定义函数,见图 7.1。

系统函数是预设的函数,包括内置函数、标准库函数、第三方库函数。在第 2 章中,我们学习了利用 input( )、print( )函数实现数据的输入输出,这样的函数可直接使用,称为内置函数。Python 解释器提供了 68 个内置函数,这些函数不需要引用库而可以直接使用。在安装 Python 程序时会同时安装一些标准库,如 turtle、random 库等,使用时需通过 import 语句导入,在导入后标准库中定义的函数可进行调用,这些函数称为标准库函数。由全球各行专家、工程师和爱好者提供的第三方库需额外安装,安装后第三方库中定义的函数称为第三方库函数。

Python 程序开发者可以根据实际问题的需要在程序中定义合适的函数,通常称这类函数为用户自定义函数。本章将详细介绍用户自定义函数的使用方法。

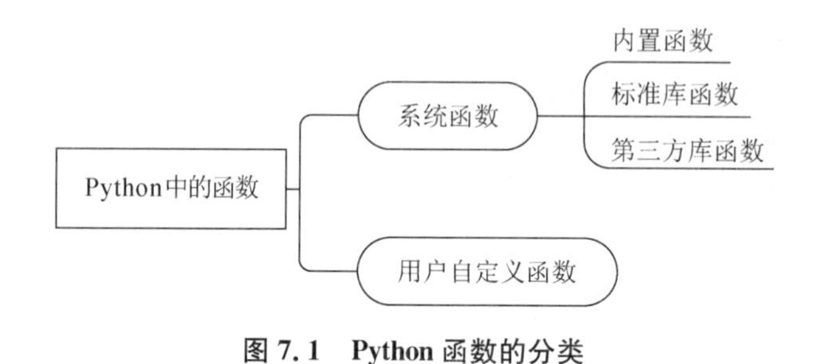

图 7.1 Python 函数的分类

7.2 函数的定义和使用

一般情况下,自定义函数的使用可分为四个步骤:
函数定义、函数调用、函数运行、函数返回值。

7.2.1 函数的定义

函数是一段预先定义、可被多次使用的代码,它往往用来实现一个独立的功能。在使用函数之前，必须先定义函数，然后再使用该函数。

Python 中定义函数主要包括对函数名、函数的参数与函数功能的描述，一般形式如下：

def 函数名（[参数列表]）：

　　函数体

　　[return 返回值]

其中，用 [] 括起来的为可选择部分，既可以使用，也可以省略。

说明：函数定义以关键字 def 开头，当 Python 解释器识别到这个关键词，就知道从此处开始定义函数了。函数定义的第一行称为函数首部，用于对函数的特征进行定义。函数首部以 def 开始，后跟一个空格，空格后是函数名，函数名之后紧跟圆括号，圆括号中是这个函数的参数列表，此处称为形参；圆括号后的冒号必不可少，表示该行的结束。此时函数首部定义完成。函数首部定义完后，函数定义的缩进部分称为函数体，函数体描述了函数的功能。

定义函数时需注意以下几点：

① 函数定义必须放在函数调用前，否则解释器会由于找不到该函数而报错。

② 函数名是标识符，命名必须符合 Python 标识符的规定。

③ 形参不是必需的，即使函数不需要接受任何参数，也必须保留一对空的"( )"，否则 Python 解释器将提示"invaild syntax"错误；形参类型不需要声明，多个形参之间用西文的逗号分隔。

④ 函数体相对 def 必须保持一定缩进，从缩进开始直到取消缩进的部分就是函数体。

⑤ 在函数体中使用 return 语句返回函数结果，但 return 语句不是必需的，如果没有 return 语句，则 Python 默认返回值 None。

7.2.2　函数的使用

下面是几个定义函数的简单示例：

例 7.1　定义一个无参函数。

```
1 | #example7-1.py
2 |
3 | def my_func( ):                    #函数首部
4 |       print("Hello World!")        #函数体
5 |
6 | #主程序
7 | my_func()
```

运行程序，结果如下：

　　Hello World!

以上定义了一个名为 my_func 的函数，这个函数是一个不带参数的函数，每次调用完成打印输出一行"Hello World!"。

问题：如果要通过函数调用打印输出"Hello Python!"和"Welcome to YZU!"，则不能使用该函数，那么如何改进此函数使之能打印其他字符串呢？

例 7.2　定义一个有参函数，改进 my_func 函数功能。调用该函数后可打印出其他字符串。利用该函数打印字符串"Hello Python!"和"Welcome to YZU!"。

```
1  #example7-2.py
2
3  def my_func(str):              #函数首部
4      print(str)                 #函数体
5
6  #主程序
7  my_func("Hello Python!")           #调用函数
8  my_func("Welcome to YZU!")       #调用函数
```

运行程序,结果如下:

Hello Python!

Welcome to YZU!

改进后的 my_func 函数有一个形参 str,在函数定义时无须说明形参的类型,在主程序调用函数 my_func 时,分别将调用函数语句中函数名右侧括号中的实际参数(简称实参)传递给形参,形参的类型是由实参决定的。例 7.1 定义了一个无参函数,例 7.2 定义了一个有参函数。

通过自定义函数,可以解决引例中代码重复的问题。

例 7.3 定义函数,计算 3 个半径分别为 1.1、2.2、3.3 的圆面积及周长。

```
1   #example7-3.py
2
3   def cir_area(r):
4       area=3.14*r*r
5       perimeter=2*3.14*r
6       print("半径为{}的圆面积为:{:>5.2f}.".format(r,area))
7       print("半径为{}的圆周长为:{:>5.2f}.".format(r,perimeter))
8
9   #主程序
10  cir_area(1.1)
11  cir_area(2.2)
12  cir_area(3.3)
```

运行程序,结果如下:

半径为 1.1 的圆面积为:3.80.

半径为 1.1 的圆周长为:6.91.

半径为 2.2 的圆面积为:15.20.

半径为 2.2 的圆周长为:13.82.

半径为 3.3 的圆面积为:34.19.

半径为 3.3 的圆周长为:20.72.

显然,通过自定义函数将求圆面积和周长的代码封装起来,形成了一个 cir_area( )函数,通过函数调用,将待求的半径值作为函数的实参传递给形参 r,即可求出任意半径的圆面积和周长。

7.2.3　函数的返回值

函数的返回值是指函数被调用后，带回给主调函数的值，一个函数可以没有返回值（以上示例中函数均无返回值），也可以有返回值。函数的返回值通过 return 语句带回。

return 语句的一般形式如下：

return 表达式

它的作用是返回表达式的值。

例如，定义函数 sum()，求两数的和。

```
def sum(x,y):
    return x+y
```

函数 sum()的功能是计算两数的和，函数调用时，通过 return 语句返回求出两个数的和。使用 return 语句时需注意如下情况：

(1) 一个函数的函数体中可以有多个 return 语句，执行其中任意一个 return 语句后，函数体执行就结束，完成本次函数调用，返回函数调用处。例如：

```
def func(x,y):
    if x>y:
        return x-y
    elif x<y:
        return y-x
    return 0
```

函数 func()的函数体中有三条 return 语句，但在函数调用时执行到其中一个 return 语句时就会结束函数的执行，并将该条 return 语句后表达式的值带回给函数调用处。

(2) 一条 return 可带回多个值。定义时，return 语句后依次列出需要返回的多个值，用西文的逗号隔开。这多个值以元组的形式进行带回。

例如：return 1,2 实际带回的是(1,2)。

例 7.4　定义函数，求列表 list=[8,6,4,-1,26,3]中的最大值和最小值。

```
1   #example7-4.py
2
3   def my_function(ls):
4       max=ls[0]
5       min=ls[0]
6       for i in range(0,len(ls)):
7           if ls[i]<min:
8               min=ls[i]
9           if ls[i]>max:
10              max=ls[i]
11      return min,max
12
13  #主程序
```

```
14  list=[8,6,4,-1,26,3]
15  min,max=my_function(list)
16  print("列表中最小值为：", min, "列表中最大值为：", max)
```

运行程序,结果如下：

列表中最小值为：－1 列表中最大值为：26

(3) return 语句除了实现“返回值”功能,还能实现“中断”、结束函数功能。例如：

```
def my_func():
    print("I am working!")
    return
print("I' m done")
my_func()
```

运行程序,结果如下：

I am working!

定义 my_func()函数时函数体中有两条 print 语句,但在两条 print 语句中间插入了一个 return。在调用函数时执行完第一个 print 语句后执行了 return 语句,则立即中断函数执行,跳出此函数,返回函数调用处。

7.2.4 函数的调用

定义好函数后,要完成该函数实现的功能,就可以通过调用函数来完成,调用函数就是执行函数。如果把创建的函数理解为一个具有某种功能的工具,那么调用函数就相当于使用该工具。

函数调用的一般形式为：

函数名([实际参数列表])

在调用函数时,函数名右侧括号中的参数称为实参,实参可以是具体的数据值,也可以是已经存储具体数据值的变量。执行函数调用时,系统会将实际参数的值传递给对应的形式参数。例如：

```
def my_func(x,y):
    return x*x+y*y
t=my_func(3,5)      #调用函数 my_func,将实参 3 和 5 的值传递给形参 x,y
print(t)
```

函数定义 my_func(x,y)中包含形参 x,y,执行 t=my_func(3,5) 调用函数时的实际参数为 3 和 5,系统将实际参数 3 和 5 分别传递给形参 x 和 y。在调用函数时,暂停函数调用语句而转到被调用函数处开始执行,被调函数执行完成后返回函数调用处继续往后执行,具体执行顺序可参见图 7.2。

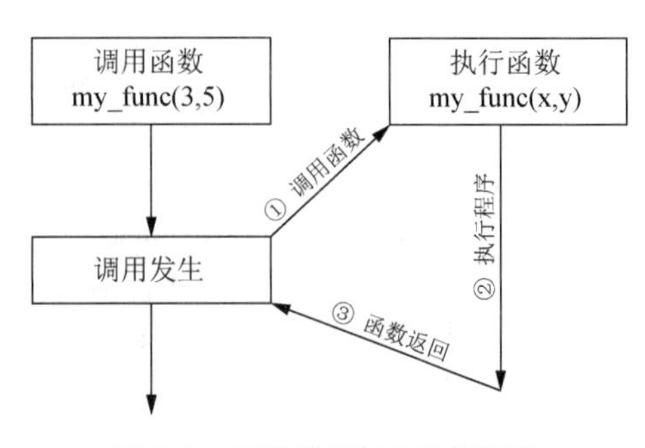

图 7.2 函数调用时的执行顺序

函数调用时函数名右侧括号中可没有参数,此时调用的就是无参函数,调用形式为：

函数名()

注意：函数名后的一对"( )"不能省略。

函数调用时函数名右侧括号中的实参和被调函数名右侧括号中的形参通常应按顺序一一对应，且类型兼容。

Python 中自定义函数可以在交互式模式下进行定义和调用，例如：

```
>>> def my_func(x,y):
        r=x*x+y*y
        return r
>>> print(my_func(3,5))
34
```

在交互式模式下键入函数定义的代码，输入完成后按两次 Enter 可结束函数的定义。接着在交互式模式下键入函数调用语句 print(my_func(3,5))就可以得到程序的运行结果。

通常情况下，我们在程序文件中定义并调用函数。可以新建一个 Python 文件，将函数定义和函数调用语句放在一个程序文件中，然后运行程序文件即可得到结果。

例 7.5　函数的调用。

```
1  #example7-5.py
2
3  def my_func(x,y):
4      r=x*x+y*y
5      return r
6  print(my_func(3,5))
```

运行程序，结果如下：

```
34
```

程序文件中定义了一个函数 my_func()，也可以定义一个主函数 main()，用于完成程序的总体调度。例如将 example7-5. py 中的程序修改为：

```
1   #example7-5_1.py
2
3   def my_func(x,y):
4       r=x*x+y*y
5       return r
6
7   def main():        #定义主函数
8       a=eval(input("请输入第一个数："))
9       b=eval(input("请输入第二个数："))
10      print(my_func(a,b))
11
12  main()     #调用主函数，完成程序功能
```

运行程序，结果如下：

```
请输入第一个数:3
请输入第二个数:5
34
```

程序文件的最后一行是调用主函数 main(),这是调用整个程序的入口,通常情况下将主函数命名为 main。由主函数调用其他定义函数,实现程序的模块化结构。

在一个. py 程序文件中,我们可以定义任意多个相互独立的函数,它们之间根据程序设计的需要可相互调用,函数在文件中定义的位置与顺序无关,但函数定义的位置必须位于调用该函数的全局代码之前。故 Python 文件程序结构一般由① import 语句、②函数定义、③全局代码(主程序)组成。

7.3 函数的参数

7.3.1 参数的传递方式

调用带参数的函数时,调用函数与被调用函数之间会有数据传递。实参是函数调用时主调函数为被调函数提供的原始数据。形参是函数定义时用户定义的变量。

在 Python 中,实参向形参传递数据的方式是"值传递",将实参的值传递给对应的形参,是一种单向的传递方式,不能由形参传回给实参,值传递时形参值的改变不会影响实参的取值。虽然在函数执行时,形参值是可以改变的,但这种改变因为传递方式的限制,它对实参没有影响。例如:

```
>>> def my_func(x,y):
    x=x * x
    y=y * y
>>> x,y=3,5
>>> my_func(x,y)
>>> print(x,y)                #实参 x,y,虽然与形参 x,y 同名,但是不同的对象
```

运行程序,结果如下:

```
3 5
```

从运行结果看,形参值的变化不会影响实参的取值。

实参和形参具有以下特点:

(1) 实参可以是常量、变量、表达式、函数调用等形式。无论实参是哪种形式,函数调用时必须要有确定的值,以便把这些值传递给对应的形参。

(2) 实参和形参在数量、数据类型、位置上是严格一致的。

(3) 函数调用前,形参只表示自定义函数参数的个数和位置,是没有具体数据的。形参只能是变量,不能是常量或表达式。只有在调用函数时,主调函数将实参的值传递给形参,形参才有值。

(4) 形参只有在函数执行时才会被分配内存单元,函数执行结束后对应内存单元被释放,故形参只在函数内部有效,函数执行结束后,形参就不存在了。

7.3.2 参数的分类

Python 中的参数分为位置参数、默认值参数、关键字传递参数和可变长度参数 4 种。

1. 位置参数

位置参数也称为必备参数,是指调用函数时,实参和形参的个数、类型、顺序必须严格一

致,否则会出现语法错误。

```
>>> def my_func(x,y):
        t=x+y
        return t
>>> my_func(1,2)
3
>>> my_func(1,2,3)
Traceback (most recent call last):
  File "<pyshell#25>", line 1, in <module>
    my_func(1,2,3)
TypeError: my_func() takes 2 positional arguments but 3 were given
```

2. 默认值参数

定义函数时,函数的参数可以指定默认值,这种形参通常称为默认值参数。当函数被调用时,如果没有实参传入数值给默认值参数,则此形参用定义时的默认值进行处理。如果调用时对应的实参有值,则将实参值传递给形参,形参定义的默认值则被忽略。

一般定义格式如下:

```
def 函数名(非默认值参数,默认值参数=默认值):
    函数体
```

注意:默认值参数一般放在参数列表的最右边,即定义函数时,先定义非默认值参数,最后定义默认值参数。如果先定义默认值参数,解释器会报错:"SyntaxError: non-default argument follows default argument"。

```
>>> def print_hello(str,times=1):
        print((str+" ") * times)
>>> print_hello("hello")
hello
>>> print_hello("hello",3)
hello hello hello
```

该例中调用了两次 print_hello 函数,第一次调用时,没有给形参 times 传递值,则 times 用默认值 1 进行处理。第二次调用时,给形参 times 传递了数值 3,times 使用传递的值进行处理,默认值 1 失效。

3. 关键字参数

通常情况下,实参和形参的结合是按从左向右的顺序一一对应的,按顺序传递。也可以通过关键字(名称)传递参数值,这种参数称为关键字参数或名称传递参数,在调用函数时只要指定形参的名字,就可以改变位置参数的一一对应关系,使得实参不按照形参的顺序也可实现参数传递。例如:

```
>>> def my_func(name,age):
        print("姓名:",name)
        print("年龄:",age)
#按位置参数传递调用函数
>>> my_func("李明",19)          #实参和形参的顺序一致
```

```
姓名：李明
年龄：19
#按关键字参数,可按如下方式调用,实参和形参的顺序不一致：
    >>> my_func(age=19,name="李明")
姓名：李明
年龄：19
```

位置参数、默认值参数、关键字传递参数也可混合使用。

```
>>> def my_func(a,b=2,c=3):
        print(a,b,c)
>>> my_func(1,5)             #将 1 和 5 按位置传递给形参 a 和 b
1 5 3
>>> my_func(9,c=44)          #将 9 按位置传递给参数 a;c 按名称传递给形参 c
9 2 44
>>> my_func(c=36,a=101)      #关键字参数
101 2 36
```

4. 可变长度参数

在定义函数时如果不能确定形参的数量,这时就需要定义可变长度参数来实现程序的功能。可变长度参数有两种定义形式,分别是元组(非关键字参数)和字典(关键字参数)。

第一种不定长参数的定义形式如下：

```
def  函数名(*形参):
     函数体
```

在形参名的前面加一个*,说明为元组可变长参数,系统将传递过来的任意多个实参组合成一个元组传递给形参。例如：

```
>>> def my_func(*t):
    print(t)
>>> my_func(1,2,3)
(1, 2, 3)
>>> my_func(1,2,3,4,5)
(1, 2, 3, 4, 5)
```

以这种方式定义的函数,实参可以是元组、列表、集合或其他可迭代的对象,但不管实参是什么类型,形参的类型都是元组,例如：

```
>>> def my_func(*t):
    print(type(t))
>>> x=[1,2,3]
>>> y=(1,2,3)
>>> z={1,2,3}
>>> m={"a":1,"b":2,"c":2}
>>> my_func(*x)
<class 'tuple'>
>>> my_func(*y)
<class 'tuple'>
```

```
>>> my_func( * z)
<class ' tuple'>
>>> my_func( * m)
<class ' tuple'>
```

可以看到，以上 4 次传递的实参类型都不相同，但输出的结果都是元组类型。

第二种不定长参数的定义形式如下：

```
def  函数名( ** 形参)：
     函数体
```

在形参名的前面加两个 **，说明为字典可变长参数。系统可将传递过来的任意数量的实参组合成一个字典传递给形参。其中，实参的定义形式为关键字参数：关键字＝实参值。关键字参数和实参值被存入一个字典，分别作为字典的键和值。例如：

```
>>> def my_func( ** d):
        print(d)
>>> my_func(a=1,b=2,c=3)
{' a': 1, ' b': 2, ' c': 3}
>>> my_func(江苏="南京",甘肃="兰州")
{'江苏': '南京', '甘肃': '兰州'}
```

以此种方式定义的形参，实参也可以定义为字典，如果实参为字典，实参名前面也需要加两个 **，例如：

```
>>> def my_func( ** d):
    print(d)
>>> dic={"a":1,"b":2,"c":3}
>>> my_func( ** dic)
{' a': 1, ' b': 2, ' c': 3}
>>> my_func(dic)        #实参不加两个 **，则报错
Traceback (most recent call last):
  File "<pyshell#24>", line 1, in <module>
    my_func(dic)
TypeError: my_func() takes 0 positional arguments but 1 was given
```

Python 中定义函数时可同时使用位置参数、默认值参数、关键字传递参数和可变长度参数。

例 7.6　参数的传递。

```
1   #example7-6.py
2
3   def my_func(a,b,*c,**d):
4       print(a)
5       print(b)
6       print(c)
7       print(d)
8
9   #主程序
10  my_func(1,2,3,4,5,姓名="李明",年龄=19)
```

程序运行结果为:

```
1
2
(3, 4, 5)
{'姓名': '李明', '年龄': 19}
```

7.4 lambda 表达式

Python 中,使用 lambda 表达式可简化函数的定义形式。lambda 表达式又称匿名函数,常用来表示内部仅包含一行表达式的函数。如果一个函数的函数体仅有一行表达式,则该函数就可以用 lambda 表达式来代替。

lambda 表达式的语法格式如下:

lambda [形参 1[,形参 2,…,形参 n]] : 表达式

或者:

name=lambda [形参 1[,形参 2,…,形参 n]] : 表达式

关键字 lambda 与形参之间要用空格分隔,冒号后即为匿名函数的函数体,表达式的值即为该匿名函数的返回值。

所谓匿名,意即可以不用指定函数名,即不再使用 def 语句去定义一个标准函数。该 lambda 表达式转换成普通函数的形式如下:

```
def name( [形参 1[,形参 2,…,形参 n]]):
    return 表达式
name(list)
```

调用匿名函数时,通常是把匿名函数赋值给一个变量(name),再利用变量来调用该函数。例如:

```
#lambda 表达式定义一个求两数和的函数
>>> my_func=lambda x,y:x+y
>>> my_func(3,5)
8
```

也可同时定义两个匿名函数并分别完成调用,例如:

```
#lambda 表达式定义一个求两数和的函数,定义一个求两数差的函数
>>> f1,f2=lambda x,y:x+y,lambda x,y:x-y
>>> f1(5,3)
8
>>> f2(5,3)
2
>>>
```

根据定义时的顺序,变量 f1 调用的是第一个匿名函数,变量 f2 调用的是第二个匿名函数。

匿名函数既然是一个表达式,它也可作为一个函数的返回来使用,例如:

```
>>> def my_func(a):
    return lambda x:x+a
```

```
>>> f=my_func(3)
>>> print(f(2))
5
```

定义函数 my_func( )时,以匿名函数作为返回值。语句 f=my_func(3)执行时将 my_func( )函数的返回值,即匿名函数赋值给变量 f,最后通过变量 f 作为函数名来完成对匿名函数的调用。

例 7.7 随机生成一个长度为 5 且元素互不相同的整数列表,并对该列表按元素平方值做升序排列。输出排列前和排列后的列表。

```
1   #example7-7-1.py
2
3   from random import *
4
5   def square(x):
6       return x**2
7
8   ls1=[]
9   while (len(ls1)<5):        #随机生成一个元素互不相同的列表
10      i=randint(0,9)
11      if i not in ls1:
12          ls1.append(i)
13
14  print("排序前",ls1)
15
16  ls2=sorted(list(map(square,ls1)))  #求列表元素平方值，并升序排列
17  print("排序后",ls2)
```

程序运行结果为:

```
排序前 [4, 1, 6, 7, 8]
排序后 [1, 16, 36, 49, 64]
```

通过本节对 lambda 函数的学习,可将求元素平方的函数用 lambda 表达式表示。本例程序可改为:

```
1   #example7-7-2.py
2
3   from random import *
4   ls1=[]
5   while (len(ls1)<5):        #随机生成一个元素互不相同的列表
6       i=randint(0,9)
7       if i not in ls1:
8           ls1.append(i)
9
10  print("排序前",ls1)
11  ls2=sorted(list(map(lambda x:x**2,ls1)))  #求列表元素平方值，并升序排列
12  print("排序后",ls2)
```

比较以上两段程序,我们发现使用 lambda 表达式可让程序更加简洁。

7.5 变量的作用域

变量的作用域是指变量起作用的范围,它由变量定义的位置决定。不同作用域内的变量之间互不影响。Python 中根据变量定义的位置,将变量分为局部变量和全局变量。

7.5.1 局部变量

在一个函数中定义的变量称为局部变量,它的作用范围仅限于该函数的内部,即只能在定义它的函数中使用它,在定义它的函数之外是不能使用它的。例如:

```
>>> def my_func(a):
        x=5
        x=x+a
        return x
>>> print(x)
Traceback (most recent call last):
  File "<pyshell#3>", line 1, in <module>
    print(x)
NameError: name 'x' is not defined
```

在函数 my_func()的内部定义了一个变量 x,x 的作用范围仅限于该函数内部,全局代码中使用 x,程序提示"NameError: name 'x' is not defined"错误。

形参变量也是局部变量,它的作用范围也仅限于函数的内部。

7.5.2 全局变量

在函数定义之外定义的变量称为全局变量,它的作用范围从它定义的位置开始直到程序运行结束,全局变量可以被作用范围内的多个函数引用。例如:

```
>>> a=2
>>> def my_func1():
        print(a,x)
>>> x=6
>>> def my_func2():
        print(a,x)
>>> my_func1()
2 6
>>> my_func2()
2 6
```

以上程序中变量 a 和 x 都是全局变量,在定义的两个函数中均可直接引用。

Python 中允许全局变量和局部变量同名的情况,如果同名,在局部范围内,全局变量将不起任何作用,例如:

```
>>> x=5                    #全局变量 x
```

```
>>> def my_func( ):
x=3                  #局部变量 x
print(x)
>>> x      #输出全局变量 x
5
>>> my_func()     #调用函数时,全局变量 x=5 在此函数内无效,故输出 3
3
```

那么,函数体内如果对某个变量赋值,系统默认为创建新的局部变量,如果希望此变量为全局变量,而非局部变量,可在函数体中使用 global 语句强行指定该变量为全局变量。

例 7.8　全局变量的使用。

```
1   #example7-8.py
2
3   def my_func( ):
4       global x
5       x=3
6       y=5
7       print("第 2 次输出的 x,y 为：",x,y)
8
9   x=4
10  y=6
11  print("第 1 次输出的 x,y 为：",x,y)
12  my_func()
13  print("第 3 次输出的 x,y 为：",x,y)
```

运行程序,结果如下:

```
第 1 次输出的 x,y 为: 4 6
第 2 次输出的 x,y 为: 3 5
第 3 次输出的 x,y 为: 3 6
```

结合以上说明,请读者自行分析程序的输出结果。

为了提高程序代码的可读性,降低模块之间的耦合度,应该尽量少用 global 在函数体内定义全局变量。

7.6　函数的递归调用

递归调用是函数的一种特殊调用方式,一个函数在执行过程中直接或间接调用了该函数本身,这种调用方式称为函数的递归调用。

Python 允许使用递归函数,递归函数是指一个函数的函数体中直接或间接地调用该函数本身的函数。如图 7.3 所示,如果函数 f()执行中又调用了函数 f(),则称函数 f()为直接递归。如果函数 f1()在执行中调用了函数 f2(),函数 f2()在执行中又调用函数 f1(),则称函数 f1()为间接递归。程序设计中常用的是直接递归。

例 7.9　定义函数,用递归的方式求 n!。

分析:要计算 n!,可以先求(n－1)!,然后乘 n 即可求出 n!,即 n! ＝n＊(n－1)! 。假设

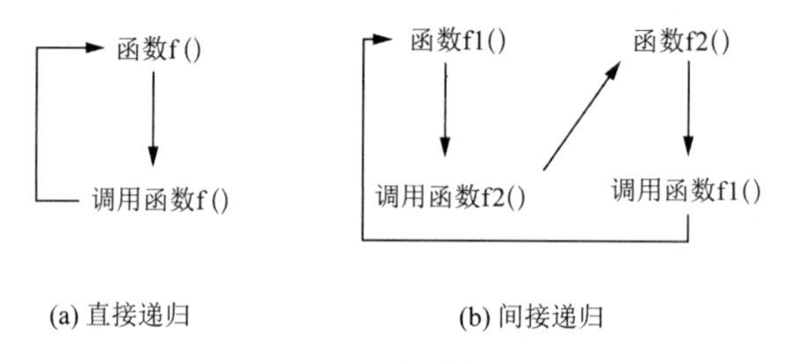

图 7.3　函数递归调用

调用函数 fact(n)可以求出 n!,则有 fact(n)=n * fact(n-1),这就是一个递归表达式。可以看出,当 n>1 时,求 n! 可以转化为求解 n * (n-1)! 的新问题,而求解(n-1)! 的问题与原来求 n! 的问题相同,只是处理的数据对象由 n 变成了 n-1。以此类推,当 n⩽1 时,n! 为 1,此时递归结束,返回 1。当递归调用达到结束条件时,不再递归调用,开始返回确定数据。如果递归没有结束条件,会永远递归下去,这种现象被称为无限递归,但无限递归函数不会被永远执行下去,大多数编程环境会在递归深度达到上限时给出一个错误信息。

n! 的递归表示为:

$$n! = \begin{cases} 1 & n \leqslant 1 \\ n(n-1)! & n > 1 \end{cases}$$

```
1   #example7-9.py
2   
3   def fact(n):
4       if n==0 or n==1 :
5           return 1
6       else:
7           return n*fact(n-1)
8   
9   n=eval(input("请输入一个正整数: "))
10  p=fact(n)
11  print("{}!={}".format(n,p))
```

运行程序,结果如下:

请输入一个正整数:10

10! =3628800

例 7.10　编写递归函数 func(n),把输入的一个十进制整数转换为二进制形式输出。在主程序中输入整数 m,调用 func()函数,将转换后的二进制数输出。

分析:假设整数 n 的二进制数为 x,n/2 的二进制数为 y,则有 x=y * 2+n%2。这样,就将求整数 n 的二进制数问题分解为两个问题:求 n/2 的二进制数和求 n%2。第二个问题比较简单,可以直接得到结果。第一个问题求 n/2 的二进制数与原来的问题是一样的,即求一个十进制整数的二进制数只是将原整数变为原来的一半,这个问题正好用递归的思想即可完成求解。实现程序如下:

```
1   #example7-10.py
2   
```

```
3   def func(n):
4       if n==0:
5           return '0'
6       elif n==1:
7           return '1'
8       t=n%2
9       n=n//2
10      return func(n)+str(t)    #递归调用
11
12  x=int(input("请输入一个十进制正整数："))
13  bin=func(x)
14  print("{}的二进制数为{}".format(x,bin))
```

运行程序，结果如下：

```
请输入一个十进制整数:25
25 的二进制数为 11001
```

7.7　函数的综合应用

例 7.11　二分法查找。

分析：二分法查找也称折半查找。在有序列表 ls 中找到 x，输出它在列表中的位置。设列表 ls 的第一个元素的位置为 low，最后一个元素的位置为 high，在 a[low]～a[high]范围内找位置为 mid=(low+high)/2 的中间元素，将 ls[mid]与 x 比较大小，已知列表 ls 是有序的，故当：

(1) x=ls[mid]，则表示找到，返回 mid 值。

(2) x<ls[mid]，缩小查找范围，可继续在 ls[low]～ls[mid−1]范围内查找，即 high=mid−1。

(3) x>ls[mid]，缩小查找范围，可继续在 ls[mid+1]～ls[high]范围内查找，即 low=mid+1。如此进行，直到找到 x 值，或条件 low≤high 不满足时结束查找，前者表示找到，后者表示找不到。算法流程如图 7.4。

程序代码：

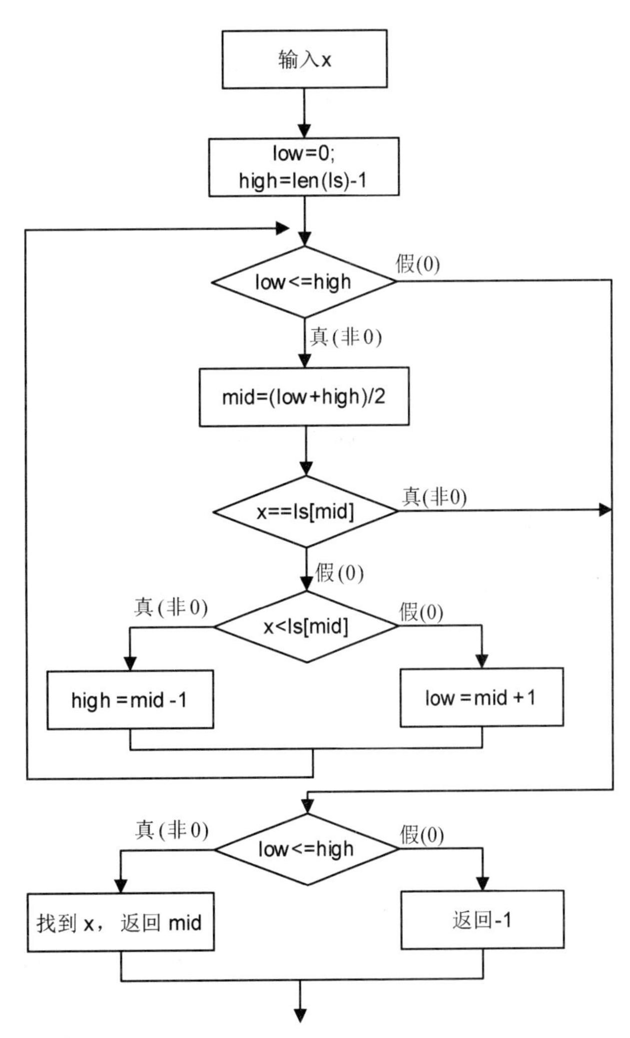

图 7.4　折半查找算法流程

```
1   #example7-11.py
2
3   def bin_search(x,ls):
4       low=0
5       high=len(ls)-1
6       while low<=high:
7           mid=(low+high)//2
8           if x==ls[mid]:
9               return mid
10          elif x<ls[mid]:
11              high=mid-1
12          else:
13              low=mid+1
14      return -1
15
16  def main():
17      ls=[2,34,56,63,78,92,97,101]
18      x=eval(input("请输入要查找的数："))
19      if bin_search(x,ls)==-1:
20          print("没找到，{}不在列表中！".format(x))
21      else:
22          print("找到了，{}是列表中的第{}个数.".format(x,bin_search(x,ls)+1))
23  main()
```

运行程序,结果如下:

请输入要查找的数:78

找到了,78 是列表中的第 5 个数.

请输入要查找的数:23

没找到,23 不在列表中!

例 7.12 简单猜数游戏。

分析:系统产生一个随机数,玩家最多可以猜指定次数,系统会根据玩家猜的结果进行提示,玩家可以根据系统的提示对下一次的猜测进行调整。假设要求产生的随机数范围为[a,b],最多可以猜 5 次。

程序代码:

```
1   #example7-12.py
2
3   from random import *
4   def guess_game(first,end,count):
5       mynum=randint(first,end)      #随机产生一个被猜数
6       for i in range(count):
7           yournum=int(input("请输入你猜的数："))
8           if mynum==yournum:
9               print("正是{}，恭喜您，猜中了！".format(mynum))
```

```
10                  break
11              elif mynum>yournum:
12                  print("猜小了，请重试！")
13              else:
14                  print("猜大了，请重试!")
15          else:
16              print("\n 游戏结束,失败超过{}次！".format(count))
17              print("您要猜的数是：{}，继续加油！".format(mynum))
18
19  def main():
20      a=int(input("请输入下限值："))
21      b=int(input("请输入上限值："))
22      guess_game(a,b,5)
23
24  main()
```

运行程序,结果如下：

请输入下限值:1
请输入上限值:50
请输入你猜的数:25
猜大了,请重试!
请输入你猜的数:20
猜大了,请重试!
请输入你猜的数:15
猜大了,请重试!
请输入你猜的数:10
猜大了,请重试!
请输入你猜的数:9
猜大了,请重试!
游戏结束,失败超过 5 次!
您要猜的数是:4,继续加油!
请输入下限值:1
请输入上限值:10
请输入你猜的数:9
猜大了,请重试!
请输入你猜的数:4
猜小了,请重试!
请输入你猜的数:6
猜小了,请重试!
请输入你猜的数:7
正是 7,恭喜您,猜中了!

例 7.13　汉诺塔问题。有三根柱子 A、B、C,A 上堆放了 n 个盘子,盘子大小不等,大的在下,小的在上,如图 7.5 所示。要求把这 n 个盘子从 A 柱搬到 C 柱,在搬动过程中可以借助 B 柱作为中转,搬动规则为:每次只允许搬动一个盘子,且在移动过程中在 3 根柱子上都保持大盘在下、小盘在上的规则。要求打印输出移动的步骤。

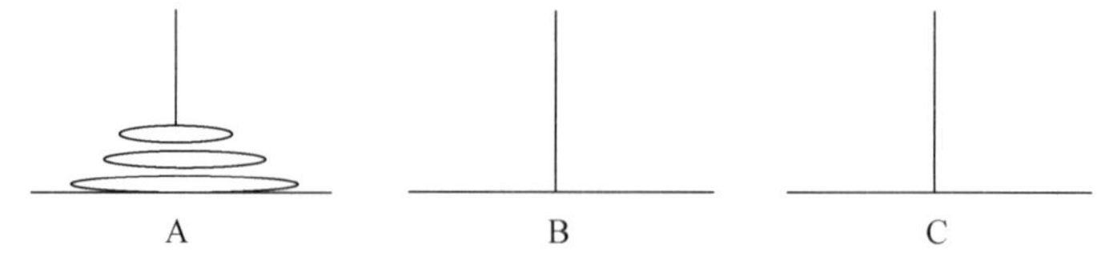

图 7.5　汉诺塔问题

分析:汉诺塔问题的求解可以通过三个步骤实现。

(1) 将 A 柱上的 n-1 个盘子借助 C 柱先移动到 B 柱上。

(2) 将 A 柱上剩下的一个盘子移动到 C 柱上。

(3) 将 n-1 个盘子从 B 柱借助 A 柱移动到 C 柱上。

本题 A 柱上盘子数量为 3,汉诺塔问题的求解过程如图 7.6 所示。

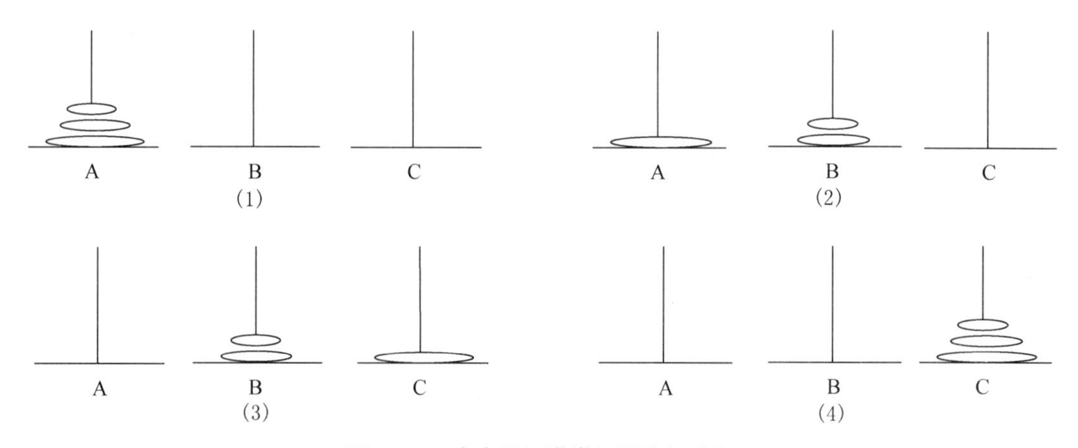

图 7.6　3 个盘子汉诺塔问题求解过程

程序代码为:

```
1   #example7-13.py
2   
3   i=1
4   def move(n,mfrom,mto):
5       global i
6       print("第{}步:将{}号盘子从{}柱移动到{}柱".format(i,n,mfrom,mto))
7       i+=1
8   
9   def hanoi(n,A,B,C):
10      if n==1:
11          move(1,A,C)      #A 柱只有 1 个盘子,直接移动到 C 柱
12      else:
13          hanoi(n-1,A,C,B)  #将 A 柱上剩下的 n-1 个盘子借助 C 柱移动到 B 柱
14          move(n,A,C)        #将 A 柱上最后一个盘子直接移动到 C 柱
```

```
15            hanoi(n-1,B,A,C)   #将 B 柱上的 n-1 个盘子借助 A 柱移动到 C 柱
16
17  def main():
18      n=int(input("请输入一个整数:"))
19      print("移动盘子的步骤如下：")
20      hanoi(n,"A","B","C")
21
22  main()
```

运行程序,结果如下:

请输入一个整数:3
移动盘子的步骤如下:
第1步:将1号盘子从A柱移动到C柱
第2步:将2号盘子从A柱移动到B柱
第3步:将1号盘子从C柱移动到B柱
第4步:将3号盘子从A柱移动到C柱
第5步:将1号盘子从B柱移动到A柱
第6步:将2号盘子从B柱移动到C柱
第7步:将1号盘子从A柱移动到C柱

第 7 章思维导图

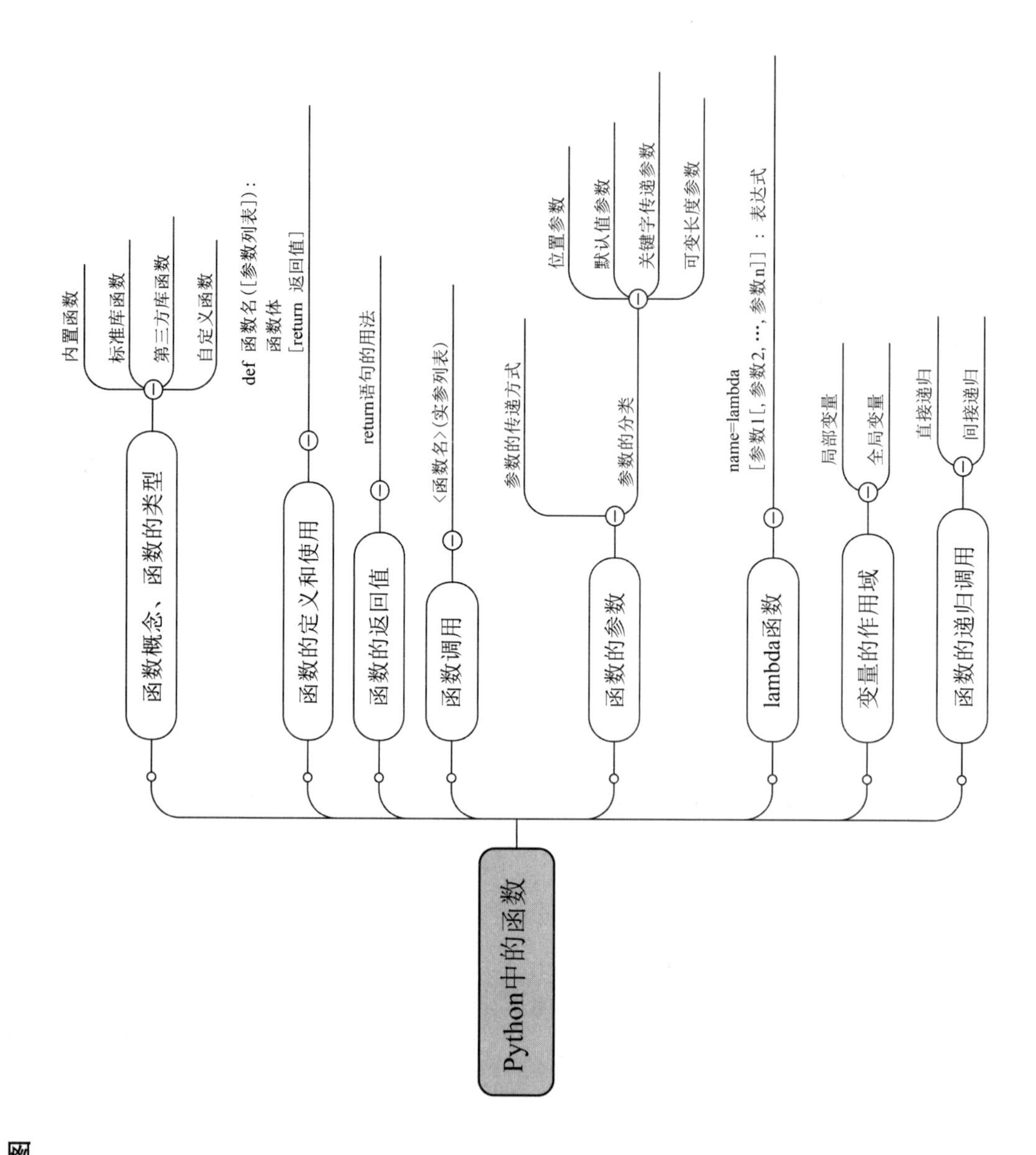
Python中的函数
函数概念、函数的类型
内置函数
标准库函数
第三方库函数
自定义函数
函数的定义和使用
def 函数名([参数列表]):
函数体
[return 返回值]
函数的返回值
return语句的用法
函数调用
〈函数名〉(实参列表)
函数的参数
参数的传递方式
参数的分类
位置参数
默认值参数
关键字传递参数
可变长度参数
lambda函数
name=lambda
[参数1[,参数2,…,参数n]]：表达式
变量的作用域
局部变量
全局变量
函数的递归调用
直接递归
间接递归

第8章　文件

一般情况下,数据的输入输出都是通过 input()和 print()函数来实现的。然而,在实际编程中,通常还需要使用文件等其他方式来实现数据的输入输出。文件是保存于外部存储介质中的数据集合,按存储格式分为文本文件和二进制文件。Python 使用文件对象来读写文件,文件对象根据读写模式决定如何读取文件。本章将详细介绍文件与文件夹的操作、csv 文件的读写、数据组织和数据处理的方法。

8.1　文件概述

8.1.1　为什么要引入文件

许多程序在实现过程中,依赖于把数据保存到变量中,而变量是通过内存单元存储数据的,数据的处理完全由程序控制。当一个程序运行完成或者终止运行,所有变量的值不再保存。另外,一般的程序都会有数据的输入与输出,如果输入输出的数据量不大,通过键盘和显示器即可解决。当输入输出数据量较大时,就会受到限制,带来不便。

文件是解决上述问题的有效办法。当有大量数据需要处理时,可以通过编辑工具事先建立输入数据的文件,程序运行时将不再从键盘输入,而从指定的文件中读入要处理的数据,实现数据一次输入多次使用。同样,当有大量数据输出时,可以将其输出到指定的文件保存,不受屏幕大小限制,并且任何时候都可以查看结果文件。一个程序的输出结果还可以作为其他程序的输入,以便进一步加工处理。

8.1.2　文件的概念及分类

1. 文件的概念

文件是一个存储在外部存储器上信息的集合,可以是文本、图片、程序等任何数据的内容。概念上,文件是数据的集合和抽象,类似的,函数是程序的集合和抽象。用文件形式组织和表达数据更有效,也更为灵活。

2. 文件的分类

通常,文件可分为文本文件和二进制文件。

文本文件一般由单一特点的编码组成,如 UTF—8 编码,内容容易统一展示和阅读。大部分文本文件都可以通过文件编辑软件或文字处理软件创建、修改和阅读。因为文本文件存在编码,因此,它也可以被看作是存储在磁盘上的长字符串。通常,文本文件存储的是常规字符串,由若干文本行组成,每行以换行符"\n"结尾。常规字符是指记事本之类的文本编辑器可以正常显示的,如英文字母、汉字、数字等字符。在 Windows 系统中,扩展名为 txt、ini、log 的文件都属于文本文件,可以使用字处理软件进行编辑。在磁盘上也可以是二进制形式存储的,只是在读取时使用相应的编码方式解码还原成人们可以理解的字符串信息。常见的字符编码包括 ASCII、UTF—8、GB—2312 等。

二进制文件存储的是数据的二进制代码(位 0 和位 1),即将数据在内存中的存储形式复制到文件中。二进制没有统一字符编码,文件的存储格式也与用途无关。二进制文件通常用于保存图像、音频、视频和可执行文件等数据。这类文件有不同的编码格式,如 jpeg 格式的图像、mp3 格式的音频、mp4 格式的视频等。二进制文件将信息按字节进行存储,无法使用普通的字处理软件直接进行编辑,需要使用正确的软件进行解码读取、显示、修改或执行。图 8.1 所示为用记事本打开 python.exe 文件后的效果。

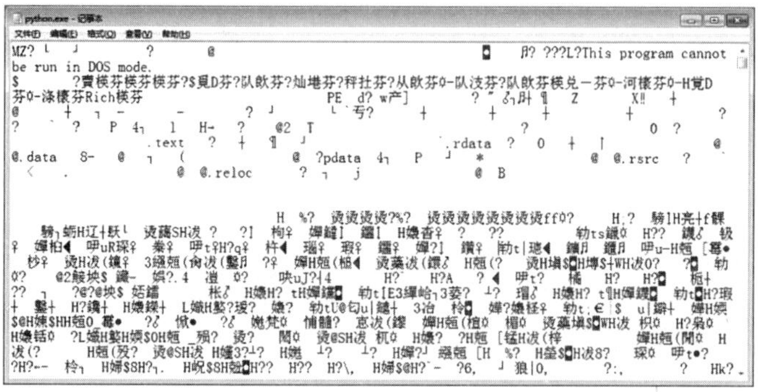

图 8.1　用记事本打开 python.exe 文件

硬盘上有一个文件名为 myfile.txt,文件中包含一个字符串"我爱你,中国",分别用文本文件方式和二进制文件方式操作,结果如下:

```
>>> tf=open("myfile.txt","r")
>>> print(tf.readline())
我爱你，中国
>>> tf.close()
>>> bf=open("myfile.txt","rb")
>>> print(bf.readline())
b'\xce\xd2\xb0\xae\xc4\xe3\xa3\xac\xd6\xd0\xb9\xfa'
>>> bf.close()
```

文本文件和二进制文件最主要的区别在于是否有相应的字符编码。无论文件是按文本文件还是二进制文件创建,都可以用"文本文件方式"和"二进制文件方式"打开,但打开之后的操作有所不同。采用文本方式读入文件,文件经过解码形成字符串,打印出有含义、能被识别的字符;采用二进制方式打开文件,文件被解析为字节流,由于存在编码问题,字符串中的一个字符由多个字节表示。

8.2　打开和关闭文件

无论文本文件还是二进制文件,文件操作的步骤一定是打开文件、读写文件和关闭文件。

8.2.1　打开文件

Python 读/写文件的基本流程如图 8.2 所示。在对文件进行读/写操作之前,先要打开文件，打开成功才能读/写文件内容，读/写完毕后还要关闭文件。如果打开失败，则不能对文件进行读/写操作，这时需要检查打开失败的原因。

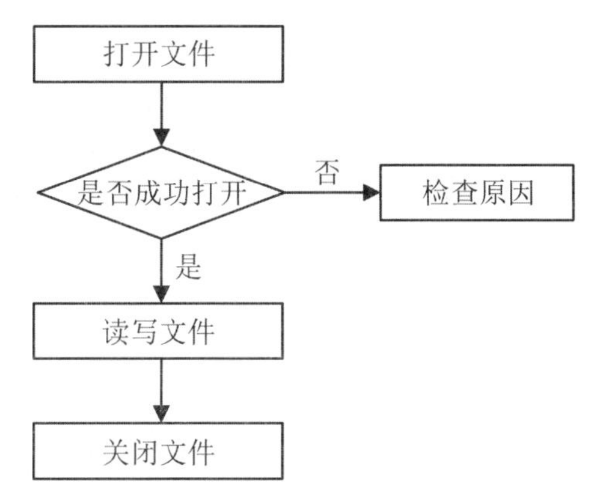

图 8.2　操作文件的基本流程

访问文件时，必须先打开文件。内置函数 open()可以打开或创建一个文件，并返回一个文件对象。这个文件对象并非文件的本身，而是应用程序与要读写的文件之间的关联。这个关联在 Windows 系统中被称为文件句柄。程序把所要操作文件的一些信息通知给操作系统，这些信息除了文件名外，还包括文件对象类型、读/写方式、编码等信息。

open()函数的语法格式为：

文件对象＝open(file, mode＝' r',buffering＝－1,encoding＝None,newline＝None)

参数 file 是待打开的文件名，文件名是字符串类型，可以使用相对路径或者绝对路径表示的文件名。

注意：文件路径中的“\”要用“\\”转义。例如，要打开 c:\python 中的“大风歌.txt”文件，绝对路径文件名须表述成“c:\\python\\大风歌.txt”：

```
>>> fp=open("大风歌.txt","r")
>>> fp=open("c:\\python\\大风歌.txt","r")
```

参数 mode 是打开方式，打开方式也是字符串类型，用于指定打开文件后的操作方式，必须小写。文件操作方式用具有特定含义的符号表示，如表 8.1 所示。

表 8.1　文件打开方式

<table>
<tr><th>模式</th><th>描述</th><th>说明</th></tr>
<tr><td>r</td><td>以只读的方式打开文件(默认方式)</td><td rowspan="4">1. 如果文件不存在，则抛出 FileNotFoundError 异常
2. 不清空原内容；“＋”模式可同时读出和写入内容
3. 文件打开时文件指针指向文件的开头</td></tr>
<tr><td>rb</td><td>以只读的方式打开二进制文件</td></tr>
<tr><td>r＋</td><td>以读写的方式打开文件</td></tr>
<tr><td>rb＋</td><td>以读写的方式打开二进制文件</td></tr>
<tr><td>w</td><td>以只写的方式打开文件</td><td rowspan="4">1. 如果文件存在，则其内容覆盖；如果文件不存在，则创建新文件
2. 清空原文件
3. 文件打开时文件指针指向文件的开头</td></tr>
<tr><td>wb</td><td>以只写的方式打开二进制文件</td></tr>
<tr><td>w＋</td><td>以读写的方式打开文件</td></tr>
<tr><td>wb＋</td><td>以读写的方式打开二进制文件</td></tr>
</table>

(续表)

模式	描述	说明
a	以追加的方式打开文件	1. 如果文件存在,不清空原文件,文件指针指向文件的结尾 2. 如果文件不存在,则创建新文件 3. “a+”模式允许在任意位置读,但只能在文件末尾追加数据
ab	以追加的方式打开二进制文件	
a+	以读写的方式打开文件	
ab+	以读写的方式打开二进制文件	

“r”表示只读模式,是打开方式的默认值。“w”是写入模式,

不指定打开方式时默认的打开方式为“rt”,“t”表示用文本文件方式打开文件,“b”表示以二进制文件方式打开文件。

参数 buffering 用于指定访问文件所采用的缓冲方式。默认值是−1,表示使用系统默认的缓冲区大小;如果 buffering=0,则表示不缓冲;如果 buffering=1,则表示只缓冲一行数据;如果 buffering 是一个大于 1 的整数 x,则采用 x 作为缓冲区大小,也就是每当缓冲区中满了 x 个字节后就写入磁盘。通常情况下在打开文件时参数 buffering 使用默认值。

参数 encoding 用于指明文本文件使用的编码格式,默认为 None,即不指定编码格式,此时采用系统默认的编码格式。

参数 newline 指明写入新记录后不插入空行。

8.2.2 关闭文件

文件操作完成后,应及时关闭文件。关闭文件的语法格式为:

文件对象. close()

close()方法用于关闭已打开的文件,将缓冲区尚未存盘的数据写入磁盘,可避免文件中的数据丢失,并释放文件对象所占用的资源。如果再想使用刚才打开的文件,则必须重新打开。例如:

```
>>> fp=open("大风歌.txt","r")
>>> print("打开文件的文件名为:",fp.name)
打开文件的文件名为: 大风歌.txt
>>> print("文件关闭状态:",fp.closed)
文件关闭状态: False
>>> fp.close()
>>> print("文件关闭状态:",fp.closed)
```

如果在写文件的程序中不调用 close()方法关闭文件,有时会发生缓冲区中数据不能正确写入磁盘的现象。为了避免这种情况的发生,Python 引入了 with 语句来自动调用 close()方法,其语法格式如下:

with open(文件名,访问模式) as 文件对象:

  <操作>

当 with 内部的语句执行完毕后,文件将自动关闭,而不需要显式调用 close()方法。下面是一个利用 with 语句实现文件复制的示例:

#将“大风歌. txt”文件中的内容复制到“copy. txt”中

```
>>> with open("大风歌.txt","r") as fp1,open("copy.txt","w") as fp2:
        s=fp1.read()
        fp2.write(s)
>>> print("文件关闭状态:",fp1.closed)
文件关闭状态: True
>>> print("文件关闭状态:",fp2.closed)
```

8.3　文件的基本操作

文件打开后，可以根据打开文件的模式对文件进行操作。对文件的操作主要是读/写操作。用于读/写文件的方法有 read()、readline()、readlines()、write()、writelines()。

8.3.1　文件的读写

1. read( )方法

read( )方法的用法如下：

变量＝文件对象. read(size)

其功能是读取从当前位置直到文件末尾的内容。文件对象可以是文本文件，也可以是二进制文件。如果是文本文件，则以字符串的形式返回，并赋值给变量。如果是二进制文件，则返回字节流。对于刚打开的文件对象，则读取整个文件的内容。

参数 size 为从文件的当前读写位置读取 size 个字符，并作为字符串返回，size 为空或负数时，则读取整个文件内容。

例如，当前工作目录中已有文件 file1. txt，如图 8. 3 所示，使用 read( )方法将其读出。

图 8. 3　文本文件 file1. txt

```
>>> fp=open("file1.txt","r")
>>> fp.read(6)                    #从文件中读取 6 个字符
'Hello!'
>>> fp.read()                     #将文件中余下的数据读出，换行符'\n'同时被读出
'\nLife is short,you need Python.\n'
>>> fp.close()
```

2. readline( )方法

readline( )方法的用法如下：

变量＝文件对象. readline(size＝－1)

其功能是读取从当前位置到行末的所有字符,即读取当前行字符,包括行结束符,并作为字符串返回。参数 size 为从文件当前位置读取 size 个字符作为字符串返回,若 size 为缺省值或大小超过从当前位置到本行末尾所有字符的长度,则读取到本行结束,包括'\n'。如果当前处于文件末尾,则返回空串。

例如,使用 readline( )方法读取图 8.3 所示文件中的内容。

```
>>> fp=open("file1.txt","r")
>>> fp.readline(4)            #从文件中读取 4 个字符
'Hell'
>>> fp.readline()             #从当前位置到本行末所有字符读出
'o!\n'
>>> fp.readline()             #读取下一行
'Life is short,you need Python.\n'
>>> fp.readline()             #从文件末尾处读，返回空串
''
>>> fp.close()
```

3. readlines( )方法

readlines( )方法的用法如下:

变量＝文件对象. readlines( )

其功能是读取当前位置到文件末尾的所有行,并将这些行以列表的形式返回。每一行所构成的字符串即为列表中的每个元素。如果当前处于文件末尾,则返回空列表。

例如,使用 readlines( )方法读取图 8.3 所示文件中的内容。

```
>>> fp=open("file1.txt","r")
>>> fp.readlines()
['Hello!\n', 'Life is short,you need Python.\n']
>>> fp.readlines()
[]
>>> fp.close()
```

例 8.1 统计文本文件 file1. txt 中大写字母出现的次数。

分析:读取文件的所有行,以列表返回,然后遍历列表,统计大写字母的个数。

```
1   fp=open("file1.txt","r")
2   ls=fp.readlines()              #读取文件的所有行，以列表返回
3   c=0
4   for x in ls:                   #遍历列表 ls
5       print(x.strip())           #输出文件的每一个行（不包括'\n'）
6       for s in x:                #遍历每个列表元素
7           if s.isupper():
8               c=c+1
9   print("文件中大写字母有{}个。".format(c))
10  fp.close()
```

运行程序，结果如下：

Hello!

Life is short, you need Python.

文件中大写字母有 3 个。

本例可以用 read()或 readline()方法进行改写，请自行完成。

4. write( )方法

write( )方法的用法如下：

变量=文件对象. write(字符串)

Python 中使用文件对象的 write( )方法向文件中写入字符串数据。其功能是在文件当前位置写入字符串，并返回字符的个数。注意，write( )方法每次只能向文件中写入一个字符串。

例如，使用 write( )方法将字符串"Python 语言""等级考试""NCRE"写入文件 file1. txt 的末尾。

```
>>> fp=open("file1.txt","a")        #以追加的方式打开文件
>>> fp.write("Python 语言")

>>> fp.write("等级考试\n")
5
>>> fp.write("NCRE\n")
5
>>> fp.close()
```

写入完成后，文件 file1. txt 中的内容如图 8.4 所示。

图 8.4　追加后的文件 file1. txt

从执行结果看出，每次 write( )方法执行完成后并不换行，如果需要换行则在字符串最后加换行符。

5. writelines( )方法

writelines( )方法的用法如下：

变量=文件对象. writelines(列表)

Python 中使用文件对象的 writelines( )方法向文件中写入列表数据。其功能是在文件当前位置依次写入列表中的所有字符串元素。

例如，使用 writelines( )方法将"red""yellow""blue"以 3 行的形式写入文件 file2. txt 中。

```
>>> fp=open("file2.txt","w")
>>> fp.writelines("red","yellow","blue")      #错误用法
Traceback (most recent call last):
  File "<pyshell#48>", line 1, in <module>
```

```
    fp.writelines("red","yellow","blue")
TypeError: writelines() takes exactly one argument (3 given)
>>> fp.writelines(["red","yellow","blue"])     #将列表数据写入文件
>>> fp.close()
```

写入完成后,文件 file2. txt 中的内容如图 8. 5 所示。

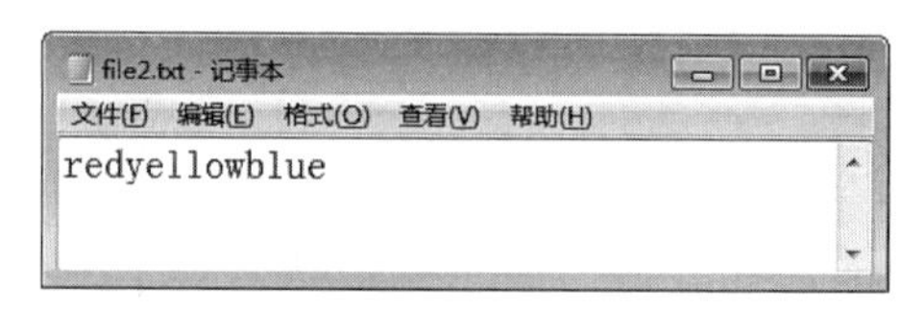

图 8. 5　文本文件 file2. txt

从执行结果可看出,writelines( )方法只将列表写入文件,它并不会自动加入换行符。如果需要将列表的 3 个字符串元素写到不同行上,则必须在每一行字符串结尾加上换行符。

```
>>> fp=open("file2.txt","w")
>>> fp.writelines(["red\n","yellow\n","blue\n"])
>>> fp.close()
```

写入完成后,文件 file2. txt 中的内容如图 8. 6 所示。

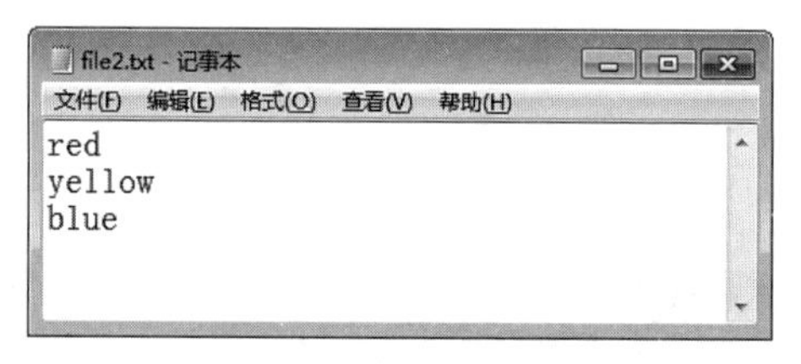

图 8. 6　加入换行符后的文件 file2. txt

例 8. 2　请将文件 file2. txt 中的字符串前面加上序号“1. ”“2. ”“3. ”,执行后文件中数据如图 8. 7 所示。

分析:使用 readlines 方法将文件 file2. txt 的内容以列表的形式读出,加上序号后再写入文件中。

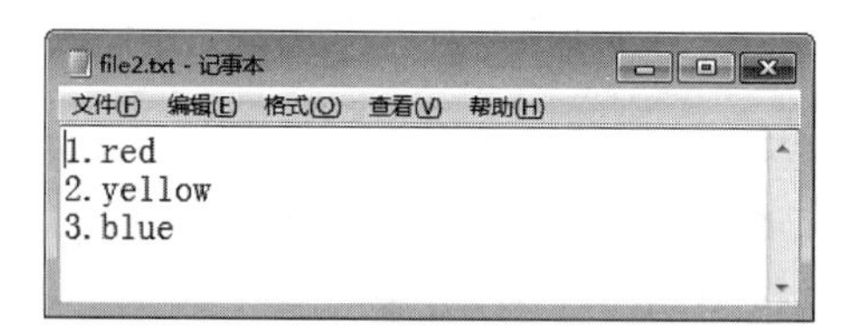

图 8. 7　加序号后的文件 file2. txt

```
1    fout=open("file2.txt","r")
2    s=fout.readlines()
3    fout.close()
4    for i in range(len(s)):
5        s[i]=str(i+1)+"."+s[i]
```

```
6    fin=open("file2.txt","w")
7    fin.writelines(s)
8    fin.close()
```

8.3.2　文件的定位

前面介绍的文件读写都是按从头至尾的顺序读写文件，读写过程中，文件当前读写位置将按顺序移动。文件中有一个位置指针，指向当前的读/写位置，读/写一次指针向后移动一次。Python 提供的 seek( )方法可以主动调整指针的位置，实现文件的随机访问。也可使用 tell( )方法获取当前文件指针的位置。

1. seek( )*方法*

seek( )方法的用法如下：

文件对象. seek(offset，whence=0)

Python 中使用 seek( )方法更改当前文件位置。

offset 参数为相对于当前位置的字节偏移量。whence 参数表示当前位置，默认值为 0，表示相对于文件开始位置；值为 1 时，表示相对于当前文件读写位置；值为 2 时，表示相对于文件末尾位置。offset 值为正时，表示文件指针朝文件末尾方向移动，offset 值为负时，表示文件指针朝文件开始位置移动。文件指针的移动是相对的。例如：

```
>>> fp=open("file1.txt","rb")                  #以二进制的方式读取 file1.txt 文件
>>> fp.read()
b'Hello!\r\nLife is short,you need Python.'   #二进制读取时需要将'\n'转换成'\r\n'
>>> fp.read()                                   #从当前位置继续读取文件

b''                                             #读出空串
>>> fp.seek(22,0)                              #从文件开始位置移动 22 个字节
22
>>> fp.read()                                   #从移动后的位置开始读取文件
b'you need Python.'
>>> fp.close()
```

注意，对于文本文件 file1. txt 来说，可以用文本的方式打开，也可以用二进制的方式打开。二进制文件一般采用随机存取，用 seek()方法实现。文本文件也可以使用 seek( )方法，但 Python3. x 限制文本文件只能相对于文件开始位置进行位置移动。当文件指针位置为当前位置或末尾位置时，偏移量必须为 0，其他值不支持。例如：

```
>>> fp=open("file1.txt","r")                   #以文本方式读取 file1.txt 文件
>>> fp.read()
'Hello!\nLife is short,you need Python.'
>>> fp.read()                                   #从文件末尾继续读取文件
''
>>> fp.seek(0)                                  #将文件指针移至文件开始位置
0
>>> fp.read()                                   #从头读取文件内容
'Hello!\nLife is short,you need Python.'
>>> fp.close()
```

2. tell( )方法

tell( )方法的用法如下:

文件对象. tell( )

Python 中使用文件对象的 tell( )方法返回文件的当前读写位置。其功能是获取文件的当前位置,即相对于文件开始位置字节数。例如:

```
>>> fp=open("file1.txt","rb")
>>> fp.tell()
0
>>> fp.read(8)
b'Hello!\r\n'
>>> fp.tell()
8
>>> fp.read()
b'Life is short,you need Python.'
>>> fp.close()
```

例 8.3 按字节输出 file1. txt 文件中的前 5 个字节和后 7 个字节。

分析:用文件对象的 seek( )方法实现文件指针的移动。

```
1    fp=open("file1.txt","rb")
2    str1=fp.read(5)
3    fp.seek(-7,2)
4    str2=fp.read()
5    print("文件 file.txt 的前 5 个字节为{}".format(str1))
6    print("文件 file.txt 的后 7 个字节为{}".format(str2))
7    fp.close()
```

运行程序,结果如下:

文件 file. txt 的前 5 个字符为 b' Hello'

文件 file. txt 的后 7 个字符为 b' Python. '

8.4 文件与文件夹操作

Python 中的 os 模块提供了类似于操作系统的文件管理功能,如文件重命名、删除、遍历、目录管理等。要使用这个模块,需要先导入它,然后调用相关的方法完成文件与文件夹的操作。

1. 文件重命名

rename()方法可以实现文件重命名,它的一般格式为:

import os

os. rename("当前文件名","新文件名")

例如,将文件 mytest1. txt 重命名为 mytest2. txt,命令如下:

```
>>> import os
>>> os.rename("mytest1.txt","mytest2.txt")
```

2. 文件删除

remove()方法可以用来删除文件，它的一般格式为：

import os

os. remove("当前文件名")

例如，将现有文件 mytest2. txt 删除，命令如下：

```
>>> import os
>>> os.remove("mytest2.txt")
```

注意，以上两种方法在操作时，当前文件名如果不存在，则抛出"FileNotFoundError"错误。

3. 文件目录操作

Python 中的 os 模块提供了以下几种方法，可以帮助查看、创建、更改和删除目录。

(1)getcwd()方法

getcwd()方法用于显示当前工作目录，它的一般格式为：

```
>>> os. getcwd()
' C:\\Users\\Administrator\\Desktop\\temp\\python'
```

(2)chdir()方法

chdir()方法用于改变当前目录，它的一般格式为：

os. chdir("新路径名")

例如，将"c:\\python\\temp"设定为当前工作目录，命令如下：

```
>>> os.chdir("c:\\python\\temp")
```

(3)mkdir()方法

mkdir()方法用于在当前工作目录下创建新目录，它的一般格式为：

os. mkdir("新文件夹名")

例如，在当前工作目录下创建“new”目录，命令如下：

```
>>> os.mkdir("new")
```

(4)listdir()方法

listdir()方法用于返回当前目录下所有文件及子目录的名称。

例如：

```
>>> os. listdir()
[' 4—5. py', ' 4—7. py',' new']
```

(5)rmdir()方法

rmdir()方法用于删除空目录。注意，在删除目录之前要先清除目录中所有的内容。它的一般格式为：

os. rmdir("文件夹名")

例如，删除刚创建的“new”目录，命令如下：

```
>>> os. rmdir("new")
```

注意，如果删除的目录不是空的，则抛出"OSError：[WinError 145]"错误。

如果要查看 os 模块的所有方法，可用如下命令：

```
>>> dir(os)
```

8.5 csv 文件的读写

8.5.1 csv 文件简介

csv 是一种常见的文件格式,即逗号分隔数值(Comma－Separated Values)的存储格式,主要用于不同程序之间进行数据的导入和导出。如果在 Windows 下双击打开 csv 格式文件,一般会用 Excel 关联打开的文件。但实际上,csv 文件也是一种纯文本文件,可用记事本、写字板等编辑器打开并查看其中的内容。例如,图 8.8、图 8.9 为 csv 文件打开方式的典型示例:

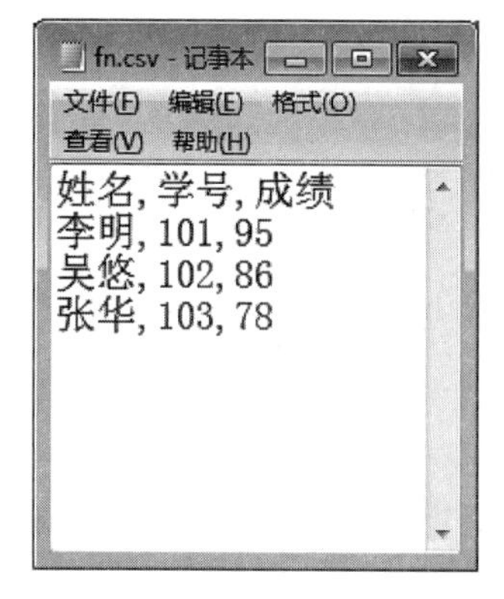

图 8.8　用记事本打开 csv 文件

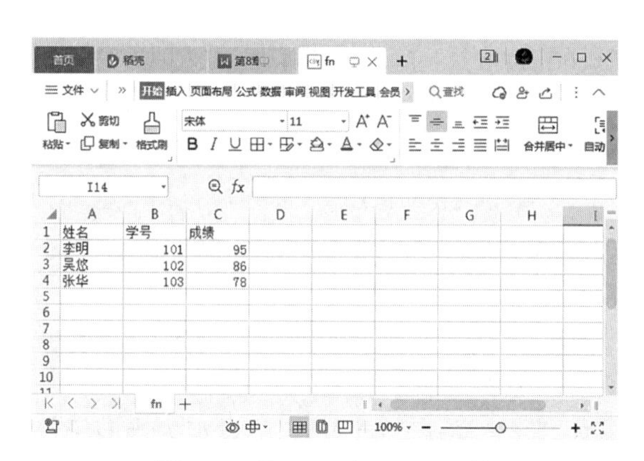

图 8.9　用 Excel 打开 csv 文件

可以看出 csv 文件有如下特征:

①第一行一般是标题行,存储的是字段名;

②除第一行外的每一行为一条记录,存储和字段名对应的字段值;

③各字段之间一般用半角逗号作为分隔符,但也可使用其他符号作为分隔符;

④记录不跨行,也无空行,每条记录都有同样的字段序列。

Python 中有 csv 模块的标准库,提供读写 csv 文件的相关方法。虽然 csv 是纯文本文件,可以使用普通的文本文件的处理方式,但 csv 模块提供了 reader()函数和 DictReader()方法用于读取 csv 文件内容,提供了 writer()函数和 DictWriter()方法用于写入数据到 csv 文件。

8.5.2 读取 csv 文件

csv 模块中的 read()函数和 DictReader()函数可创建常规读取对象和字典读取对象,实现对 csv 文件的读取操作。

1. 创建常规读取对象

csv 模块中的 reader()函数用于创建常规读取对象,其用法如下:

csv_reader=csv. reader(文件对象)

文件对象参数即为 open()函数返回的文件对象;使用 csv 模块中的 reader()函数会返回一个可迭代的对象,其每次迭代返回一个包含一行数据的列表。

例如,利用 reader()函数创建常规读取对象读取“fn. csv”文件中所有的数据。

```
>>> Import csv
>>> fp=open("fn.csv","r")
>>> csv_reader=csv.reader(fp)
>>> for row in csv_reader:              #利用 for 循环遍历 csv_reader 对象
        print(row)
```

运行程序,结果如下:

```
['姓名', '学号', '成绩']
['李明', '101', '95']
['吴悠', '102', '86']
['张华', '103', '78']
```

可以看出,利用 for 循环遍历 csv 模块中 reader()函数创建的 csv_reader 对象,每次得到的是文件中的一行数据,以列表的形式输出,且所有的数据都是字符串。

除了以列表存储读取的 csv 文件外,csv 模块也允许使用字典的形式获取 csv 文件中的数据。

2. 创建字典读取对象

csv 模块中的 DictReader()函数用于创建字典读取对象,其用法如下:

csv_reader=csv. DictReader(文件对象)

文件对象参数即为 open()函数返回的文件对象,使用 csv 模块中的 DictReader()会创建一个字典对象,它是一个可迭代对象,每次迭代返回一个包含一行数据的字典对象。默认将 csv 文件第 1 行的字段名作为字典中的键,文件中第 2 行开始的每个字段值按顺序作为键映射的值。

例如,利用 csv. DictReader()函数创建字典读取对象读取“fn. csv”文件中所有的数据。

```
>>> fp=open("fn.csv","r")
>>> csv_reader=csv.DictReader(fp)
>>> for row in csv_reader:
        print(row)
```

运行程序,结果如下:

```
{'姓名': '李明', '学号': '101', '成绩': '95'}
{'姓名': '吴悠', '学号': '102', '成绩': '86'}
{'姓名': '张华', '学号': '103', '成绩': '78'}
```

例 8.4　csv 文件 fn1. csv 中的内容如图 8.10 所示,请将文件中所有外语学院的学生信息输出。

学号	姓名	性别	所在学院
101	李明	男	外语
102	张东	男	数学
103	吴莉	女	外语
104	张一凡	男	中文

图 8.10　csv 文件 fn1. csv

```
1   import csv
2   fp=open("fn1.csv","r")
3   csv_reader=csv.DictReader(fp)
4   for row in csv_reader:
5       if row['所在学院']=="外语":
6           for x in row.values():
7               print(x,end=" ")
8           print()
9   fp.close()
```

运行程序,结果如下:

101 李明 男 外语

103 吴莉 女 外语

8.5.3 写入 csv 文件

csv 模块中的 writer()函数和 DictWriter()函数可创建常规写入对象和字典写入对象,实现对 csv 文件的写入操作。

1. 创建常规写入对象

csv 模块中可通过 writer()函数写入 csv 文件,其用法如下:

csv_writer=csv. writer(文件对象)

writer()函数返回写入对象,通过变量 csv_writer 引用,利用 csv_writer 对象的 writerow()方法向 csv 文件写入一行数据,其用法如下:

csv_writer. writerow(列表)

writerow()一次向 csv 文件中写入一行数据。

例 8.5 将列表 ls_stu 中的学生信息写入 fn_stu1. csv 文件中。

```
1   import csv
2   ls_stu=[['姓名', '学号', '成绩'],
3           ['李明', '101', '95'],
4           ['吴悠', '102', '86'],
5           ['张华', '103', '78']]
6   fp=open("fn_stu1.csv","w",newline="")
7   csv_writer=csv.writer(fp)              #创建常规写入对象 csv_writer
8   for row in ls_stu:
9       csv_writer.writerow(row)           #将列表中的元素逐行写入文件
10  fp.close()
```

运行程序,fn_stu1. csv 文件中数据如图 8. 11 所示。

注意,打开文件时需要指定 newline="",如果不添加此参数,每写入一行数据后会有一个空行,会导致 csv 文件读取数据时出错。

本例也可使用 writerows()方法一次向 csv 文件中写入多行数据,请自行改写。

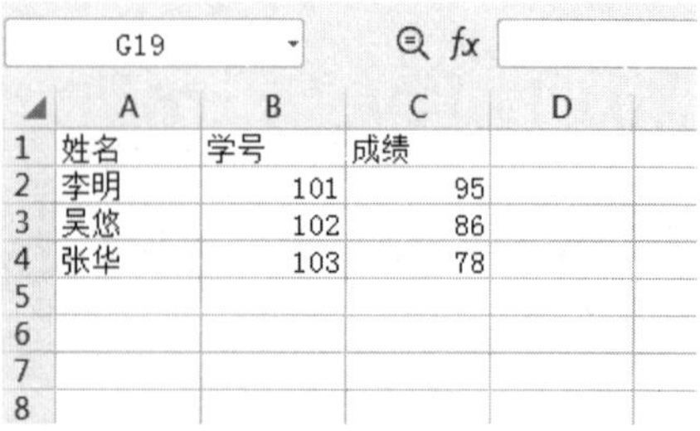

G19 fx

	A	B	C	D
1	姓名	学号	成绩	
2	李明	101	95	
3	吴悠	102	86	
4	张华	103	78	
5				
6				
7				
8				

图 8. 11 csv 文件 fn_stu1. csv

2. 创建字典写入对象

csv模块中的DictWriter()函数可创建字典写入对象，其用法如下：

csv_writer＝csv. DictWriter(文件对象，字段名列表)

变量csv_writer用于引用DictWriter()函数创建的字典写入对象，字段名列表用于指定表格数据的字段名，它决定将字典写入csv文件时键值对中的各个值的写入顺序。

字典写入对象的writerows()方法用于向csv文件写入所有数据，其用法如下：

csv_writer. writerows(字典对象)

例8.6　利用csv. DictWriter对象，将列表ls_stu中的学生信息写入fn_stu2. csv文件中。

```
1    import csv
2    title=['姓名', '学号', '成绩']
3    ls_stu=[{"姓名":"王小冬","学号":"104","成绩":"99"},
4            {"姓名":"马翔宇","学号":"105","成绩":"86"},
5            {"姓名":"张明飞","学号":"106","成绩":"77"},
6            {"姓名":"李凤雨","学号":"107","成绩":"75"}]
7    fp=open("fn_stu2.csv","w",newline="")
8    csv_writer=csv.DictWriter(fp,title)      #创建字典写入对象 csv_writer
9    csv_writer.writeheader()                 #将标题字段名写入文件
10   csv_writer.writerows(ls_stu)             #将所有记录写入文件
11   fp.close()
```

运行程序，fn_stu2. csv文件中数据如图8.12所示。

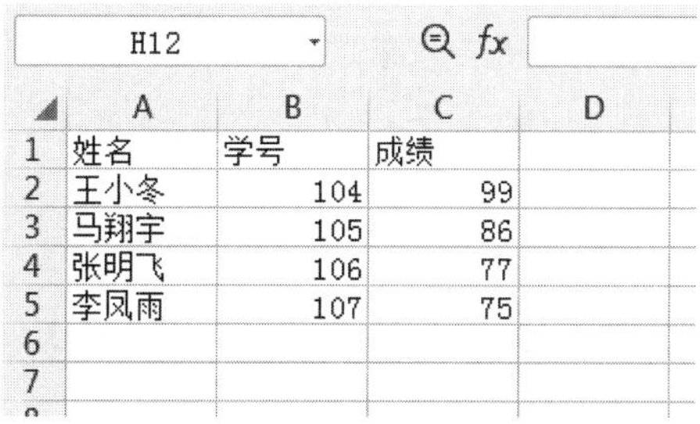

H12　　fx

	A	B	C	D
1	姓名	学号	成绩	
2	王小冬	104	99	
3	马翔宇	105	86	
4	张明飞	106	77	
5	李凤雨	107	75	
6				
7				

图8.12　csv文件fn_stu2. csv

8.6　数据组织

8.6.1　基本概念

计算机在处理一组数据之前需要对这些数据进行组织，用于表明数据之间的基本逻辑和关系，进而形成“数据的维度”。维度是指事物或现象的某种特征，例如学生的姓名、学号、专业都是维度。数据按维度划分为一维数据、二维数据和高维数据。在Python中，一维数据采用线性的方式组织数据，对应列表、元组和集合都属于一维数据。二维数据是由多个一维数据构成的，是一维数据的组合形式，称为表格数据。高维数据是由键值对类型的数据构成，采用对象方式组织，可以多层嵌套，高维数据相对一维和二维数据能表达更加灵活和复杂的数据关系，本章不做介绍。

8.6.2 一维数据及处理

一维数据由具有对等关系的有序或无序的数据构成,采用线性的方式组织,对应列表、元组和集合都属于一维数据。例如,下面的一组专业名称就属于一维数据。

计算机,软件工程,人工智能,电子信息,自动化

一维数据是简单的线性结构,在 Python 中可以用列表表示,例如:

```
>>> major=["计算机","软件工程","人工智能","电子信息","自动化"]
>>> print(major)
['计算机', '软件工程', '人工智能', '电子信息', '自动化']
>>> major[2]
'人工智能'
```

一维数据可以使用文本文件进行存储,文件中的数据之间可用空格、逗号、分号等符号分隔,例如:

计算机 软件工程 人工智能 电子信息 自动化

计算机,软件工程,人工智能,电子信息,自动化

计算机;软件工程;人工智能;电子信息;自动化

从文件“fname. txt”中读入一维数据,并把它表示为列表对象。

```
>>> fp=open("fname.txt","r")
>>> s=fp.read()
>>> ls=s.split(",")
>>> ls
['计算机', '软件工程', '人工智能', '电子信息', '自动化'
>>> fp.close()
```

8.6.3 二维数据及处理

二维数据可以看作是嵌套的一维数据,由多个一维数据组成,每个一维数据的数据项为一个一维数据。可以用列表来表示二维数据,例如:

```
>>> scores=[['姓名', '学号', '成绩'], ['李明', ' 101', 95], ['吴悠', ' 102', 86], ['张华', ' 103', 78]]
```

对于列表中存储的二维数据,可以存储为 csv 格式文件。例如:

```
>>> scores=[["姓名","学号","成绩"],
            ["李明","101",95],
            ["吴悠","102",86],
            ["张华","103",78]]
>>> import csv
>>> fp=open("fn. csv","w",newline="")          #打开文件
>>> ws=csv. writer(fp)                          #创建 csv 文件的写对象 ws
>>> ws. writerow(scores)                        #将二维数据中所有行写入文件
>>> fp. close()
```

在打开文件时使用“newline=' '”参数指明写入新记录后不插入空行。打开该文件后

格式如图 8.13 所示。

	A	B	C	D
1	姓名	学号	成绩	
2	李明	101	95	
3	吴悠	102	86	
4	张华	103	78	

图 8.13　二维数据写入 csv 文件

8.7　文件的综合应用

例 8.7　将九九乘法口诀表按如下格式写入文件“myfile1.txt”中。

```
1*1=1
1*2=2    2*2=4
1*3=3    2*3=6    3*3=9
1*4=4    2*4=8    3*4=12   4*4=16
1*5=5    2*5=10   3*5=15   4*5=20   5*5=25
……
```

```
fin=open("myfile1.txt","w")
for i in range(1,9+1):
    for j in range(1,i+1):
        exp=str(j)+'*'+str(i)+'='+str(i*j)+'\t'
        print(exp,end="")
        fin.write(exp)
    print()
    fin.write("\n")
fin.close()
```

运行程序，结果如图 8.14 所示。

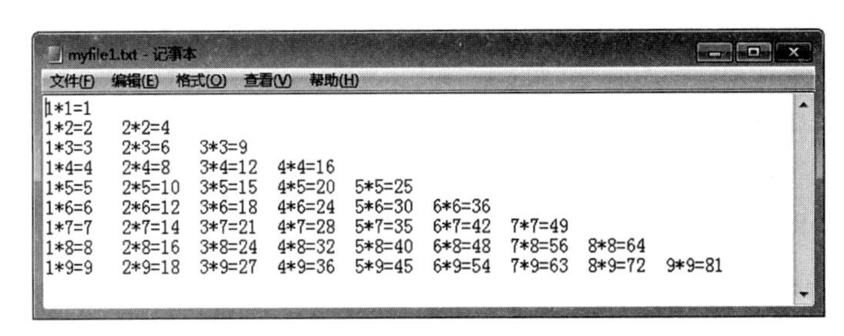
myfile1.txt - 记事本

文件(F)　编辑(E)　格式(O)　查看(V)　帮助(H)

```
1*1=1
1*2=2   2*2=4
1*3=3   2*3=6   3*3=9
1*4=4   2*4=8   3*4=12  4*4=16
1*5=5   2*5=10  3*5=15  4*5=20  5*5=25
1*6=6   2*6=12  3*6=18  4*6=24  5*6=30  6*6=36
1*7=7   2*7=14  3*7=21  4*7=28  5*7=35  6*7=42  7*7=49
1*8=8   2*8=16  3*8=24  4*8=32  5*8=40  6*8=48  7*8=56  8*8=64
1*9=9   2*9=18  3*9=27  4*9=36  5*9=45  6*9=54  7*9=63  8*9=72  9*9=81
```

图 8.14　程序运行结果

例 8.8　字符串的输入输出。

请从键盘输入一些字符串，逐个将输入的字符串写入文件“myfile2.txt”中，直到输入“#”时字符串输入结束。然后从该文件中将输入的字符串读出，并在屏幕上显示出来。

```
1    fin=open("myfile2.txt","w")
2    s=input("请输入多行字符串：")
3    while s!='#':
4        fin.write(s+'\n')
5        s=input("继续输入字符串（输入'#'时结束）")
6    fin.close()
7    fout=open("myfile2.txt","r")
8    s=fout.read()
9    print("输出文本文件：")
10   print(s.strip())
```

运行程序,结果如下:

```
请输入多行字符串：red
继续输入字符串（输入'#'时结束）yellow
继续输入字符串（输入'#'时结束）blue
继续输入字符串（输入'#'时结束）#
输出文本文件：
red
yellow
blue
```

例 8.9 随机产生 9 个 1—20 之间的整数构成列表,将该列表从大到小排序后写入文件"myfile3.txt"的第一行,然后从文件中读取内容到列表中,再将该列表从小到大排序后追加到文件的下一行。

```
1    import random
2    ls1=[]
3    for i in range(1,10):
4        x=random.randint(1,20)
5        ls1.append(x)
6    ls1.sort(reverse=True)
7    s1=",".join(list(map(str,ls1)))
8    fin=open("myfile3.txt","w")
9    fin.write(s1)
10   fin.close()
11   fout=open("myfile3.txt","r+")
```

运行程序,结果如图 8.15 所示。

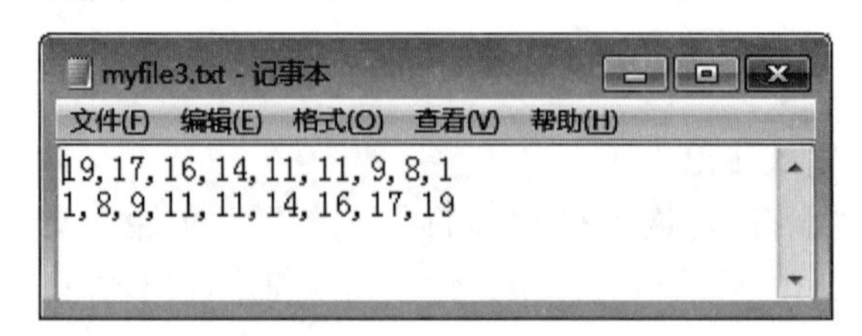

图 8.15 程序运行结果

例 8.10　请用随机函数生成 500 行 1—100 之间的随机整数存入“myfile4. txt”文件中，编写程序找出这些整数的众数并输出。众数即为一组数中出现次数最多的数。

```
1   import random
2   with open("myfile4.txt","w+") as fp:
3       for i in range(500):
4           fp.write(str(random.randint(1,100)))
5           fp.write("\n")
6       fp.seek(0)
7       nums=fp.readlines()
8   nums=[num.strip() for num in nums]
9   setNums=set(nums)
10  ls=[0]*101
11  for num in setNums:
12      c=nums.count(num)
13      ls[int(num)]=c
14  for i in range(len(ls)):
15      if ls[i]==max(ls):
16          print(i)
```

例 8.11　将班级学生的成绩以文本文件的方式存放在“myfile5. txt”中，每行为一个学生的成绩记录，记录由学生姓名、平时成绩、期中成绩、期末成绩四个部分组成。编程读出该文件中所有学生的成绩，并按照总评成绩＝平时成绩×0. 3＋期中成绩×0. 2＋期末成绩×0. 5 的计算公式求出总评成绩，然后按照总评成绩升序写入文件“sorted_grade. txt”中。

文件 myfile5. txt 中的内容如下：

李晓明 80 75 90

张华雷 90 80 85

孔令曾 78 85 76

```
1   with open("myfile5.txt","r") as fout:
2       ls=fout.readlines()
3       i=0
4       for x in ls:
5           ls1=x.strip("\n").split()
6           ls[i]=ls1
7           total=eval(ls[i][1])*0.3+eval(ls[i][2])*0.2+eval(ls[i][3])*0.5
8           ls[i].append(int(total))
9           i+=1
10  ls.sort(key=lambda a:a[4])
11  with open("sorted_grade.txt","w") as fin:
12      for ls1 in ls:
13          print(ls1)
14          s=''
15          for i in range(4):
16              s=s+ls1[i]+' '
```

```
17              s=s+'\n'
18              fin.write(s)
```

运行程序,结果如下:

```
['孔令曾', '78', '85', '76', 78]
['李晓明', '80', '75', '90', 84]
['张华雷', '90', '80', '85', 85]
```

第8章思维导图

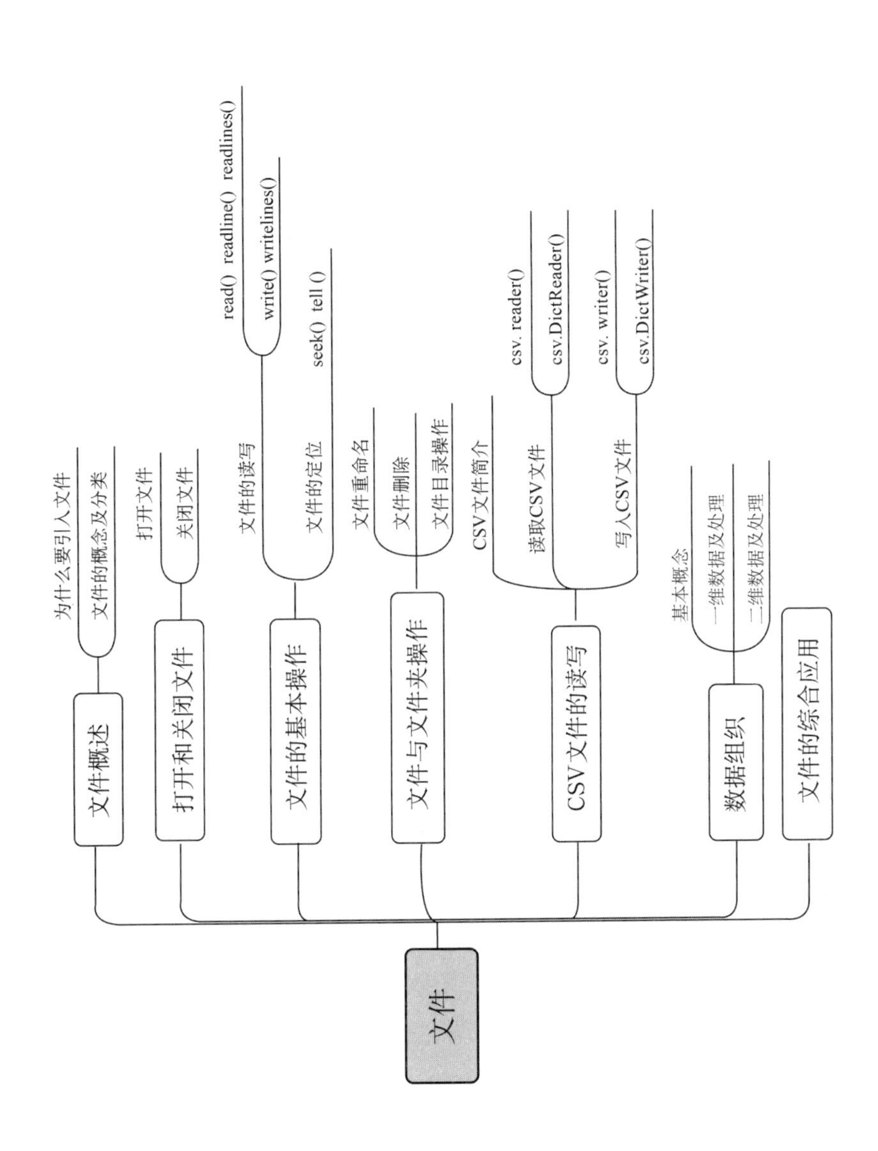

文件
文件概述
为什么要引入文件
文件的概念及分类
打开和关闭文件
打开文件
关闭文件
文件的基本操作
文件的读写
read()　readline()　readlines()
write()　writelines()
文件的定位
seek()　tell ()
文件与文件夹操作
文件重命名
文件删除
文件目录操作
CSV文件的读写
CSV文件简介
读取CSV文件
csv. reader()
csv.DictReader()
写入CSV文件
csv. writer()
csv.DictWriter()
数据组织
基本概念
一维数据及处理
二维数据及处理
文件的综合应用

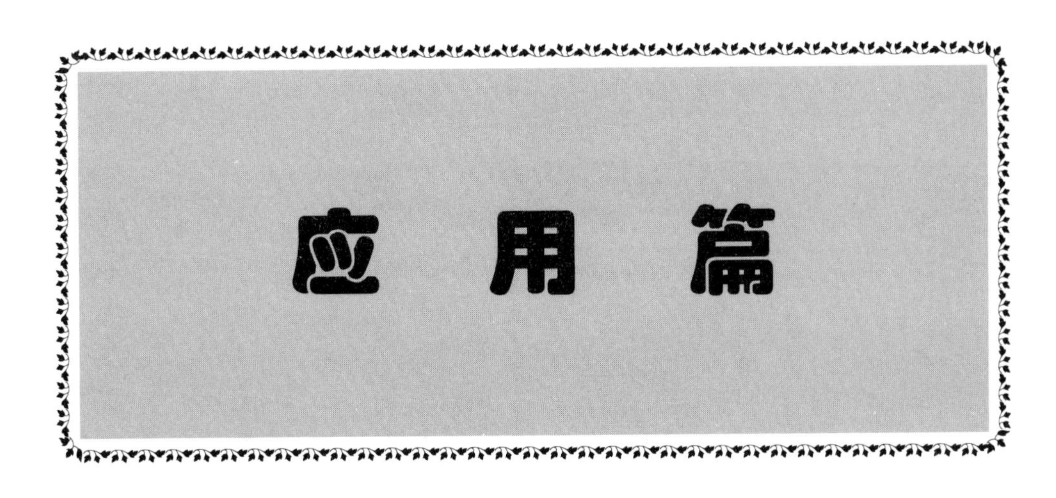

应用篇

第 9 章　文本分析

文本分析是文本挖掘、信息检索的一个基本问题。它把从文本中抽取出的特征词进行量化来表示文本信息。由于文本是由特定的人制作,文本的语义不可避免地会反映人的特定立场、观点、价值和利益。因此,由文本内容分析,可以推断文本作者的意图和目的。

9.1　英文文本分析

由于英文文本是以空格和标点符号来分隔词语的,所以在一般情况下,对英文文本的初步分析相对容易。如果要提取一段英文文本中的单词,我们可以这样处理:

```
>>> str="Heroes are not born, they are made."
>>> str.split()
['Heroes', 'are', 'not', 'born,', 'they', 'are', 'made.']
```

9.1.1　NLTK 库介绍

如果要对英文进行进一步的句法分析或者词性标注,需要用到自然语言处理 NLP (Natural Language Processing)工具包。在 NLP 领域中,最常使用也最受欢迎的一个 Python 库就是 NLTK(Natural Language Toolkit)。NLTK 是一个开源的项目,由 Steven Bird 和 Edward Loper 在宾夕法尼亚大学计算机和信息科学系开发,它包括图形演示和示例数据。

用 pip install nltk 安装 NLTK 库,再用 import nltk 和 nltk.download()导入和下载 NLTK 数据包,可以选择安装所有的软件包,也可以选择其中的一部分。

前文已介绍可以使用 split()函数简单分割文本。现在,我们使用 NLTK 对文本进行标记化。对文本进行标记化尤为重要,因为文本无法在没有进行标记化的情况下被处理。标记化意味着将较大的部分分隔成较小的单元。

可以将段落分割为句子,并根据需要将句子分割为单词。NLTK 具有内置的句子标记器 sent_tokenize 和词语标记器 word_tokenize。下面来看看它们的用法。

```
>>> from nltk.tokenize import sent_tokenize,word_tokenize
>>> text="Hello Irma, how are you? I hope everything is going well. Today is a nice day, see you next year."
>>> print(sent_tokenize(text))
```

运行后,可以看到如下结果:

```
['Hello Irma, how are you?', 'I hope everything is going well.', 'Today is a nice day, see you next year.']
```

一段话被分隔成若干个句子,sent_tokenize()用来将文本段落分隔为句子。接下来,看 word_tokenize()的功能。继续输入命令,观察结果。

```
>>> ls=[]
```

```
>>> sents=sent_tokenize(txt)
>>> for sent in sents:
ls.append(len(word_tokenize(sent)))
```

运行后,可以看到如下结果:

```
>>> ls
[7, 7, 11]
```

word_tokenize()用来将文本分隔为单词。

NLTK 还具有大多数语言的停用词表。要获得英文停用词,可以使用以下代码:

```
from nltk.corpus import stopwords
stopwords.words('english')
```

得到英文停用词表如下:

['i', 'me', 'my', 'myself', 'we', 'our', 'ours', 'ourselves', 'you', 'your', 'yours', 'yourself', 'yourselves', 'he', 'him', 'his', 'himself', 'she', 'her', 'hers', 'herself', 'it', 'its', 'itself', 'they', 'them', 'their', 'theirs', 'themselves', 'what', 'which', 'who', 'whom', 'this', 'that', 'these', 'those', 'am', 'is', 'are', 'was', 'were', 'be', 'been', 'being', 'have', 'has', 'had', 'having', 'do', 'does', 'did', 'doing', 'a', 'an', 'the', 'and', 'but', 'if', 'or', 'because', 'as', 'until', 'while', 'of', 'at', 'by', 'for', 'with', 'about', 'against', 'between', 'into', 'through', 'during', 'before', 'after', 'above', 'below', 'to', 'from', 'up', 'down', 'in', 'out', 'on', 'off', 'over', 'under', 'again', 'further', 'then', 'once', 'here', 'there', 'when', 'where', 'why', 'how', 'all', 'any', 'both', 'each', 'few', 'more', 'most', 'other', 'some', 'such', 'no', 'nor', 'not', 'only', 'own', 'same', 'so', 'than', 'too', 'very', 's', 't', 'can', 'will', 'just', 'don', 'should', 'now']

NLTK 除了在自然语言处理方面表现不俗外,它在频率统计方面也是非常优秀的。利用 NLTK 统计频率分布,可以使用它的频率分布类 FreqDist。FreqDist 继承自 dict,可以像操作字典一样操作 FreqDist 对象。本书在此不做赘述,感兴趣的读者可以自行拓展学习。

9.1.2 英文作品分析案例

例 9.1 目前各种应用写作和文案不仅有格式上的要求,还有字数的限制。办公软件 Word 中就提供了字数统计功能。请模拟 Word 的功能统计给定文档的字符数、单词数以及句长等数据。

分析:选取 2009 年美国总统奥巴马的就职演讲稿作为分析对象,利用 NLTK 库中的部分函数功能对文本进行句子和单词的分析。

解决该问题的步骤如下:

```
1  from nltk.tokenize import word_tokenize, sent_tokenize
2  txt = open("2009 奥巴马就职演讲稿.txt","r").read().lower() # 从文件中读取文本
3  print("\n******本篇演讲稿字数统计信息如下******\n")
4  print("{0:{2}<10}\t{1:>6}".format("字符数(计空格):",len(txt),chr(12288)))
5  print("{0:{2}<10}\t{1:>6}".format("字符数(不计空格):",\
```

```
6   len(txt.replace(' ','')),chr(12288)))
7   sents = sent_tokenize(txt)    # 按句子分隔
8   words = 0
9   for sent in sents:
10      words += len(word_tokenize(sent))  # 统计每句中单词数并累计
11  mx = max([len(x) for x in sents])   # 统计最长句含单词数
12  mn = min([len(x) for x in sents])   # 统计最短句含单词数
13  print("{0:{2}<10}\t{1:>6}".format("单词数：",words,chr(12288)))
14  print("{0:{2}<10}\t{1:>6}".format("句子数：",len(sents),chr(12288)))
15  print("{0:{2}<10}\t{1:>6}".format("最长句含单词数：",mx,chr(12288)))
16  print("{0:{2}<10}\t{1:>6}".format("最短句含单词数：",mn,chr(12288)))
17  print("{0:{2}<10}\t{1:>6.2f}".format("平均每句包含单词数：",\
18  words/len(sents),chr(12288)))
```

程序中 format()函数的默认填充字符是西文空格，为了控制输出内容的上下行对齐，使用了中文空格，它的 Unicode 码是 12288，即 chr(12288)代表中文空格。

程序运行，结果如下：

```
******本篇演讲稿字数统计信息如下******
字符数(计空格)：          13 615
字符数(不计空格)：        11 163
单词数：                  2 745
句子数：                  109
最长句含单词数：          473
最短句含单词数：          8
平均每句包含单词数：      25.18
```

9.2　中文文本分析

中文由若干文字连接在一起，没有像英文句子中的空格这样明显的分界符来划界，虽然英文也同样存在短语的划分问题，不过在单词这一层面上，中文比英文要复杂和困难得多。在大多数中文应用中，词是一个比较合适的语义粒度。中文分词是文本挖掘的基础，对于输入的一段中文，成功地进行中文分词，可以达到电脑自动识别语句含义的效果。于是，在中文文本中就不能简单使用 split( )方法进行分割。

中文文本中的数据分析还需要事先进行预处理，如数据清洗、去除停用词、同义词替换等步骤，后面通过中文作品分析详细介绍。

9.2.1　中文文本的分词

分词是进行中文文本分析的基础。

分词是将连续的字符序列按照一定的规范分割成单词序列的过程。通俗地讲，在自然语言处理过程中，为了能更好地处理句子，往往需要把句子拆开分成一个一个的词语。这样能更好地分析句子的特性。

Python 中可以进行分词的工具很多，例如 jieba、SnowNLP、Thulac、HanLP、LTP、

CoreNLP、NLTP 等。这里主要介绍目前最为常用的 jieba 分词。

一、jieba 库简介和安装

jieba 库是 Python 中一个重要的第三方中文分词函数库,能够将一段中文分割成中文词语序列。jieba 在中文分词界非常出名,支持简、繁体中文,还可以加入自定义词典以提高分词的准确率。jieba 库的分词原理是把待分词内容与分词的中文词库进行对比,通过图结构和动态规划算法找到最大概率的词组。

jieba 不是 Python 的标准库,必须用 pip install jieba 安装后用 import jieba 导入。

二、jieba 库功能

1. jieba 库的三种模式

jieba 分词支持三种分词模式。

(1) 精确模式:试图将句子最精确地切开,适合文本分析。精确模式的分词函数有 jieba. cut(s)和 jieba. lcut(s),前者返回可迭代的数据类型,后者返回列表类型。

```
>>> import    jieba
>>> jieba.lcut("刘邦是中国历史上杰出的政治家、军事家和指挥家")
['刘邦','是','中国','历史','上','杰出','的','政治家','、','军事家','和','指挥家']
```

(2) 搜索引擎模式:在精确模式的基础上,对长词再次切分,提高召回率,适合用于搜索引擎分词。搜索引擎模式的分词函数有 jieba. cut_for_search(s)和 jieba. lcut_for_search(s),前者返回可迭代的数据类型,后者返回列表类型。

```
>>> jieba.lcut_for_search("刘邦是中国历史上杰出的政治家、军事家和指挥家")
['刘邦','是','中国','历史','上','杰出','的','政治','治家','政治家','、','军事','军事家','和','指挥','指挥家']
```

(3) 全模式:把句子中所有的可以成词的词语都扫描出来。该模式速度非常快,但是不能解决歧义。全模式的分词函数有 jieba. cut(s,cut_all=True)和 jieba. lcut(s, cut_all=True),前者返回可迭代的数据类型,后者返回列表类型。

```
>>> jieba.lcut("刘邦是中国历史上杰出的政治家、军事家和指挥家",cut_all=True)
['刘邦','是','中国','国历','历史','上','杰出','的','政治','政治家','治家',',','、军事','军事家','和','指挥','指挥家']
```

由于列表类型通用且灵活,建议使用可返回列表类型的分词函数。

2. 添加新词和自定义词典

(1) 添加新词

以上介绍的分词函数能够较好地识别自定义新词,如姓名和缩写。对于不在分词词典中且无法识别的分词,可以通过 jieba. add_word()函数向分词库添加。

```
>>> jieba.add_word("军事家和指挥家")
>>> jieba.lcut("刘邦是中国历史上杰出的政治家、军事家和指挥家")
['刘邦','是','中国','历史','上','杰出','的','政治家','、','军事家和指挥家']
```

(2) 添加自定义词典

如果需要,用户也可以指定自己定义的词典,以便包含 jieba 词库里没有的词。虽然

jieba有新词识别能力,但是自行添加新词可以保证更高的正确率。

自定义词典中一个词语占一行,每行包括词语、词频、词性三部分,用空格隔开,顺序不可颠倒,其中词频和词性可以省略。

词典的格式如下:

词语词频词性

例如:

军事家和指挥家 3 n

添加自定义词典的方法是 jieba.load_userdict(file_name),file_name为文件类对象或自定义词典的路径,若为路径或二进制方式打开的文件,则文件必须为UTF-8编码。要添加文件名为"userdict.txt"的自定义词典,方法如下:

```
>>> jieba.load_userdict("userdict.txt")
```

3. 词性标注

词性标注(Part-Of-Speech tagging, POS tagging)也被称为语法标注(grammatical tagging)或词类消疑(word-category disambiguation),是语料库语言学(corpus linguistics)中将语料库内单词的词性按其含义和上下文内容进行标记的文本数据处理技术。词性标注主要被应用于文本挖掘和NLP领域。简单讲就是对句中的每个标识符分配词类(如名词、动词、形容词等)标记的过程。

```
import jieba.posseg as pseg
words=pseg.lcut("刘邦是中国历史上杰出的政治家、军事家和指挥家")
for w in words:
print(w.word,w.flag)
刘邦 nr
是 v
中国 ns
历史 n
上 f
杰出 a
的 uj
政治家 n
、x
军事家和指挥家 x
```

这里标注句子分词后,每个词的词性采用和ictclas兼容的标记法,"nr"是人名,"v"是动词,"ns"是地名,"a"是形容词,"n"是名词,"f"是方位词,"uj"是结构助词,"x"是非语素词,如符号或未知数,通过添加新词方法后加入词典的词,如果未设置词性,默认为"x"。当然,也可以在添加新词时设置词性,例如:

```
jieba.add_word(word="军事家和指挥家", tag="n")
```

运行程序,结果如下:

```
刘邦 nr
是 v
中国 ns
```

历史 n
上 f
杰出 a
的 uj
政治家 n
、x
军事家和指挥家 n

9.2.2 中文作品分析案例

例 9.2 《项羽与刘邦》是一部项羽与刘邦的楚汉争霸史,也是一场项梁、萧何、韩信、张良、陈平等风云人物权智对决的精彩大戏!随着司马辽太郎笔下一个个鲜活人物的进场与退场,引领读者经历一次又一次心灵的震撼,文本内容见图 9.1。

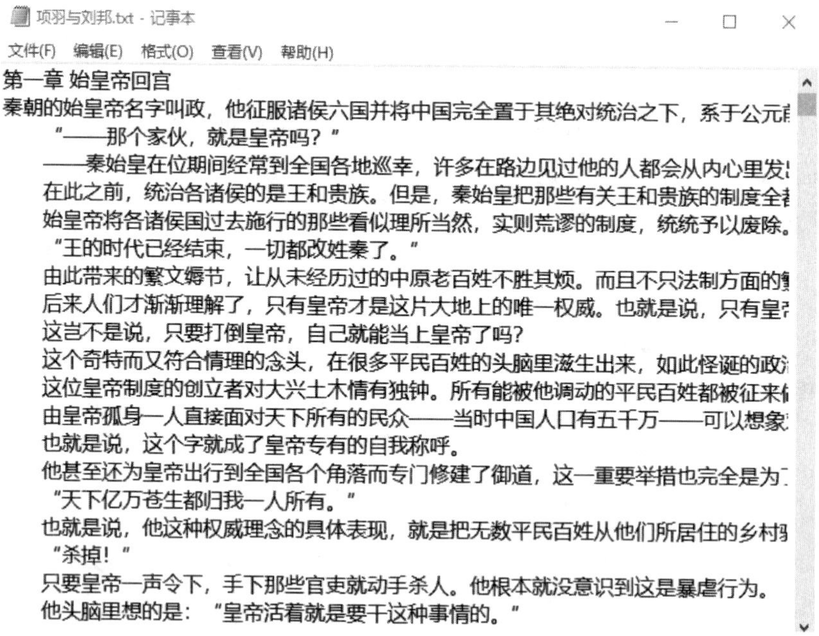

项羽与刘邦.txt - 记事本
文件(F) 编辑(E) 格式(O) 查看(V) 帮助(H)
第一章 始皇帝回宫
秦朝的始皇帝名字叫政,他征服诸侯六国并将中国完全置于其绝对统治之下,系于公元前
"——那个家伙,就是皇帝吗?"
——秦始皇在位期间经常到全国各地巡幸,许多在路边见过他的人都会从内心里发
在此之前,统治各诸侯的是王和贵族。但是,秦始皇把那些有关王和贵族的制度全
始皇帝将各诸侯国过去施行的那些看似理所当然,实则荒谬的制度,统统予以废除。
"王的时代已经结束,一切都改姓秦了。"
由此带来的繁文缛节,让从未经历过的中原老百姓不胜其烦。而且不只法制方面的
后来人们才渐渐理解了,只有皇帝才是这片大地上的唯一权威。也就是说,只有皇
这岂不是说,只要打倒皇帝,自己就能当上皇帝了吗?
这个奇特而又符合情理的念头,在很多平民百姓的头脑里滋生出来,如此怪诞的政
这位皇帝制度的创立者对大兴土木情有独钟。所有能被他调动的平民百姓都被征来
由皇帝孤身一人直接面对天下所有的民众——当时中国人口有五千万——可以想象
也就是说,这个字就成了皇帝专有的自我称呼。
他甚至还为皇帝出行到全国各个角落而专门修建了御道,这一重要举措也完全是为
"天下亿万苍生都归我一人所有。"
也就是说,他这种权威理念的具体表现,就是把无数平民百姓从他们所居住的乡村
"杀掉!"
只要皇帝一声令下,手下那些官吏就动手杀人。他根本就没意识到这是暴虐行为。
他头脑里想的是:"皇帝活着就是要干这种事情的。"

图 9.1 《项羽与刘邦》的文本内容

那么全书中有哪些重点人物和地名呢?这里以出场次数为依据来判定重点人物和地名,我们一起用 Python 分析一下吧。

首先,我们从文件中读取文本内容,然后进行分词统计。

```
1  import jieba
2  text = open("项羽与刘邦.txt","r",encoding="utf-8").read()  # 读取文本
3  words = jieba.lcut(text)     # 将文本分词
4  count = { }     # 定义空字典
5  for word in words:
6  if len(word) == 1:
7          continue     # 跳过标点和控制符
8      count[word] = count.get(word,0)+1     # 统计单词出现的次数
9  items = list(count.items())     # 将字典转换成列表类型,以便排序
```

```
10  items.sort(key = lambda x:x[1], reverse = True)    \
11  # 将列表按照 count 中键值大小进行降序排序
12  for i in range(15):
13      word, count = items[i]      # 从 items[i]中返回单词和词频
14      print("{:<10}\t{:>6}".format(word,count))      # 输出前十五位最高频词汇
```

运行程序，结果如下：

```
刘邦        2832
项羽        1894
韩信        1002
一个         929
自己         900
就是         875
没有         804
这种         709
这个         696
他们         553
项梁         547
这样         532
张良         512
可以         470
还是         450
```

观察结果，发现其中有些与人物出场统计没有关系的单词，如“一个”“自己”“就是”“这种”等。增加停用词字典“stopwords.txt”过滤：

```
1   import jieba
2   text = open("项羽与刘邦.txt","r",encoding="utf-8").read()   # 读取文本
3   words = jieba.lcut(text)     # 将文本分词
4   stopwords = jieba.lcut(open("stopwords.txt","r",encoding='utf-8').read()) \
5   # 读取停用词词典
6   count = { }     # 定义空字典
7   for word in words:
8   if len(word) == 1:
9           continue     # 跳过无意义符号
10  if word not in stopwords:          # 跳过停用词
11          count[word] = count.get(word,0)+1      # 统计单词出现的次数
12  items = list(count.items())      # 将字典转换成列表类型，以便排序
13  items.sort(key = lambda x:x[1], reverse = True)    \
14  # 将列表按照 count 中键值大小进行降序排序
15  for i in range(15):
16      word, count = items[i]      # 从 items[i]中返回单词和词频
17      print("{:<10}\t{:>6}".format(word,count))      # 输出前十五位最高频词汇
```

其中，停用词文件 stopwords.txt 如图 9.2 所示。

stopwords.txt - 记事本

文件(F) 编辑(E) 格式(O) 查看(V) 帮助(H)

一个
一点
一种
一些
一何
一切
一则
一则通过
一天
一定
一方面
一旦
一时
一来

图 9.2 停用词字典

运行程序,结果如下:

```
刘邦            2832
项羽            1894
韩信            1002
项梁             547
张良             512
将军             343
关中             287
萧何             286
士兵             281
地方             261
赵高             250
天下             242
楚军             233
范增             231
陛下             224
```

观察结果,发现其中还有一些与人物出场统计没有关系的单词,如“将军”“天下”“士兵”“地方”等。增加代码用来过滤:

```
1  import jieba
2  text = open("项羽与刘邦.txt","r",encoding='utf-8').read()   # 读取文本
3  words = jieba.lcut(text)      # 将文本分词
4  stopwords = jieba.lcut(open("stopwords.txt","r",encoding='utf-8').read()) \
5  # 读取停用词词典
6  count = { }      # 定义空字典
7  for word in words:
8  if len(word) == 1:
9          continue      # 跳过无意义符号
```

```
10        if word not in stopwords:
11            count[word] = count.get(word,0)+1     # 统计单词出现的次数
12    excludes = {'将军', '士兵','天下','楚军','陛下','皇帝','情况','说道',\
13    '地方','一句','感到','军队','始皇帝','一位','部队','之中','肯定','大军',\
14    '汉军','那种','使者','秦军','好像','这句','本来','喜欢','实在','一条',\
15    '东西','事情'}     # 无意义词
16    for word in excludes:
17        del count[word]     # 删除无意义单词
18    items = list(count.items())     # 将字典转换成列表类型，以便排序
19    items.sort(key = lambda x:x[1], reverse = True)     \
20    # 将列表按照count中键值大小进行降序排序
21    for i in range(15):
22        word, count = items[i]     # 从items[i]中返回单词和词频
23        print("{:<10}\t{:>6}".format(word,count))     # 输出前十五位最高频词汇
```

运行程序，结果如下：

```
刘邦        2832
项羽        1894
韩信        1002
项梁         547
张良         512
关中         287
萧何         286
赵高         250
范增         231
陈平         220
宋义         203
夏侯婴        200
陈胜         176
荥阳         163
咸阳         159
```

读过原著或者了解该故事背景的同学一定知道“刘邦”和“沛公”是同一个人物，也被称为“汉高祖”。项羽勇猛好武，定都于彭城，自称西楚霸王，又称为“霸王”。此时还需要对原文中的同义词进行合并统计。

```
1    import jieba
2    text = open("项羽与刘邦.txt","r",encoding='utf-8').read()   # 读取文本
3    words = jieba.lcut(text)     # 将文本分词
4    stopwords = jieba.lcut(open("stopwords.txt","r",encoding='utf-8').read()) \
5    # 读取停用词词典
6    count = { }     # 定义空字典
7    for word in words:
8    if len(word) == 1:
9            continue     # 跳过无意义符号
```

```
10        if word not in stopwords:
11            if word == '沛公'or word == '汉高祖':
12                word = '刘邦'
13            elif word =='霸王':
14                word = '项羽'              # 同义词合并
15            count[word] = count.get(word,0)+1          # 统计单词出现的次数
16    excludes = {'将军', '士兵','天下','楚军','陛下','皇帝','情况','说道',\
17    '地方','一句','感到','军队','始皇帝','一位','部队','之中','肯定','大军',\
18    '汉军','那种','使者','秦军','好像','这句','本来','喜欢','实在','一条',\
19    '东西','事情'}     # 定义无意义词
20    for word in excludes:
21        del count[word]     # 删除无意义单词
22    items = list(count.items())     # 将字典转换成列表类型，以便排序
23    items.sort(key = lambda x:x[1], reverse = True)     # 将列表按照 count 中的\
24    键值大小进行降序排序
25    for i in range(15):
26        word, count = items[i]     # 从 items[i]中返回单词和词频
27        print("{:<10}\t{:>6}".format(word,count))     # 输出前十五位最高频词汇
```

运行程序,结果如下：

```
刘邦        2859
项羽        1901
韩信        1002
项梁         547
张良         512
关中         287
萧何         286
赵高         250
范增         231
陈平         220
宋义         203
夏侯婴       200
陈胜         176
荥阳         163
咸阳         159
```

从结果中可以看出,刘邦和项羽果然是本作品的灵魂人物。当然文中还存在其他的同义词,除了用以上方法合并同义词以外,还可参照使用停用词字典方法将同义词放于同义词文件中进行处理,请感兴趣的读者自行完善。

最后,总结分析中文文本作品的步骤如下：

(1) 读取文本内容。

(2) 处理文本。

① 分词。

② 去除停用词。
③ 删除无意义单词。
④ 合并同义词。
(3) 统计词频。
(4) 排序。
(5) 输出高频单词。

9.3　词云

词云又叫文字云，是对文本数据中出现频率较高的“关键词”在视觉上的突出呈现，通过对关键词的渲染，形成类似云一样的彩色图片，从而一眼就可以领略文本数据表达的主要意思。当我们手中有一篇文档，比如新闻、报告、小说、剧本等，若想快速了解其主要内容是什么，可以绘制词云图，通过关键词或者高频词将其可视化地展示出来，直观且方便。

wordcloud 是 Python 中一款优秀的用来绘制词云的第三方库。

一、wordcloud 的安装

因开发者只提供了 wordcloud 的源代码，所以用户无法通过 pip 工具直接下载安装。必须先下载安装包 whl 文件，然后用命令“pip install ＋文件名”来安装。

二、wordcloud 案例

用 wordcloud 生成词云有两种方式：文本生成和频率生成。wordcloud 库把词云看成是一个 WordCloud 对象，即用 wordcloud. WordCloud()表示一个文本对应的词云。下面用实例讲解用频率生成词云。

例 9.3　将中文作品 “项羽与刘邦. txt”这个文本文件中的高频词用词云图表示。

生成步骤：
① 读入文本。
② 处理文本。
③ 配置参数。
④ 加载词云。
⑤ 输出词云。

其中，第①②两步我们使用上一节 9.2.2 中中文作品分析例题已得的结果，第③步设置参数参照表 9.1。

表 9.1　配置对象参数表

参数	描述
width	指定词云对象生成图片的宽度，默认 400 像素
height	指定词云对象生成图片的高度，默认 200 像素
min_font_size	指定词云中字体的最小字号，默认 4 号
max_font_size	指定词云中字体的最大字号，根据高度自动调节
font_step	指定词云中字体字号的步进间隔，默认为 1
font_path	指定字体文件的路径，默认 None
max_words	指定词云显示的最大单词数量，默认 200

(续表)

参数	描述
stop_words	指定词云的排除词列表,即不显示的单词列表
mask	指定词云形状,默认为长方形,需要引用 imread()函数
background_color	指定词云图片的背景颜色,默认为黑色

在此基础上调用 WordCloud 对象生成词云,加载词云可以使用文本生成方法 gennerate()和词频生成方法 fit_words()。输出词云为图像文件.png 或.jpg 格式。完整代码如下:

```
1   import jieba
2   import wordcloud
3   import numpy as np
4   from PIL import Image
5   text = open("项羽与刘邦.txt","r",encoding='utf-8').read()  # 读取文本
6   words = jieba.lcut(text)     # 将文本分词
7   stopwords = jieba.lcut(open("stopwords.txt","r",encoding='utf-8').read())\
8   # 读取停用词词典
9   count = { }      # 定义空字典
10  for word in words:
11      if len(word) == 1:
12          continue     # 跳过无意义符号
13      if word not in stopwords:
14          if word == '沛公' or word == '汉高祖':
15              word = '刘邦'
16          elif word =='霸王':
17              word = '项羽'              # 同义词合并
18          count[word] = count.get(word,0)+1      # 统计单词出现的次数
19  excludes = {'将军', '士兵','天下','楚军','陛下','皇帝','情况','说道','地方',\
20  '一句','感到','军队','始皇帝','一位','部队','之中','肯定','大军', '汉军',\
21  '那种','使者','秦军','好像','这句','本来','喜欢','实在', '一条', '东西',\
22  '事情'}      # 定义无意义词
23  for word in excludes:
24      del count[word]     # 删除无意义单词
25  # 以上是生成词频字典 count
26  background_image = np.array(Image.open("d:\\云朵.jpg"))      # 读取图片
27  w = wordcloud.WordCloud(
28      background_color = "white",      # 设置背景色
29      width = 2000,       # 设置画布宽度
30      height = 1600,      # 设置画布高度
31      margin = 2,
32      max_words = 30,     # 设置最多显示的词数
33      mask = background_image,      # 设置遮罩图形
34      font_path = "C:\Windows\Fonts\simfang.ttf").fit_words(count)     \
35      # 生成词云
36  w.to_file("中文词云图.png")      # 保存词云图片文件
```

运行程序，结果如图 9.3 所示。

图 9.3　生成的词云图片

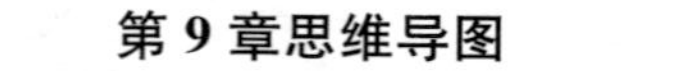
第 9 章思维导图

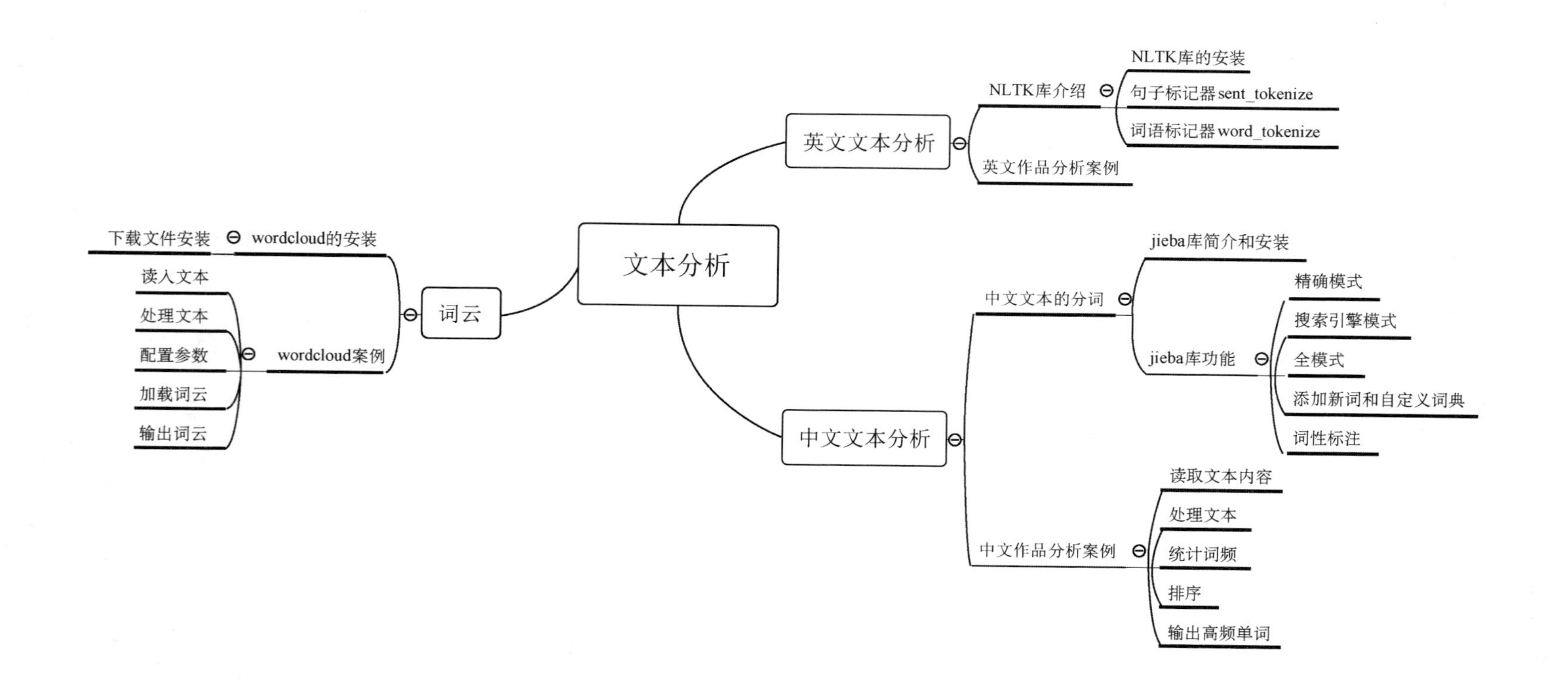
文本分析
英文文本分析
NLTK库介绍
NLTK库的安装
句子标记器sent_tokenize
词语标记器word_tokenize
英文作品分析案例
中文文本分析
中文文本的分词
jieba库简介和安装
jieba库功能
精确模式
搜索引擎模式
全模式
添加新词和自定义词典
词性标注
中文作品分析案例
读取文本内容
处理文本
统计词频
排序
输出高频单词
词云
wordcloud的安装
下载文件安装
wordcloud案例
读入文本
处理文本
配置参数
加载词云
输出词云

第10章　网络爬虫

随着网络技术的发展,通过网络获取信息已成为常态。一般用户都会使用百度、谷歌等搜索引擎来搜集信息。但是,如果想采集、分析某件物品的用户评价、某个商品的购买记录等数据时,这种方式显然是低效且烦琐的。

网络爬虫是网上数据采集的一种常用方法。搜索引擎、抢票软件都采用了网络爬虫技术。在网上爬取数据时,应遵守 Robots 协议。Robots 协议是爬取数据的一种约定,它告诉爬虫程序哪些是允许抓取和禁止抓取的信息。

10.1　网络基础知识

10.1.1　简单爬虫架构

网络爬虫也叫网络机器人,可以代替人们自动化浏览网络中的信息,进行数据的采集与整理。爬虫的核心是访问网页并提取内容,因此爬取网络数据一般分为四个步骤,如图10.1所示。

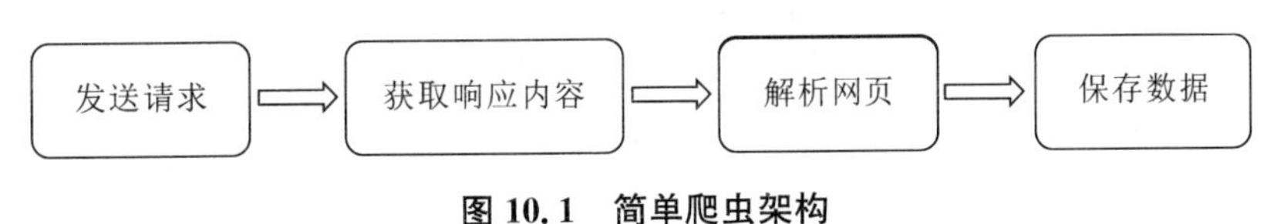

图10.1　简单爬虫架构

1. 发送请求

向指定网页请求数据。请求数据时需要提供网络地址 URL。URL(统一资源定位符,Uniform Resource Locator)是文件的网络地址,每一个网络资源都有固定且唯一的网络地址。在一般情况下,点击地址就能打开或者下载文件。

2. 获取响应内容

如果请求成功,可以获得相应网页内容。

前两个步骤通过 requests 库实现。

3. 解析网页

对爬虫抓取回来的网页文件进行处理,按照 html 语法提取有效信息。例如提取文字、中文分词、消除噪音(比如广告)、链接关系计算等,该步骤可通过 beautifulsoup4 库实现。

4. 保存数据

通常将有效信息保存至文本、csv 文件或数据库,也可以以词云等直观的形式展现。

10.1.2　HTML 文件

学习爬虫,首先要懂得网页。用户看到的漂亮网页是由 HTML、CSS、JavaScript 等网页源码支撑起来的。这些源码能被浏览器识别,并转换成用户看到的网页效果。源码中含有数据,数据按语法规则编写,爬虫程序参照相应的语法规范爬取需要的信息。

大部分网页是 HTML 格式。HTML 是一种超文本文件，也称为网页文件，通过超级链接将文本中的文字、图表与其他信息媒体相关联。HTML 文本包括一系列标签，通过标签统一文档格式，使分散的 Internet 资源链接为一个逻辑整体。用户可以通过浏览器软件查看 HTML 文本效果。

一、查看 HTML 源码

查看网页的 html 源代码，有两种常用方法。

第一种方法是在网页空白处单击鼠标右键，在弹出的菜单中选择“显示网页源代码”(Firefox)。不同的浏览器菜单项名称会有差异，Microsoft Edge 是“查看源”，搜狗是“查看源文件”，360 是“查看网页源代码”，IE 浏览器菜单是“查看”“源文件”。

第二种方法是利用浏览器选项里的开发者选项。以 Microsoft Edge 为例，点击浏览器右上角的三点按钮(设置及其他)，依次选取“更多工具”“开发人员工具”“元素”。

图 10.2 是百度主页的窗口及对应的源码，大部分网页上显示的内容能在源码中找到对应元素。

图 10.2 百度主页源码

二、HTML 语法结构及规范

HTML 文档都很长，图 10.2 所示的一个简单页面，其源码有 390 行。文档本身是结构化的文本，有一定的规则，我们需要参照其语法规则提取有用的数据。

HTML 文档由嵌套的 HTML 元素构成。一个元素由一对标签(双标签)表示，形如“<标签名></标签名>”，标签都必须放在一对尖括号中。第一个标签是开始标签，第二个标签(带斜杠)是结束标签，元素如果含有文本内容，就放置在两个标签之间，需要提取的数据大多位于这些文本中，爬数据就是把有意义的文本抓取出来。

开始标签中可以包含标签的属性，形如“<标签名　属性 1=”值 1“属性 2=”值 2“ >”。这些属性有约定的作用，id 属性用于唯一识别元素，name 属性表示元素的名称，class 属性用于语义化或格式化，style 属性用于改变 HTML 元素样式，将样式信息绑定到元素。解析文档时会引用这些属性，如使用 id 属性查找指定标签。

有部分标签只存在开始标签，不需要结束，称为单标签，如
，表示换行。

标签的最前面插入惊叹号，就被标识为注释，不予显示，例如<！——注释内容——>。注释内容可插入文本中任何位置。

表10.1以百度主页的部分源码为例，介绍HTML基本文件结构及元素。

表10.1　HTML基本文件元素

HTML文件基本结构	注释
<! DOCTYPE html>	<！——html5标准网页声明——>
<html>	<！——html文档开始——>
<head>	<！——文档头部，描述文档属性和信息——>
<meta charset="UTF-8">	<！——指定网页编码——>
<title>百度一下，你就知道</title>	<！——设定网页标题——>
</head>	<！——文档主体——>
<body>	<！——超链接标签——>
<a href=' https://baike.baidu.com' >百科</a>	<！——href属性规定链接目标——>
<p class="title">下载百度APP</p>	<！——p标签标记了一个段落——>
</body>	
</html>	<！——html文档结束——>

HTML文件包含头部和主体两个部分，在头部可定义标题、样式等，文档的主体内容是要显示的信息。<html>标记通常以文档的第一句出现，是HTML文档的开始，</html>标记是HTML文档的结束代码，出现在文档的尾部，其他的所有的HTML代码都位于这两个标记之间，该标记用于告知浏览器或其他程序，这是一个Web文档，按照HTML语言规则解释文档。<head>…</head>是HTML文档的头部标记。<body>…</body>标记之间的文本是在浏览器中要显示的页面内容。

HTML文本可以用微软自带的记事本或写字板编写，或者用WPS编辑，保存为.htm或.html类型，浏览器可以直接识别并执行该类型文件，更好的方式是使用专业的网页编辑器（Sublime Text、Dreamweaver等）。

用Python编写爬虫最大的优势在于Python有很多第三方库，免去了自己实现的环节，使Python程序更为简洁。Python爬虫有两个比较实用的库：Requests和BeautifulSoup4。学好这两个库，就能编写简单的Python爬虫程序。

10.2　requests库

Requests是目前公认的爬取网页最好的第三方库，用于向服务器发起请求，并获取响应。它基于urllib，但比urllib在使用方面更加人性化、更加简洁，可以减少编码工作量。requests需要预先下载安装。

10.2.1　请求网页

一、get方法

get()是获取网页最常用的方式，使用形式如下：

requests. get(url,Params, ** kwargs)

其中 url 为网址字符串,Params 为关键字参数, ** kwargs 是字典类型的可变参数。

可用如下代码获取一个网页的内容:

```
1 import requests
2 r = requests.get('https://www.baidu.com')
3 print(r.text)
```

该程序输出百度主页的源码,结果如图 10. 2 右侧所示。

请求网页经常会碰到失败的情况,此时,可利用 get()增设 timeout 参数,设置每次请求的超时时间(单位:秒)。当请求 url 超时,get()就停止等待响应,抛出 Timeout 异常。如果没有 timeout 参数,代码可能会挂起若干分钟甚至更长时间。

r=requests. get(' https://www. baidu. com ', timeout=1)

代码将获取一个网页的内容,如果 1 秒内没有响应,就停止等待,抛出异常。

二、带头部的网页请求

出于保护服务器资源的目的,部分网站采取了防爬虫的技术措施。因此,用户可能会遇到能在浏览器上显示却抓取不到数据的情况。究其原因,可能是服务器限制了请求头类型。用浏览器访问页面时,浏览器会自动附加一些表示属性和配置的头信息,发给服务器,网站根据有无这些信息区分来访者是真实用户还是程序代码。这是一种很基本的反爬措施。用代码发送请求时附带请求头信息,能部分模拟浏览器的访问。

HTTP 定义了十几种请求头类型,其中最重要的参数是 User-Agent(用户代理),它是一个字符串,包含用户的操作系统及版本、CPU 类型、浏览器及版本、浏览器内核、浏览器语言、浏览器插件等信息,正确设置该参数的值,让程序代码的请求表现得像浏览器一样真实有效。User-Agent 信息可以从网页源码中获取,图 10. 3 已标出某网页文件中的 User-Agent 信息。

```
元素
dpquery: "",
qid : "",
cid : "",
sid : "30968_1448_31120_21084_31187_31229_30823_26350_31164_22160",
indexSid : "30968_1448_31120_21084_31187_31229_30823_26350_31164_22160",
sampleval : [],
stoken : "",
serverTime : "1586280039",
user : "",
username : "",
userid : "",
loginAction : [],
useFavo : "",
pinyin : "",
favoOn : "",
userAgent : "Mozilla\/5.0 (Windows NT 10.0; WOW64) AppleWebKit\/537.36 (KHTML, like Gecko) Chrome\/78.0.3904.108 Safari\/537.36",
curResultNum:"0",
rightResultExist:false,
protectNum:0,
zxlNum:0,
pageNum:1,
pageSize:10,
newindex:0,
async:2,
maxPreloadThread:5,
maxPreloadTimes:10,
preloadMouseMoveDistance:5,
switchAddMask:false,
html  body.browser-e...  script  (文本)
```

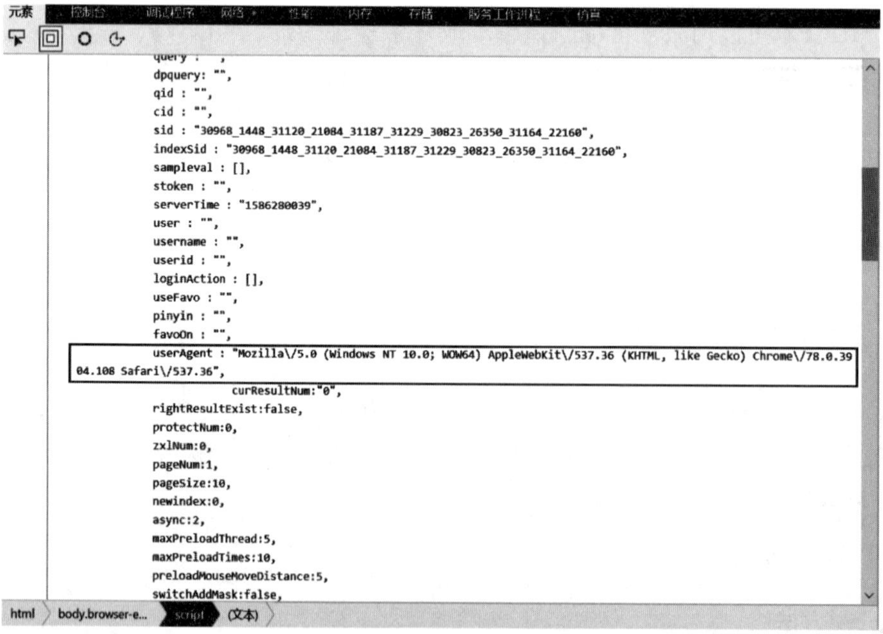

图 10. 3 User-Agent 信息

以下代码用带头部参数的 get 方法，抓取豆瓣网《项羽与刘邦》(第一部)书评的第一页。复制网页请求需要的 User-Agent 信息，添加至请求头参数 headers(不同的浏览器、操作系统，User-Agent 信息不同)。

```
1  import requests
2  Headers = {"User-Agent":' Mozilla/5.0 (Windows NT 10.0; WOW64) AppleWebKit/537.36
3               (KHTML, like Gecko) Chrome/70.0.3538.77 Safari/537.36'}
4  url = 'https://book.douban.com/subject/1861909/comments/hot?p=1'
5  r = requests.get(url,headers=Headers)
6  print(r.text)
```

运行程序，结果如下：

```
<!DOCTYPE html>
<html lang="zh-cmn-Hans" class="ua-windows ua-webkit book-new-nav">
<head>
  <meta http-equiv="Content-Type" content="text/html; charset=utf-8">
  <title>
    项羽与刘邦 第一部 短评
</title>


<script>!function(e){var  o=function(o,n,t)  {var c,i,r=new Date;
n=n||30,t=t||"/",  r.setTime(r.getTime()+24*n*60*60*1e3),  c=";
expires="+r.toGMTString();  for(i in o)  e.cookie=i+"="+o[i]+c+"; path="+t},
n=function(o){var
```

某些网站仅添加 User-Agent 信息依然爬取不到数据。这是因为爬虫程序没能成功模拟浏览器发送请求。因此还需要添加其他的请求头信息和请求参数，程序中的网页请求应尽可能与浏览器中的请求头信息保持一致。

三、get 与 post

get 用于从服务器获取数据。post 用于向服务器提交数据，如登录网站需要用户名和密码，用于提交数据的参数为字典类型，可以参照如下代码的形式构造 post 请求：

```
1  import requests
2  url = ' https://www.douban.com/'
3  data = {'key1':'value1','key2':'value2'}
4  r = requests.post(url,data)
5  print(r)
```

10.2.2　response 对象

调用 request. get()方法后，返回的数据不是网页源代码，而是一个关于网页内容的 Response 对象。

```
>>> import requests
>>> url = 'https://book.douban.com/'
>>> r = requests.get(url)
```

```
>>> type(r)
    <class 'requests.models.Response'>
```

第 3 行代码中,get()表示请求网页,它的返回值为抓取的内容,是一个 Response 对象,存入变量 r。调用对象的属性可以设置或获取响应内容,Response 对象的属性如表 10.2 所示。

表 10.2　Response 对象部分属性

属性	说　明
status_code	响应状态码,整数,200 表示成功
text	响应内容的字符串形式,即 url 对应的页面内容
content	响应内容的二进制形式
encoding	响应内容的编码方式,允许修改

r. status_code 属性返回一个整数,表示本次请求的结果状态,200 表示连接成功,3xx 表示跳转,4xx 表示客户端错误,5xx 表示服务器错误,如 404 表示连接失败,418 表示被网站的反爬程序识别。

r. text 属性是请求的页面内容,返回 Unicode 类型的字符串。

r. content 返回的是响应内容的二进制形式。通常取文本用 text 属性,取图片用 content 属性。

encoding 属性返回当前页面内容的编码方式,如果 r. text 中出现乱码,尤其是中文部分显示为乱码,说明当前编码格式有误。如果 requests 没有找到 http headers 中的 charset 字段,可能会出现乱码,解决办法通常是重新对 encoding 属性赋值:r. encoding="UTF-8"。

爬取数据时可能会出错,出错的原因多种多样。遇到网络问题(DNS 查询失败、拒绝连接等)时,Requests 会抛出一个 Connection Error 异常;请求超时,抛出一个 Timeout 异常;若请求超过了设定的最大重定向次数,则会抛出一个 Too Many Redirects 异常;网页请求返回不成功的状态码,raise_for_status()会抛出一个 HTTPError 异常。通常用 try-except 来处理这些异常。

爬取豆瓣网的书评是许多初学者乐此不疲的事,《项羽与刘邦》的短评有 114 条,分 6 页显示,首页如图 10.4 所示。

图 10.4　豆瓣网《项羽与刘邦》短评

翻看所有短评，观察分析每页的网址，可以发现每页短评的网址相似（图 10.5 所示），只是最后一项参数 p 的值不同。如果在地址栏修改 p 的值为 1，可以直接跳至第一页，由此推断当 p=i 时（1≤i≤6），查看的就是第 i 页短评。

url=' https://book. douban. com/subject/4130841/comments/hot? p='

iurl=url + str(i) #第 i 页 URL

https://book.douban.com/subject/4130841/comments/hot?p=2

https://book.douban.com/subject/4130841/comments/hot?p=3

https://book.douban.com/subject/4130841/comments/hot?p=4

https://book.douban.com/subject/4130841/comments/hot?p=5

https://book.douban.com/subject/4130841/comments/hot?p=6

图 10.5 《项羽与刘邦》2—6 页短评网址

```
1   import requests
2   import time
3
4   def   getHtmlText(url):
5       text = ''
6       for i in range(1,7):
7           try:
8               iurl = url + str(i)
9               r = requests.get(iurl,headers=Headers)
10              r.raise_for_status()
11              r.encoding = 'utf-8'
12              text += r.text
13              time.sleep(2)
14          except Exception as ex:
15              print('抓取第{}页评论失败原因:\n{} '.format(i,ex))
16              break
17      return text
18
19  url = 'https://book.douban.com/subject/4130841/comments/hot?p='
20  Headers = {"User-Agent":'Mozilla/5.0 (Windows NT 10.0; WOW64) \
    AppleWebKit/537.36 (KHTML, like Gecko) Chrome/70.0.3538.77 Safari/537.36'}
21  htmlText = getHtmlText(url)
22  print(htmlText)
```

循环访问各页短评页面，并调用 raise_for_status()方法，如果请求成功，将每页内容以文本形式存入变量 text，否则输出失败原因，停止继续抓取。

为防止爬虫频繁抓取影响正常用户的访问体验，有些服务器对同一 IP 在一段时间内的访问次数是有限制的，每次抓取后最好暂停片刻，防止被识别为网络机器人。程序中用 time

库的 sleep(n)方法,休眠 n 秒后继续。

程序第 4 至 17 行,定义函数 getHtmlText(url),功能是爬取书评的前 6 页信息,存入 text 字符串并返回。程序输出 6 页短评的 HTML 源码,有 7 000 多行,图 10.6 是其中一条短评的源码。

```
<li class="comment-item" data-cid="565784190">
    <div class="avatar">
      <a title="沧桑少年到青年" href="https://www.douban.com/people/clevergsh/">
        <img src="https://img3.doubanio.com/icon/u1919862-1.jpg">
      </a>
    </div>
  <div class="comment">
    <h3>
      <span class="comment-vote">
        <span id="c-565784190" class="vote-count">0</span>
          <a href="javascript:;" id="btn-565784190" class="j a_show_login" data-
cid="565784190">有用</a>
      </span>
      <span class="comment-info">
        <a href="https://www.douban.com/people/clevergsh/">沧桑少年到青年</a>
          <span class="user-stars allstar40 rating" title="推荐"></span>
        <span>2012-08-08</span>
      </span>
    </h3>
    <p class="comment-content">

      <span class="short">司马的书读起来依旧那么流畅，虽然这段历史已经很熟悉了，读来还是很有
意思</span>
    </p>
  </div>
</li>
```

图 10.6 《项羽与刘邦》短评 HTML 节选

Requests 库帮助获取 HTML 页面的源码(字符串形式),其中有很多不是想要的内容,图 10.6 所示源码只有一个标签的文本需要采集。要在众多源码中披沙拣金,挑出有效的书评文本,就要进一步解析 HTML 源码,这需要专门处理 HTML 和 XML 的函数库。

10.3 BeautifulSoup4 库

HTML 文档本身有一定的规则,通过它的结构可以简化信息提取,于是就有了各种网页信息提取库,如 lxml、pyquery 和 BeautifulSoup 等。一般会用这些库来提取有用的网页信息。其中,lxml 的解析效率高,支持 xPath 语法(一种可以在 HTML 中查找信息的规则语法),pyquery 可以用类似 jQuery 的语法解析网页。本章介绍简单易学的 BeautifulSoup4 库。

10.3.1 库概述

BeautifulSoup4 是一个解析和处理 HTML 和 XML 的第三方函数库,注意 Beautiful Soup3 已经停止开发,现在的版本是 Beautiful Soup 4,使用之前需要像其他第三方库一样先下载,再用 pip 安装。

BeautifulSoup4 库的名字有点特别,后来被统一简写为 bs4 库,库中最常用的是 BeautifulSoup()函数(注意大小写),使用前可以用如下方法进行引用:

```
from bs4 import BeautifulSoup    或 import   bs4
```

10.3.2 BeautifulSoup 对象

bs4 库中最主要的是 bs 类，每个实例化的对象都相当于一个 html 页面，bs4. BeautifulSoup()返回的是一个 BeautifulSoup 对象。

```
#解析《项羽与刘邦》第一页书评
>>> import requests
>>> from bs4 import BeautifulSoup
>>> url = 'https://book.douban.com/subject/4130841/comments'
    #第一页书评地址
>>> Headers = {"User-Agent":'Mozilla/5.0…}
    #有省略，参考图 10.3 User-Agent 信息
>>> r = requests.get(url,headers=Headers)
>>> soup = BeautifulSoup(r.text,'html.parser')
    #soup 是 BeautifulSoup 对象
>>> print(type(soup))
<class 'bs4.BeautifulSoup'>
```

第 9 行代码，BeautifulSoup 函数有两个参数，第一个参数 r. text 是解析对象，通常是网页源码(字符型)，第二个参数' html. parser'是 Python 内置的解析方法，可以缺省不写，出现解析结果异常(标签被截断等)时，建议手动指定新的解析器，如'lxml'，这种解析器的执行速度很快，容错性好，缺点是需要安装 C 语言库。

BeautifulSoup 函数将文档 r. text 解析成 BeautifulSoup 对象(soup)，soup 是一个复杂的树形结构，每个节点对应 html 页面中的一个 Tag(标签)元素。

BeautifulSoup 对象可以归纳为 4 种，见表 10.3。

表 10.3　BeautifulSoup 对象

BeautifulSoup 对象	描述
Tag	标签
NavigableString	标签中的内容
BeautifulSoup	文档全部内容
Comment	文档注释

用<BeautifulSoup 对象>. <属性>形式获得对象的属性和结构化子对象。BeautifulSoup 对象常见的属性及内容见表 10.4。

表 10.4　BeautifulSoup 对象常用属性

属性	内容
head	html 页面<head>内容
title	html 页面标题，在<head>之中，由<title>标记
body	html 页面<body>内容
p	html 页面第一个<p>内容

(续表)

属性	内容
strings	html 页面所有呈现在 web 上的字符串,即标签的内容
stripped_string	html 页面所有呈现在 web 上的非空字符串

以 bs4 官网上的文档为例,介绍 4 种 BeautifulSoup 对象及其属性。

```
>>> html_txt = '''
  <html><head><title>The Dormouse's story</title></head>
  <body>
  <p class="title"><b>The Dormouse's story</b></p>
  <p class="story">Once upon a time there were three little sisters; and their names were
  <a href="http://example.com/elsie" class="sister" id="link1">Elsie</a>,
  <a href="http://example.com/lacie" class="sister" id="link2">Lacie</a> and
  <a href="http://example.com/tillie" class="sister" id="link3">Tillie</a>;
  and they lived at the bottom of a well.</p>
  <p class="story">...</p>
  '''
>>> from bs4 import BeautifulSoup
>>> soup = BeautifulSoup(html_txt)
>>> soup.head                    # head 元素
    <head><title>The Dormouse's story</title></head>
>>> soup.title                   # title  元素
    <title>The Dormouse's story</title>
>>> soup.p                       # 第一个 p 元素
    <p class = "title"><b>The Dormouse's story</b></p>
>>> soup.head.string             # head 元素中的文本，bs4.element.NavigableString 类型
   "The Dormouse's story"
```

一、Tag 对象

Tag 对象与 HTML 原生文档中的 tag(标签)相同,可以用"soup. 标签名"形式获取标签内容,Tag 对象的类型是 bs4. element. Tag。需要注意的是,"soup. Tag 标签名"形式仅能查找第一个符合要求的标签,不会遍历所有的同名标签,像上例中的 soup. p,仅得到第一个<p>,后面还有两个<p>无法以这种形式引用。

Tag 对象最常用的属性有 name、attributes、contents 和 string。

每个对象都有自己的名字,用 name 属性来获取。

第一个<p>有"class"属性,值为"title",用 attrs 属性获取,属性值是字典类型。

contents 属性将得到一个列表,列表元素是当前 Tag 的所有子 Tag。

```
>>> print(soup.head.name, soup.p.name)          #输出两个标签的名字
head    p
>>> print(soup.p.attrs)         #输出第一个<p>标签（第 4 行代码）的所有属性
{'class': ['title']}
>>> soup.body.contents
['\n', <p class="title"><b>The Dormouse's story</b></p>, '\n', <p class="story">Once upon a
```

```
time there were three little sisters; and their names were
<a class="sister" href="http://example.com/elsie" id="link1">Elsie</a>,
<a class="sister" href="http://example.com/lacie" id="link2">Lacie</a> and
<a class="sister" href="http://example.com/tillie" id="link3">Tillie</a>;
and they lived at the bottom of a well.</p>, '\n', <p class="story">...</p>]
```

二、NavigableString 对象

字符串常被包含在 Tag 内，BeautifulSoup 用 NavigableString 类来包装 Tag 中的字符串，想获取标签中的内容，可以通过“tag. string”形式获取标签中的文字。

```
>>> soup. p. string # 第一个<p>标签中的字符串，unicode 编码
"The Dormouse' s story"
```

NavigableString 字符串与 Python 中的 str 字符串相同，通过 str( ) 方法可以将 NavigableString 对象转换成 str 字符串。

```
>>> type(soup.p.string)
<class 'bs4.element.NavigableString'>
>>> type(str(soup.p.string))
<class 'str'>
```

用 string 属性取标签中文字，有时会遇到有字符串但取不出来的情况，这是由于嵌套了兄弟标签。

```
>>> s1 = BeautifulSoup('<p> Python </p>')                      #标签没有嵌套
>>> s2 = BeautifulSoup('<p><p1> Python </p1><p2> </p2></p>')
                                              #标签有嵌套，p1 与 p2 互为兄弟标签
>>> s3 = BeautifulSoup('<p><p1><p2>Python</p></p1></p2>')
                                              #标签有嵌套，没有兄弟标签
>>> print(s1.string, s2.string, s3.string)
Python   None   Python                        #有兄弟子标签时，string 属性返回空串
取出 s2 兄弟标签中的文字可以用 BeautifulSoup 对象的 strings 属性，详见 10.3.3 节。
```

取出 s2 兄弟标签中的文字可以用 BeautifulSoup 对象的 strings 属性，详见 10. 3. 3 节。

三、BeautifulSoup 对象

BeautifulSoup 对象表示文档的全部内容，可以把它理解为一棵 Tag 树。BeautifulSoup 对象是树的根节点，以解析 html_txt 生成的 soup（BeautifulSoup 对象）为例，Tag 树如图 10. 7 所示。可以用遍历和搜索文档树的方法来遍历或搜索这棵标签树。BeautifulSoup 对象是树形结构的对象，不是某个 Tag 标签，不能对其引用 Tag 标签属性。

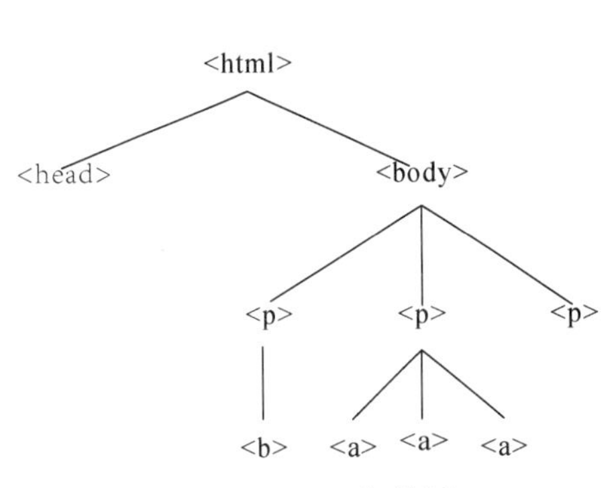

图 10. 7　soup 标签树

四、Comment 对象

Comment 对象是一种特殊类型的 NavigableString 对象，内容是文档注释。

注释中的有效信息比较少，多数情况下不是被采集的对象。

10.3.3 遍历文档树

BeautifulSoup 对象是文档映射出的一棵树,标签就是树的节点,标签的嵌套关系映射为节点的父子关系。

一、取子节点:contents 属性和 children 属性

contents 和 children 属性都能取到对象的子节点,区别在于返回的类型。contents 属性以列表形式返回所有子节点,可以用引用列表元素的形式来引用其中某个子节点。children 属性返回子节点构成的迭代器,用循环遍历各节点。

以 html_txt 为例,比较引用子节点时 contents 和 children 属性的差异。

```
1   from bs4 import BeautifulSoup ,element
2   html_txt = '''
3   <html><head><title>The Dormouse's story</title></head>
4   <body>
5   <p class="title"><b>The Dormouse's story</b></p>
6   <p class="story">Once upon a time there were three little sisters; \
7                   and their names were
8   <a href="http://example.com/elsie" class="sister" id="link1">Elsie</a>,
9   <a href="http://example.com/lacie" class="sister" id="link2">Lacie</a> and
10  <a href="http://example.com/tillie" class="sister" id="link3">Tillie</a>;
11  and they lived at the bottom of a well.</p>
12  <p class="story">...</p>
13  '''
14  soup = BeautifulSoup(html_txt,"html.parser")
15  print(soup.body.contents)                   #列表元素是子节点，可直接访问
```

运行程序,结果如下:

```
['\n', <p class="title"><b>The Dormouse's story</b></p>, '\n', <p class="story">Once upon a time there were three little sisters; and their names were
<a class="sister" href="http://example.com/elsie" id="link1">Elsie</a>,
<a class="sister" href="http://example.com/lacie" id="link2">Lacie</a> and
```

观察运行结果,看到 contents 属性为子节点列表,并且换行符'\n'也是子节点。修改第 15 行代码,改为 children 属性,输出时过滤掉'\n'子节点。

```
15  for c in soup.body.children:          #只能在循环中访问子节点
16          If   type(c) != element.NavigableString:
17               print(c)
```

运行程序,结果如下:

```
<p class="title"><b>The Dormouse's story</b></p>
<p class="story">Once upon a time there were three little sisters; and their names were
<a class="sister" href="http://example.com/elsie" id="link1">Elsie</a>,
<a class="sister" href="http://example.com/lacie" id="link2">Lacie</a> and
<a class="sister" href="http://example.com/tillie" id="link3">Tillie</a>;
and they lived at the bottom of a well.</p>
<p class="story">...</p>
```

二、取兄弟节点:next_siblings 属性

学习 Tag 对象时,遇到同名的兄弟标签仅能查找第一个的情况,不能遍历所有的同名标签,像 soup. p,仅得到第一个<p>,它与后两个<p>标签是平级的兄弟关系,next_siblings 属性的作用是获取当前标签(不包括当前标签)向后的兄弟标签(包括兄弟标签的子标签)。

上述程序自第 15 行起,做如下修改:

```
15  for c in soup.p.next_siblings:
16          if type(c) ! = element.NavigableString:
17                  print(c.text)
```

运行程序,结果如下:

Once upon a time there were three little sisters; and their names were

Elsie,

Lacie and

Tillie;

and they lived at the bottom of a well.

三、搜索文档树:find()与 find_ all()

并不是所有信息都可以简单地通过结构化获取。搜索文档树中某个或某类标签,用得比较多的有两个方法:find()和 find_all()。

find(name,attrs,recursive,text, ** kwargs)

find_all(name,attrs,recursive,text , limit, ** kwargs)

两个方法的主要参数几乎一样,区别在返回值。find 方法是找到第一个符合条件的标签后就立即返回,只返回一个 Tag 标签。find_all 方法是找到所有符合条件的标签,以标签列表的形式返回。find 其实内部调用的就是 find_all,返回列表第一个元素。

方法的参数像过滤器一样筛选出符合要求的标签,参数作用如下:

① name 参数。按标签名查找,标签名能以字符串、正则表达式或列表的形式表示。

```
>>> soup. find(' p')
<p class="title"><b>The Dormouse' s story</b></p>
>>> soup. find_all([' title',' a'])
[<title>The Dormouse' s story</title>,
<a class="sister" href="http://example. com/elsie" id="link1">Elsie</a>,
<a class="sister" href="http://example. com/lacie" id="link2">Lacie</a>,
<a class="sister" href="http://example. com/tillie" id="link3">Tillie</a>]
```

② attrs 参数。按标签属性值查找。

大部分标签属性用关键字参数就能查找,形如 find(属性名='属性值')。但有些 HTML 文档标签的属性名与 Python 命名规则不一致,如属性名中有'-'字符或属性名是 Python 的关键字。解决办法是对 attrs 属性用字典传递参数,以{"属性 1":"属性值 1", "属性 2":"属性值 2"}形式赋给 attrs 参数。

```
>>> soup. find(attrs={"class":"title"})
<p class="title"><b>The Dormouse' s story</b></p>
```

```
>>> soup.find(attrs={"class":"sister","id":"link2"})
<a class="sister" href="http://example.com/lacie" id="link2">Lacie</a>
```

对于 class 属性,还有一种特殊的处理方式,按名称传入参数时写成 class_。

```
>>> soup.find(class_="title")
<p class="title"><b>The Dormouse' s story</b></p>
```

③ recursive 参数。设置查找层次范围。recursive=False 表示找对象的最近后代(只向下找一层),缺省不写默认为 recursive=True,表示查找所有后代。

④ text 参数。按文本查找,文本与标签内的字符串要完全一致。大多时候,文本只提供字符串的部分内容,这种情况需要用正则表达式 re 函数库,re 是 Python 标准库,直接用 import re 来引用。本章节不展开讲解正则表达式,它的简单使用形式是 re.compile('文本'),只要字符串中有'文本',就算匹配成功。

```
>>> soup.find(text="Elsie")#返回 bs4.element.NavigableString 类型的字符串
'Elsie'
>>> soup.find_all(text=re.compile("ie"))
['Elsie','Lacie','Tillie']
```

⑤ **kwargs 参数。**表示允许传递可变数量的参数。

如果指定参数的名字不是内置的参数名(name, attrs, recursive, string),则将该参数当成 tag 的属性进行搜索,不指定 Tag 默认为对所有 Tag 进行搜索。

下段代码中,id 和 href 都不是 find/find_all 方法的内置参数,这些参数都被收集为一个字典。

```
>>> soup.find(class_="sister",id="link3").text
'Tillie'
#参数被处理成字典{"id"="link3","href"="http://example.com/tillie"}
>>> soup.find_all(id=re.compile("link"))
[<a class="sister" href="http://example.com/elsie" id="link1">Elsie</a>,
<a class="sister" href="http://example.com/lacie" id="link2">Lacie</a>,
<a class="sister" href="http://example.com/tillie" id="link3">Tillie</a>]
```

find_all() 返回的是整个文档的搜索结果,如果文档内容较多搜索时间会比较长,如不想提取那么多,可以加 limit 参数,限制提取标签的个数 ,如 limit=3,当结果到达 3 时停止搜索并返回结果。

⑥ find 和 find_all 可以有多个搜索条件叠加。

```
>>> soup.find_all('a',class_="sister",limit=2)
[<a class="sister" href="http://example.com/elsie" id="link1">Elsie</a>,
<a class="sister" href="http://example.com/lacie" id="link2">Lacie</a>]
```

#找符合条件“标签名是 a,class 属性值是 sister”的前两个标签

四、strings 和 stripped_strings

如果 BeautifulSoup 对象中包含多个字符串, string 属性为空串,可以使用 strings 来获取,strings 属性返回一个字符串构成的迭代器。

```
>>> soup2=BeautifulSoup('<p><p1>  Need </p1><p2>Python</p2></p>')
>>> for s in soup2.strings:
```

```
print(s,end=',')
```

运行程序,结果如下:

```
Need ,Python,
```

html 文本中可能包含了很多空格或空行,stripped_strings 属性能去除多余的空白内容。

```
>>> soup3=BeautifulSoup("""<p>#换行被解析为'\n'
<p1> Need </p1>
<p2>Python </p2>
</p>""")
>>> for s in soup3.stripped_strings:
print(s,end=',')
```

运行程序,结果如下:

```
Need,Python,
```

10.4 应用实例

豆瓣书评是热心读者对某本书撰写的读后感或评价。通过豆瓣书评,用户可在阅读前对该书做一个整体了解,也可在阅读后进一步加深对该书的理解。以《项羽与刘邦》(第一部)为例,编写书评爬虫。书评爬虫的构建可分以下三个步骤完成:

第一步,从网络获取网页内容。10.2.2 小节 respect 库的 response 对象部分,已经抓取《项羽与刘邦》前 6 页短评的 HTML 源码,现增加将源码保存到 html 文件的功能。

第二步,分析网页内容,提取有用的评论文字至字符串。10.3.2 小节用 bs4 库解析《项羽与刘邦》第一页书评,本例需改变解析对象为 6 页短评的源码。

第三步,展示书评,由于书评是纯文本信息,适合用 txt 文本保存。

为了让代码结构更清晰,上述三个步骤分别定义成独立函数 getHtmlText(url,path,n=1)、def getString(htmlStr)和 def saveTotxt(path)。

《项羽与刘邦》书评爬虫完整源代码如下:

```
1   import requests
2   import bs4
3   import time
4
5   #访问豆瓣网，需要请求头 headers
6   Headers = {"User-Agent":'Mozilla/5.0 (Windows NT 10.0; WOW64) AppleWebKit/537.36\
    (KHTML, like Gecko) Chrome/70.0.3538.77 Safari/537.36'}
7   url = 'https://book.douban.com/subject/4130841/comments/hot?p='
8
9   #函数功能：爬取 url 前 n 个页面的 html 源码，保存至 path 指定的路径和文件
10  def   getHtmlText(url,path,n=1):                    #如未指明页数 n，默认取第一页
11          text = ''
12          for i in range(1,n+1):              #遍历短评页面
13                  try:
14                          iurl = url + str(i)         #第 i 页短评的网址
15                          r = requests.get(iurl,headers=Headers)
```

```
16                      r.raise_for_status()
17                      r.encoding = 'utf-8'
18                      text += r.text          #第 i 页源码存入字符串
19                      time.sleep(2)
20                  except Exception as ex:
21                      print('抓取第{}页评论失败:{}\n\n\n'.format(i,ex))
22                      break           #出现失败页面后不再抓取
23          with open(path,'w',encoding='utf-8') as file:  #text 中的源码保存到文件
24                  file.write(text)
25          return text
26
27  #函数功能：提取源码中的评论内容存入列表，返回列表
28  def   getString(htmlStr):
29          lstReview = []                  #存储全部短评，一个元素是一条短评文字
30          soup = bs4.BeautifulSoup(htmlStr,'html.parser')
31          #源码有统计信息<span id="total-comments">全部共 114 条</span>
32          text = soup.find('span',id="total-comments").string + '\n'
33          lstReview.append(text)
34
35          i = 0                           #短评编号
36          for lst in soup.find_all('span',attrs={"class":"short"}):
37                  i += 1
38                  text = str(i) + lst.string + '\n'
39                  #每条短评头部加序号，尾部加换行符
40                  lstReview.append(text)
41                    #当前一条评论存入列表
42          return lstReview
43
44  #函数功能：列表 lstReview 中的短评写入 path 指定的路径和文件
45  def saveTotxt(lstReview,path):
46          with open(path,'w',encoding='utf-8') as file:
47                  for lst in lstReview:
48                          file.write(lst)
49
50  def   main(n):                                  #抓取前 n 页短评
51          url = 'https://book.douban.com/subject/4130841/comments/hot?p='
52          htmlDoc = 'd:\\《项羽与刘邦》.html'       #源码保存位置
53          review = 'd:\\《项羽与刘邦》短评.txt'     #短评保存位置
54          text = getHtmlText(url,htmlDoc,n)
55          lstR = getString(text)
56          saveTotxt(lstR,review)
57
58  #主程序
59  main(6)
60  print("Successful!")
```

运行程序，在 D:盘根目录生成《项羽与刘邦》.html 和《项羽与刘邦》短评.txt 两个文件。用记事本打开，看到源码和评论，结果如图 10.8 所示。

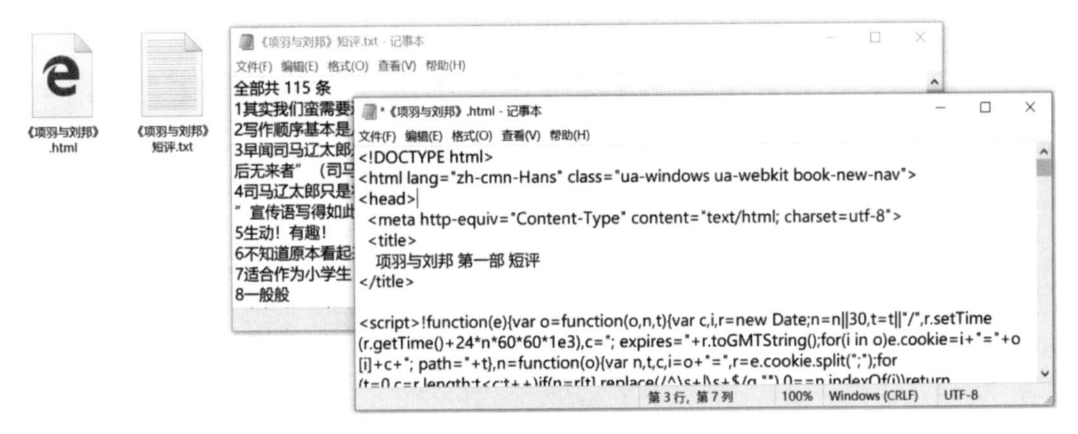

图 10.8　《项羽与刘邦》书评爬虫运行结果

第 10 章思维导图

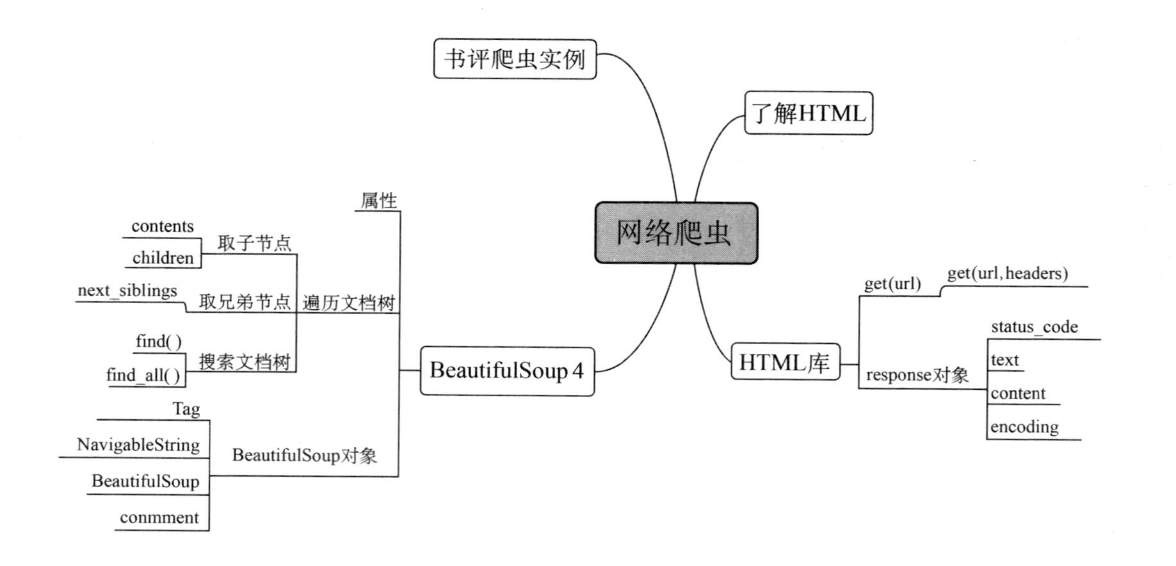

网络爬虫
书评爬虫实例
了解HTML
HTML库
get(url)
get(url, headers)
response对象
status_code
text
content
encoding
BeautifulSoup 4
属性
遍历文档树
取子节点
contents
children
取兄弟节点
next_siblings
搜索文档树
find()
find_all()
BeautifulSoup对象
Tag
NavigableString
BeautifulSoup
conmment

第 11 章　图形图像处理

提到图形图像处理，人们通常想到的工具是画图、Photoshop、CorelDRAW 这类软件，当然，这类软件提供了非常强大的图形图像处理功能。但是，对于简单的、大批量的图形图像处理任务而言，采用 Python 进行图形图像处理将起到事半功倍的效果，Python 无疑就是实现这一功能的理想选择。

11.1　PIL 图像处理库

11.1.1　PIL 库概述

PIL(Python Image Library)是 Python 的第三方图像处理库，但是由于其强大的功能与众多的使用人数，几乎已经被认为是 Python 官方图像处理库了。PIL 历史悠久，原来只支持 Python2.x 的版本，后来出现了移植到 Python3 的 pillow 库，pillow 号称是 friendly fork for PIL，其功能和 PIL 差不多，但是支持 Python3.x。

PIL 可以做很多和图像处理相关的事情，能够实现以下功能：

1. 图像归档(Image Archives)

PIL 非常适合于图像归档以及图像的批处理任务。你可以使用 PIL 创建缩略图，转换图像格式，打印图像等等。

2. 图像展示(Image Display)

PIL 较新的版本支持 Tk PhotoImage、BitmapImage 和 Windows DIB 等接口。PIL 支持众多的 GUI 框架接口，可以用于图像展示。

3. 图像处理(Image Processing)

PIL 包括了基础的图像处理函数，如对像素的处理、滤镜处理、颜色空间的转换等。PIL 库同样支持图像的大小转换、图像旋转，以及任意的映射变换。PIL 还有一些直方图的方法，允许展示图像的一些统计特性，可以用来实现图像的自动对比度增强，还有全局的统计分析等。

PIL 是 Python 语言的第三方库，Windows 系统可以在命令提示符状态下输入如下命令安装 PIL 库：

pip install pillow

PIL 库包括下列与图片相关的模块，可以被看作是 PIL 子库，其子库如表 11.1 所示。

表 11.1　PIL 的图像处理模块

模　块	描　述
Image Module	图像模块提供了图像类及其方法
ImageChops Module	通道操作模块可用于特殊效果、图像合成、算法绘制等

(续表)

模　　块	描　　述
ImageColor Module	颜色模块包含颜色表和转换器,该模块由 PIL. Image. new()和 ImageDraw 等模块使用
ImageDraw Module	绘图模块为图像对象提供简单的 2D 图形
ImageEnhance Module	图像增强模块包含许多可用于图像增强的类
ImageFile Module	图像文件模块为映像打开和保存提供了支持功能
ImageFilter Module	图像过滤器模块包含一组预定义过滤器的定义,可以与 Image. filter()方法一起使用
ImageFont Module	图像字体模块定义了一个同名的类。该类的实例存储点阵字体,并与 PIL. ImageDraw. Draw. text()方法一起使用
ImageGrab Module	ImageGrab 模块用于处理屏幕或剪贴板的内容
ImageMath Module	ImageMath 模块用于计算"图像表达式"
ImageOps Module	ImageOps 模块包含许多"现成的"图像处理操作
ImagePalette Module	调色板模块用于表示映射图像的调色板
ImagePath Module	ImagePath 模块用于存储和操作二维矢量数据
ImageQt Module	ImageQt 模块提供 PyQt5、PySide2 QImage 对象的支持
ImageSequence Module	ImageSequence 模块用于处理图像序列的帧
ImageStat Module	ImageStat 模块用于计算图像的统计信息
ImageTk Module	ImageTk 模块提供 Tkinter、PhotoImage 对象的支持
ImageWin Module	ImageWin 模块支持在 Windows 上创建和显示图像
PSDraw Module	PSDraw 模块为 Postscript 打印机提供了简单的打印支持

本章着重介绍 PIL 库最常用的一些子库 Image 模块、ImageFilter 模块、ImageEnhance 模块的应用。如果你想了解更详细的 PIL 库内容,请浏览网站 http://pillow.readthedocs.io/或 http://effbot.org/imagingbook/。

11.1.2 打开、显示和保存图像

Image 模块是 PIL 图像处理中最重要的模块,对图像进行基础操作的功能基本都包含于此模块内。PIL 中最重要的类是 Image 类,它定义在与它同名的模块中。有多种创建这个类的对象的方法:可以从文件中读取得到,也可以从其他图像经处理得到,或者创建一个全新的对象。导入这个模块的方法如下:

```
from PIL import Image
```

或者:

```
import PIL.Image
```

一、打开图像

PIL 支持众多的图像文件格式,完全支持读写的图像文件类型有 JPEG、BMP、GIF、PNG、TIFF、ICO 等 19 种,只读的文件类型有 PSD、WMF、FLC 等 20 种,只写的文件类型有

PDF、PALM、XV Thumbnails3 种，只识别的文件类型有 MPEG、HDF5、BUFR 等 5 种。PIL 通过 Image 模块中 open 函数可以打开图像，实际上打开图像时只是调入图像文件头数据，直到处理图像时，才加载图像数据，因此，打开一个图像会十分迅速。打开图像可以用下列方法实现：

```
1  import PIL.Image
2  im = PIL.Image.open(file [,mode])
```

打开图像时，若不知道文件格式，PIL 还可以根据文件内容自动地决定打开文件的格式。打开图像后，产生图像对象，可以对图像对象实施一系列操作。

Image 图像类有 5 个处理图片的属性，如表 11.2 所示。

表 11.2　Image 类的属性

属　　性	描　　述
Image. format	标识图像格式或来源
Image. mode	图像的色彩模式，“L”为灰度图像，“RGB”为真彩色图像，“CMYK”为彩色印刷图像，“P”为调色板映射图像等
Image. size	图像宽度和高度，单位是像素，返回值为二元元组
Image. palette	调色板属性。如果有调色板，指向颜色调色板。如果模式是“P”，它指向的是 ImagePalette 类的一个对象，否则，它是 None
Image. info	存储图像相关数据的字典，该字典中的键并非标准化的

二、显示图像

通过对象的 show()方法可以很方便地显示图像，该方法主要用于调试目的，默认情况下，首先生成一个 PNG 格式的临时文件，然后启动操作系统标准的图像应用程序加以显示。

例 11.1　显示“D://python_exp//six-g. jpeg”图像，如图 11.1 所示。

```
1  from PIL import Image
2  img = Image.open("D://python_exp//six-g.jpeg")
3  img.show()
```

运行程序，结果如图 11.1 所示：

图 11.1　图像显示效果

三、保存图像

格式如下：

Image. save(filename, format)

Image 类的 save()方法主要有两个参数：文件名和图像格式。如果只给出文件名，PIL 将根据文件名后缀的相应格式存储图像；如果指定文件格式，则按指定格式存储图像。可以看出，利用 save()方法可以实现图像文件格式的转换。

例 11.2 打开"D:\python_exp\个园.jpg"图像，显示其主要参数，然后将图像格式分别转换为 JPG、PNG、GIF、TIFF、BMP 格式，比较它们占用空间的大小。代码如下：

```
1   import os
2   import PIL.Image
3   os.chdir("D://python_exp")
4   im = PIL.Image.open("个园.jpg")
5   print(im.format,im.mode,im.size)
6   im.save("个园 2.jpg")
7   im.save("个园 3.png")
8   im.save("个园 4.gif")
9   im.save("个园 5.tiff")
10  im.save("个园 6.bmp")
```

运行程序，结果如下：

JPEG RGB (452, 450)

在"D:\python_exp"文件夹下，原文件及生成的文件如图 11.2。

个园.jpg	2014/8/27 14:28	看图王 JPG 图片...	103 KB
个园2.jpg	2020/3/15 11:13	看图王 JPG 图片...	54 KB
个园3.png	2020/3/15 11:13	看图王 PNG 图片...	400 KB
个园4.gif	2020/3/15 11:13	看图王 GIF 图片...	210 KB
个园5.tiff	2020/3/15 11:13	看图王 TIFF 图片...	597 KB
个园6.bmp	2020/3/15 11:13	看图王 BMP 图片...	596 KB

图 11.2 原文件及生成文件信息

从生成的文件可以看出，占用空间从小到大的顺序为 JPG、GIF、PNG、BMP、TIFF。

11.1.3 几何变换

一、缩放图像

当希望对图片进行任意放大或缩小的时候，可以使用下列方法实现：

Image. resize(size [,resample])

resize()方法可以对图像进行缩放处理，返回改变尺寸的图像的拷贝。缩放主要有两个参数。第一个参数 size 为一个元组，表示图像的宽度和高度。第二个参数 resample 表示重新采样方式，有 PIL. Image. NEAREST(最邻近插值算法)、PIL. Image. BOX(线性插值算法)、PIL. Image. BILINEAR(双线性插值算法)、PIL. Image. HAMMING(汉明插值算法)、PIL. Image. BICUBIC(双立方插值算法)、PIL. Image. LANCZOS(兰索斯插值算法)，默认方式为 PIL. Image. BICUBIC。

例 11.3　打开图像文件“D:\python_exp\个园.jpg”，然后将图像缩放至(100，150)大小，如图 11.3 所示。

```
1  import os
2  import PIL.Image
3  os.chdir("D://python_exp")
4  im = PIL.Image.open("个园.jpg")
5  im.show()
6  im = im.resize((100,150))
7  im.show()
8  print(im.format,im.mode,im.size)
9  im.save("个园 7.jpg")
```

运行程序，结果如图 11.3 所示：

图 11.3　原始图像和缩放后图像

二、旋转图像

如果想对图片作适当旋转处理，可以使用以下方法：

Image. rotate(angle [,resample])

rotate()方法可以对图像进行旋转处理，返回旋转后图像的拷贝。缩放主要有两个参数。第一个参数 angle 为逆时针旋转的角度。第二个参数 resample 表示重新采样方式，可以设置为 PIL. Image. NEAREST、PIL. Image. BILINEAR、PIL. Image. BICUBIC 之一。

例 11.4　打开“D:\python_exp\个园.jpg”图像，然后将图像逆时针旋转 45 度。代码如下：

```
1  import PIL.Image
2  im = PIL.Image.open("D://python_exp//个园.jpg")
3  im1 = im.rotate(45)
4  im1.show()
5  im1.save("D://python_exp//个园 8.jpg")
```

运行程序,结果如图 11.4 所示。

图 11.4　旋转 45 度后的图像

三、生成缩略图

在许多应用系统中,如果图像文件太大,会花费很长时间才能完全加载图片。为了优化用户的体验,提升用户体验的流畅性,通常系统中的图像会使用缩略图,PIL 可以非常方便地生成缩略图,使用方法如下:

Image. thumbnail(size [,resample])

thumbnail()方法修改当前图像,将当前图像制作成缩略图。该方法第一个参数 size 指定缩略图的尺寸,该方法会保持当前图像的宽高比不变。第二个参数 resample 为可选的重新采样方式,可以是 PIL. Image. NEAREST、PIL. Image. BILINEAR、PIL. Image. BICUBIC、PIL. Image. LANCZOS 之一。需要注意的是该方法是在载入后的图片上直接进行修改,载入后的图片会改变为缩略图。

例 11.5　打开"D:\python_exp\个园. jpg"图像,然后生成大小为(100,150)的缩略图。代码如下:

```
1  from PIL import Image
2  with Image.open("D://python_exp//个园.jpg") as im :
3      im.thumbnail((100,150))
4      im.show()
5      im.save("个园 8.jpg")
```

运行程序,结果如图 11.5 所示。

图 11.5　原始图像及其缩略图

11.1.4　颜色空间变换

Image 类有个重要的属性 mode,表示颜色空间模式,mode 定义图像中像素的类型和深度,见表 11.3。每个像素使用位深度的全范围。所以 1 位像素的范围是 0—1,8 位像素的范围是 0—255 等等。

表 11.3　mode 标准模式

模式名称	描　　述
1	1 位黑白像素,黑白二值图像
L	8 位像素,黑白灰度图像
P	8 位像素,使用调色板映射到任何其他模式
RGB	3x8 位像素,真彩色图像
RGBA	4x8 位像素,带透明蒙版的真彩色图像
CMYK	4x8 位像素,彩色印刷图像
YCbCr	3x8 位像素,彩色视频格式
LAB	3x8 位像素,L×A×B 颜色空间
HSV	3x8 位像素,色调、饱和度、亮度颜色空间
I	32 位有符号整数像素
F	32 位浮点像素

PIL 允许您使用 convert() 方法,实现在不同颜色模式之间的转换。

例 11.6　将"D:\python_exp\五亭桥.jpg"图片由 RGB 模式分别转换为 L(灰度图像)模式和"1"模式,并存储为 PNG 格式文件(见图 11.6),可使用下列代码:

```
1   from PIL import Image
2   with Image.open("D:\\python_exp\\五亭桥.jpg") as im:
3       print(im.format,im.mode,im.size)
4       im_L = im.convert("L")
5       im_L.show()
6       print(im_L.format,im_L.mode,im_L.size)
7       im_L.save("D:\\python_exp\\五亭桥-L.png")
8       im_1 = im_L.convert("1")
9       im_1.show()
10      print(im_1.format,im_1.mode,im_1.size)
11      im_1.save("D:\\python_exp\\五亭桥-1.png")
```

运行程序,结果如下:

```
JPEG RGB (548, 360)
None L (548, 360)
None 1 (548, 360)
```

图 11.6 灰度图像和黑白二值图像

PIL 支持每一种模式与“1”和“RGB”模式之间的转换。要在其他模式之间转换,可能需要使用中间图像“RGB”模式。

11.1.5 增强图像

PIL 提供了许多用来增强图像的方法和模块。

一、过滤器

过滤器是指 ImageFilter 模块中包含的许多预定义的图像过滤方法,它的作用相当于 Photoshop 中的滤镜,我们可以使用图像对象的 filter()方法来过滤图像,PIL 提供的预定义的图像过滤方法如表 11.4 所示。

表 11.4 ImageFilter 模块预定义图像过滤方法

方 法	说 明
ImageFilter. BLUR	图像的模糊效果
ImageFilter. CONTOUR	图像的轮廓效果
ImageFilter. DETAIL	图像的细节效果
ImageFilter. EDGE_ENHANCE	图像的边界加强效果
ImageFilter. EDGE_ENHANCE_MORE	图像的阈值边界加强效果
ImageFilter. EMBOSS	图像的浮雕效果
ImageFilter. FIND_EDGES	图像的边界效果
ImageFilter. SMOOTH	图像的平滑效果
ImageFilter. SMOOTH_MORE	图像的阈值平滑效果
ImageFilter. SHARPEN	图像的锐化效果

利用 Image 类的 filter()方法可以使用 ImageFilter 模块中的过滤器,使用格式如下:

Image. filter(ImageFilter. function)

例 11.7 制作图像的手写画效果、浮雕效果。将“D:\python_exp\肖像. jpg”图片作图像特效处理,制作出手写画效果、浮雕效果,存储成相应文件“肖像-CONTOUR. jpg”“肖像-EMBOSS. jpg”文件,实现的代码如下:

```
1  from PIL import Image,ImageFilter
2  with Image.open("D:\\python_exp\\肖像.jpg") as im:
3      im1 = im.filter(ImageFilter.CONTOUR)
4      im1.show()
5      im1.save("D:\\python_exp\\肖像-CONTOUR.jpg")
6      im2 = im.filter(ImageFilter.EMBOSS)
7      im2.show()
8      im2.save("D:\\python_exp\\肖像-EMBOSS.jpg")
```

运行程序，输出结果如图 11.7 所示。

图 11.7　原图、手写画效果、浮雕效果

二、高级增强

使用 ImageEnhance 模块包含的许多可用于图像增强的类，可以做到更高级的图像增强。通过这种方式可以调整图像的对比度、亮度、颜色平衡和清晰度。ImageEnhance 模块提供的图像增强类和方法如表 11.5 所示。

表 11.5　ImageEnhance 图像增强类和方法

方　　法	说　　明
ImageEnhance. Color(image)	增强颜色类，调整图像的颜色平衡
ImageEnhance. Contrast(image)	增强对比度类，调整图像的对比度
ImageEnhance. Brightness(image)	增强亮度类，调整图像的亮度
ImageEnhance. Sharpness(image)	增强锐度类，调整图像的锐度
enhancer. enhance(factor)	增强方法，对图像增强 factor 因子

所有增强类都包含一个方法 enhance(factor)，通过该方法返回增强图像，其中 factor 参数为增强因子，因子 1.0 返回原始图像的副本，较低的因子意味着较少的颜色(亮度、对比度等)，较高的因子表示更多的颜色(亮度、对比度)。

例 11.8　将"D:\python_exp\肖像. jpg"图片作颜色增强处理，显示出增强因子分别为 0,0.5,1,…,3 的 7 张图片。代码如下：

```
1  import PIL.Image
2  import PIL.ImageEnhance
3  im=PIL.Image.open("D:\\python_exp\\肖像.jpg")
4  en = PIL.ImageEnhance.Color(im)
5  for factor in range(7):
6      en.enhance(factor/2).show()
```

运行程序,结果如图 11.8 所示。

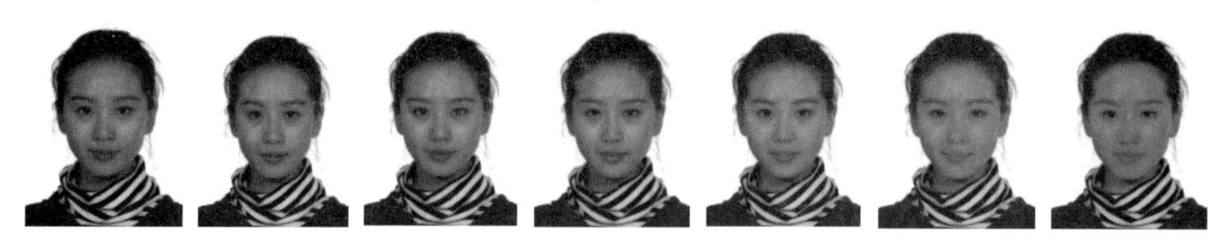

图 11.8　增强因子 0—3 的 7 张图片

11.1.6　处理图像

一、复制、粘贴图像

PIL 提供了操作图像部分区域的方法。若要从图像中提取子矩形,可以使用 crop() 方法。处理完子区域后可以使用 paste()方法再粘贴在指定区域内,需要特别注意的是,粘贴区域时,区域的大小必须与给定区域完全匹配,此外,区域不能扩展到图像之外,否则将产生异常。

例 11.9　对图像子区域做剪切、粘贴处理。将“D:/python_exp/six-g.jpg”图片的右上角文字进行左右翻转,贴在左上角,然后再进行 20 次模糊处理,贴在原处,完成后的图片保存为 six-g-blur.jpg。代码如下:

```
1   import PIL.Image
2   import PIL.ImageFilter
3   im = PIL.Image.open("D:\\python_exp\\six-g.jpeg")
4   x1,y1 = int(im.size[0]*2/3) , 0
5   x2,y2 = im.size[0] , int(im.size[1]/6)
6   width,high = x2-x1 , y2-y1
7   box1 = (x1,y1,x2,y2)
8   box2 = (0,0,width,high)
9   region = im.crop(box1)
10  region1 = region.transpose(PIL.Image.FLIP_LEFT_R
11  im.paste(region1,box2)
12  for I in range(20):
13        region = region.filter(PIL.ImageFilter.BLUR)
14  im.paste(region,box1)
15  im.show()
16  im.save("D:\\python_exp\\six-g-blur.jpeg")
```

运行程序,结果如图 11.9 所示。

图 11.9　处理后的图中文字

二、通道、点操作

图像可以由一个或多个数据通道组成,对于图像的每一个通道,它们应具有相同的尺寸和深度。例如,PNG 图像的红色、绿色、蓝色和阿尔法透明度值对应的通道有“R”“G”“B”和“A”通道。PIL 允许对通道实施操作,split()方法能够将一个图像的各通道数据提取出来,merge()函数能够将各个独立通道再组合成一幅新的图像。

例 11.10　RGB 图像的通道交换。将“D://python_exp//six-g.jpeg”图像的 RGB 通道提取出来，交换通道数据，查看交换后的效果。代码如下：

```
1  import PIL.Image
2  im = PIL.Image.open("D://python_exp//six-g.jpeg")
3  print(type(im))
4  r, g, b = im.split()
5  print(type(r))
6  print(r.format, r.mode, r.size)
7  r.show()
8  g.show()
9  b.show()
10 om = PIL.Image.merge("RGB",(b, g, r))
11 om.show()
12 om = PIL.Image.merge("RGB",(b, r, g))
13 om.show()
```

运行后结果为：

<class ' PIL. JpegImagePlugin. JpegImageFile'>

<class ' PIL. Image. Image'>

None L (640, 494)

运行程序，结果如图 11.10 所示。

(a) R 通道图像

(b) G 通道图像

(c) B 通道图像

(d) 主色调改变后的图像

图 11.10　通道数据交换后的效果

可见,主色调为蓝色的原图,第一次色调变为金黄色,第二次主色调变成了粉红色。当然,若想生成一个图像文件,可以用 save()方法存储色调改变后的新图像。

图像的每个像素点还可以通过函数进行处理,此时用 point()方法加以实现:

Image. point(func)

point()方法返回处理后的图像数据,参数 func 为处理函数,它针对每个像素点数据进行处理。

例 11.11 RGB 图像的通道处理。将"D://python_exp//six-g. jpeg"图像的 RGB 通道提取出来,对 B 颜色通道进行处理:①二值化处理,选择 B 通道值大于 180 的像素点置白,其余置黑;②亮度调暗处理,将 B 通道数据值调整为原来的 0.8 倍;③亮度增大处理,将 B 通道数据值调整为原来的 1.2 倍。查看处理后的效果。代码如下:

```
1  import PIL.Image
2  im = PIL.Image.open("D://python_exp//six-g.jpeg")
3  r, g, b = im.split()
4  b.show()
5  newb1 = b.point(lambda x:x>180 and 255)
6  newb1.show()
7  newb2 = b.point(lambda x:x*0.8)
8  newb2.show()
9  newb3 = b.point(lambda x:x*1.2)
10 newb3.show()
```

运行程序,结果如图 11.11 所示。

(a) B通道图像

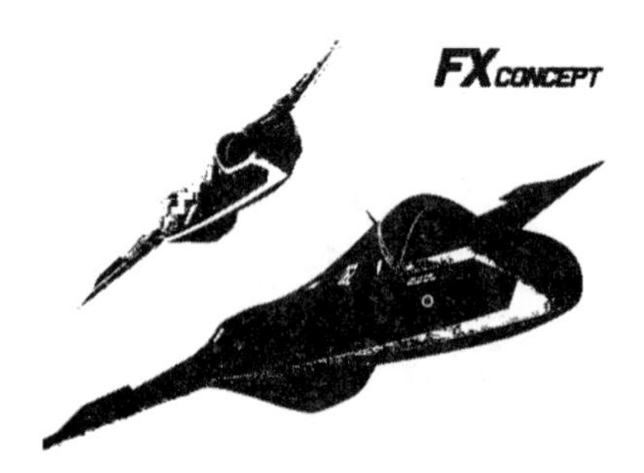

(b) 处理后 B 通道图像

(c) B通道调为 0.8 倍

(d) B 通道调为 1.2 倍

图 11.11 RGB 图像的通道处理效果

三、合并图像

将两幅图像合成一幅图像，是图像处理中常用的一种操作，PIL 提供了多种方法将两幅图像合成一幅图像。

使用 blend()函数，可以将两幅图像通过插值处理生成一幅新的图像。该函数格式如下：

PIL. Image. blend(im1, im2, alpha)

其中参数 alpha 为插值因子，返回的新图像按下列公式计算：

out=image1 * (1.0 − alpha) + image2 * alpha

需要注意的是，两幅图像需要具有相同的尺寸和相同的模式，否则产生"ValueError: images do not match"错误。

例 11.12　将"D:/python_exp/maga1. jpg"建筑图片和"D:/python_exp/maga2. jpg"大海图片进行合成处理，制作海市蜃楼效果。

方法一：

```
1  import PIL.Image
2  im1 = PIL.Image.open("D://python_exp//maga1.jpg")
3  im2 = PIL.Image.open("D://python_exp//maga2.jpg")
4  im1.show()
5  im2.show()
6  im3 = PIL.Image.blend(im1, im2, 0.8)
7  im3.show()
```

运行程序，结果如图 11.12 所示。

图 11.12　原图像建筑、大海和合并后图像海市蜃楼

composite ()函数也可以将两幅图像合并生成一幅新的图像。下面两段代码也可以生成和上例相同效果的新图像。

方法二：

```
1  import PIL.Image
2  im1 = PIL.Image.open("D://python_exp//maga1.jpg")            #图像模式：RGB
3  im2 = PIL.Image.open("D://python_exp//maga2.jpg")
4  im1 = im1.convert("RGBA")
5  im2 = im2.convert("RGBA")
6  r, g, b, a = im1.split()
7  a = a.point(lambda x:204)
8  im3 = PIL.Image.composite(im2,im1,a)                   #图像模式：RGBA
9  im3.show()
```

方法三：

```
1  import PIL.Image
2  im1 = PIL.Image.open("D://python_exp//maga1.jpg")      #图像模式：RGB
3  im2 = PIL.Image.open("D://python_exp//maga2.jpg")
4  alpha = PIL.Image.new("L",im1.size,204)              #创建图像模板
5  im3 = PIL.Image.composite(im2,im1,alpha)             #图像模式：RGB
6  im3.show()
```

new()函数可创建具有给定模式和大小的新图像。

composite()函数第 3 个参数 alpha 表示处理模板，可以将图像按模板要求进行处理，能够实现对图像某一部分的增强处理。

例 11.13 上例中的图像合并，如果进一步要求图像 1 较亮部分直接放于合并图像中，图像 1 较暗部分在合并的图像中使用图像 2 的相关部分替代，则可以使用下列代码实现：

```
1  import PIL.Image
2  im1 = PIL.Image.open("D://python_exp//maga1.jpg")
3  im2 = PIL.Image.open("D://python_exp//maga2.jpg")
4  a = im1.convert("L")
5  alpha = a.point(lambda x:x<150 and 255)
6  alpha.show()
7  im3 = PIL.Image.composite(im2,im1,alpha)
8  im3.show()
```

运行程序，结果如图 11.13 所示。

图 11.13 模板图像和合成图像

11.1.7　图像序列

PIL 包含对图像序列（也称为动画格式）的一些基本支持。支持的序列格式文件有 GIF、FLI/FLC 等。打开序列文件时，PIL 会自动加载序列中的第一帧。可以使用 Seek()和 Tell()方法在不同的帧之间移动。

例 11.14　GIF 文件图像帧提取。提取“D:\python_exp\母亲节.gif”动态图片格式文件中的每一帧，并保存为相应文件。代码如下：

```
1  from PIL import Image
2  with Image.open("D://python_exp//母亲节.gif") as im:
3      try:
4          im.save("D://python_exp//母亲节{:02d}.png".format(im.tell()))
5          while True:
6              im.seek(im.tell()+1)
7              im.save("D://python_exp//母亲节{:02d}.png".format(im.tell()))
8      except EOFError:
9          pass      # end of sequence
```

GIF 动态图片格式由若干帧图像组成。打开文件时，PIL 自动加载第 0 帧，通过 seek()方法可以加载指定帧，用 tell()方法返回当前帧编号。当 seek()到一个不存在的帧时，系统产生 EOFError 异常，本例中采用 try-except 编程方法，通过 seek()方法和 save()方法配合提取 GIF 图像格式的每一帧，并保存为文件。

11.2　百度 AI 开放平台图像处理

自从阿尔法狗战胜围棋高手李世石后，人工智能已经逐渐深入人心，并影响到社会生活的方方面面。从语音识别、图像识别到车流量监控、自动驾驶技术，我们可以从百度 AI 开放平台亲自体验一把人工智能带给我们的便利。

11.2.1　百度 AI 简介

百度 AI 架构由算法层、感知层、认知层、平台层组成，其中算法层是一个机器学习平台，包括深度学习等优秀算法，它是百度 AI 的底层基础。百度 AI 是业界首个清晰划分出感知层和认知层的 AI 架构。

百度推出的百度智能云为金融、教育、医疗、出行等若干行业提供了一流的开发工具和有效的 AI 行业解决方案。目前，百度已开放两百多项 AI 核心技术，其中包括语音、视频、增强现实、机器人视觉、自然语音处理若干大类。这些技术从 20 年前百度诞生之日起就开始积累（先后是 NLP、机器学习、知识图谱、语音、图像、深度学习等），并经过每天数十亿次用户请求的持续考验，成为真正实用的 AI 技术。

11.2.2　百度 AI 开放平台的图像技术

百度 AI 开放平台目前开放的技术能力主要有语言技术、图像技术、文字识别、人脸与人体识别、视频技术、AR 与 VR、自然语言处理、知识图谱、数据智能等方面。

图像技术主要实现了下列相关应用技术与接口：

(1) 图像识别

精准识别超过十万种物体和场景，包含多项高精度的识图能力，并提供相应的 API 服务，充分满足各类个人开发者和企业用户的业务需求。图像识别接口有通用物体识别、植物识别、动物识别、品牌 logo 识别、车辆识别、菜品识别、食材识别、花卉识别、地标识别、红酒识别、货币识别、图像主体检测。

(2) 图像搜索

以图搜图，在指定图库中搜索出相同或相似的图片，适用于图片精确查找、相似素材搜索、拍照搜同款商品、相似商品推荐等场景，图像搜索接口有商品图片搜索、相同图片搜索、相似图片搜索。

(3) 图像审核

基于深度学习的智能内容审核方案，准确识别图片和视频中的涉黄、涉暴涉恐、政治敏感、微商广告、恶心图像等内容，也能从美观和清晰等维度对图像进行筛选，快速精准，解放审核人力。图像审核接口有色情识别、暴恐识别、政治敏感识别、恶心图像识别、图文审核、公众人物识别、广告检测、图像质量检测。

(4) 图像效果增强

基于领先的深度学习技术，对质量较低的图片进行去雾、对比度增强、无损放大、拉伸恢复等多种优化处理，重建高清图像。提供的接口有黑白图像上色、图像对比度增强、图像去雾、图像无损放大、拉伸图像恢复。对于特别用户还可以实现图像风格转换、图像修复、图像清晰度增强、人像动漫化等功能。

当然，严格地说，文字识别与人脸和人体识别应归属于图像技术，但由于它们在人们的日常生活和工作中应用非常广泛，百度 AI 开放平台将它们单独罗列。

文字识别技术又分为：

(1) 通用文字识别

基于业界领先的深度学习技术，提供多场景、多语种、高精度的整图文字检测和识别服务，多项文档分析与识别(ICDAR)指标居世界第一。

(2) 卡证文字识别

基于深度学习技术，提供对身份证、银行卡、营业执照等常用卡片及证照的文字内容进行结构化识别的服务。

(3) 票据文字识别

基于深度学习技术，提供对财税报销、金融保险等场景所涉及的各类票据进行结构化识别的服务。

(4) 汽车场景文字识别

基于深度学习技术，提供对汽车购买及使用过程中所涉及的各类卡证、票据进行结构化识别的服务。

(5) 其他文字识别

基于深度学习技术，提供对表格、手写文字、网络图片、数字、二维码等内容进行识别的服务。

人脸和人体识别技术又分为：

（1）人脸识别

包含人脸检测与属性分析、人脸对比、人脸搜索、活体检测等能力。灵活应用于金融、安防、零售等行业场景，满足身份核验、人脸考勤、闸机通行等业务需求。

（2）人体分析

准确识别图像中的人体相关信息，提供人体检测与追踪、关键点定位、人流量统计、属性识别、行为分析、人像分割、手势识别、指尖检测等服务。

11.2.3　百度 AI 开放平台的应用实例

一、成为开发者

只需以下三步，即可完成账号的基本注册与认证：

1. 登录百度 AI 开放平台（http://ai.baidu.com），点击右上角的控制台，进入系统。若为未登录状态，将跳转至登录界面，可以使用百度账号或云账号登录。如还未持有百度账户，需首先注册成为百度账户成员。

2. 首次使用，登录后将会进入开发者认证页面，填写相关信息完成开发者认证。如你之前已经是百度云用户或百度开发者中心用户，此步可略过。

3. 通过左上角控制台导航，选择产品服务－人工智能－文字识别，进行相关业务操作。如图 11.14 所示：

图 11.14　左侧控制台导航菜单

二、创建应用

账号登录成功，需要创建应用才具有正式调用 AI 的能力。应用是调用 API 服务的基本操作单元，应用创建成功后将获得 AppID、API Key 及 Secret Key，此数据用于后续的接口调用操作及相关配置。

以文字识别为例，点击「创建应用」，即可进入应用创建界面，如图 11.15 所示。

创建应用需填写选项如下：

应用名称：用于标识所创建的应用的名称，支持中英文、数字、下划线及中横线，此名称一经创建，不可修改；

图 11.15　创建新应用界面

接口选择：每个应用可以勾选业务所需的所有 AI 服务的接口权限，创建应用完毕，此应用即具备了所勾选服务的调用权限；

应用归属：选择公司或个人，对于初学者，请选择个人。

应用描述：对此应用的业务场景进行描述。

填写完毕后，点击「立即创建」，完成应用的创建。

百度 AI 开发平台每项服务最多创建 100 个应用，同一账号下，每项服务都有一定请求限额，该限额所有应用共享。每项服务的请求限额可以在该服务控制台的概览页查看，通常包含调用量请求限额与每秒查询率(QPS)限额。

三、获取密钥

应用创建完毕后，点击「应用详情」，进行应用查看，如图 11.16 所示：

图 11.16　应用列表界面

可见，创建应用后，平台为应用分配了相关的应用凭证，主要为 AppID、API Key、Secret Key，这三个信息是后续应用开发的主要凭证，需要注意的是，每个应用之间此数据各不相同，必须妥善保管。

四、生成签名

OCR 在线接口主要针对 HTTP API 调用者，调用 API 时需在 URL 中带上 Access Token 参数。根据创建应用所分配到的 AppID、API Key 及 Secret Key，进行 Access Token (用户身份验证和授权的凭证)的生成，可以用多种方式获取 Access Token 签名，Python 语言中获取 Access Token，代码如下：

```
1  # encoding:utf-8
2  import requests
3  # client_id 为百度 AI 开放平台获取的 AK
4  # client_secret 为百度 AI 开放平台获取的 SK
5  host = "https://aip.baidubce.com/oauth/2.0/token?grant_type=client_credentials&client_id='此
   处填写官网获取的 AK'&client_secret='此处填写官网获取的 SK'"
6  response = requests.get(host)
7  if response:
8      print(response.json())
```

服务器返回的 JSON 文本参数如下：

access_token：要获取的 Access Token；

expires_in：Access Token 的有效期(秒为单位，一般为 1 个月)；

其他参数忽略，暂时不用。

例如：


```
{
  "refresh_token":
"25.b55fe1d287227ca97aab219bb249b8ab.315360000.1798284651.282335-1234567",
  "expires_in": 2592000,
  "scope": "public wise_adapt",
  "session_key":
"9mzdDZXu3dENdFZQurfg0Vz8slgSgvvOAUebNFzyzcpQ5EnbxbF+hfG9DQkpUVQdh4p6Hb
QcAiz5RmuBAja1JJGgIdJI",
  "access_token":
"24.6c5e1ff107f0e8bcef8c46d3424a0e78.2592000.1485516651.282335-1234567",
  "session_secret": "dfac94a3489fe9fca7c3221cbf7525ff"
}
```


注：access Token 的有效期通常为 30 天(以秒为单位)，应用时请注意在程序中需要定期请求新的 token。当然，做应用程序开发时，一般将获取 access_token 直接编写在应用程序之中，并不是通过人工复制、粘贴的方法。

五、启动开发

目前 AI 产品主要有两种使用方式：API 与 SDK。具体的应用需要查看相关产品的文档，查看具体使用方法及参数，每种产品的调用接口与参数略有不同。

例 11.15　汽车牌照的识别。在“D:\python_exp”文件夹下面有一张汽车照片 car001.jpg，试利用百度 AI 开发平台的文字识别，识别其中的汽车牌照信息，将相关信息显示在屏幕上。

1. API 方式的实现

在完成上述任务的基础上，下列 Python 语言代码即可实现文字识别：

```
1  # encoding:utf-8
2  #文字识别
3  import requests
4  import base64
```

```
5   #应用中密钥 AK 与 SK
6   # client_id 设为官网获取的 AK， client_secret 设为官网获取的 SK
7   client_id='此处填写官网文字识别应用的 API Key'
8   client_secret='此处填写官网文字识别应用的 Secret Key'
9   #访问认证服务器，获取 access_token
10  host = 'https://aip.baidubce.com/oauth/2.0/token?grant_type=client_credentials&clie
    + client_id + '&client_secret=' + client_secret
11  response = requests.get(host)
12  if response:
13      response_json=response.json()
14      access_token = response_json['access_token']
15  else:
16      print("AK 错误或者 SK 错误")
17      exit()
18  #服务器地址
19  #通用文字识别
20  request_url1 = "https://aip.baidubce.com/rest/2.0/ocr/v1/general_basic"
21  #通用文字识别（高精度版）
22  request_url2 = "https://aip.baidubce.com/rest/2.0/ocr/v1/accurate_basic"
23  request_url1 = request_url1 + "?access_token=" + access_token
24  request_url2 = request_url2 + "?access_token=" + access_token
25  # 二进制方式打开图片文件
26  filename = 'D://python_exp//car001.jpg'
27  f = open(filename, 'rb')
28  img = base64.b64encode(f.read())
29  #参数设置
30  params = {"image":img}
31  headers = {'content-type': 'application/x-www-form-urlencoded'}
32  #请求服务器
33  response1 = requests.post(request_url1, data=params, headers=headers)
34  response2 = requests.post(request_url2, data=params, headers=headers)
35  # 解析返回结果
36  if response1:
37      text = ""
38      result_json=response1.json()        #获取 json 数据
39      for words_result in result_json["words_result"]:
40          text = text + words_result["words"]
41      print("通用文字识别如下 ：\n"+text)
42  if response2:
43      text = ""
44      result_json=response2.json()        #获取 json 数据
45      for words_result in result_json["words_result"]:
46          text = text + words_result["words"]
47      print("高精度识别如下 ：\n"+text)
```

运行程序，结果如图 11.17。

通用文字识别如下 ：
苏 KD9U87
高精度文字识别如下 ：
苏 KD9U87

通用文字识别如下 ：
苏 KE0506
高精度文字识别如下 ：
CELLE 苏 KE0506

图 11.17　汽车照片及识别后的牌照文字

2. Python SDK 方式的实现

上例的文字识别应用也可以用 Python SDK 方式加以实现，它与 API 实现方式效果一致。

(1) 首先需要安装 Python 第三方库 baidu-aip，在 CMD 命令行状态，通过清华 pypi 镜像网站安装，速度会快得多，输入下列命令：

pip install -i https://pypi.tuna.tsinghua.edu.cn/simple baidu-aip

baidu-aip 第三方库主要由以下模块组成：

① base 模块：aip 基础模块，提供 AipBase 基类，用于身份认证等作用。

② bodyanalysis 模块：人体分析模块，提供 AipBodyAnalysis 类，用于人体分析应用。

③ easydl 模块：用于一站式的深度学习模型训练和服务的模块。

④ face 模块：人脸识别模块，提供 AipFace 类，用于人脸识别应用。

⑤ imagecensor 模块：图像审查模块，提供 AipImageCensor 类，用于图像审查的应用。

⑥ imageclassify 模块：图像识别模块，提供 AipImageClassify 类，用于图像识别的应用。

⑦ imageprocess 模块：图像处理模块，提供 AipImageProcess 类，用于图像处理的应用。

⑧ imagesearch 模块：图像搜索模块，提供 AipImageSearch 类，用于图像搜索的应用。

⑨ kg 模块：知识图谱模块，提供 AipKg 类，用于知识图谱的应用。

⑩ nlp 模块：自然语言处理模块，提供 AipNlp 类，用于自然语言处理的应用。

⑪ ocr 模块：文字识别模块，提供 AipOcr 类，用于文字识别的应用。

⑫ speech 模块：语音处理模块，提供 AipSpeech 类，用于语音识别和语音合成的应用。

(2) 调用相关接口。对于本例中的文字识别，主要使用 ocr 模块，AipOcr 类提供的主要方法见表 11.6。

表 11.6　AipOcr 类提供的文字识别方法

方　法	说　明
basicGeneral	通用文字识别，识别图片中的文字信息
basicAccurate	通用文字识别(高精度版)，更高精度地识别图片中的文字信息

(续表)

方　法	说　明
General	通用文字识别(含位置信息版),识别图片中的文字信息(包含文字区域的坐标信息)
Accurate	通用文字识别(高精度含位置版),更高精度地识别图片中的文字信息(包含文字区域的坐标信息)
enhancedGeneral	通用文字识别(含生僻字版),识别图片中的文字信息(包含对常见字和生僻字的识别)
Idcard	身份证识别,识别身份证正反面的文字信息
Bankcard	银行卡识别,识别银行卡的卡号并返回发卡行和卡片性质信息

(3) 编写 Python 语言代码,实现文字识别功能。下列代码调用 AIP 通用文字识别(高精度版),对上例中的汽车照片进行牌照识别:

```
1   # coding=utf-8
2   # 文字识别
3   from aip import AipOcr
4   # 你的 APPID AK SK
5   APP_ID = '应用的 APPID'
6   API_KEY = '应用的 API Key'
7   SECRET_KEY = '应用的 Secret Key'
8   # 产生 AipOcr 实例
9   client = AipOcr(APP_ID, API_KEY, SECRET_KEY
10  # 读取图片
11  def get_file_content(filePath):
12      with open(filePath, 'rb') as fp:
13          return fp.read()
14  image = get_file_content('D://python_exp//car001.jp
15  # 调用通用文字识别
16  result1 = client.basicGeneral(image);
17  # 调用通用文字识别 (高精度版)
18  result2 = client.basicAccurate(image);
19  # 解析返回结果
20  if "words_result" in result1:
21      text = ""
22      for words_result in result1["words_result"]:
23          text = text + words_result["words"]
24      print("通用文字转换如下 : \n"+text)
25  else :
26      print("通用文字转换未成功! ")
27      print(result)
28  if "words_result" in result2:
29      text = ""
30      for words_result in result2["words_result"]:
31          text = text + words_result["words"]
32      print("高精度文字转换如下 : \n"+text)
```

```
33 | else :
34 |     print("高精度文字转换未成功！")
35 |     print(result)运行结果：
```

上例中识别的是汽车照片中的牌照信息，如果将照片换成屏幕截图，或换成带有大量文字的文档照片，则也可以非常方便地识别其中的文字信息。

若要实现其他应用功能，通常只需要将调用接口与参数相应配置一下，即可方便地实现相应功能，详情参见 http://ai.baidu.com。

第 11 章思维导图

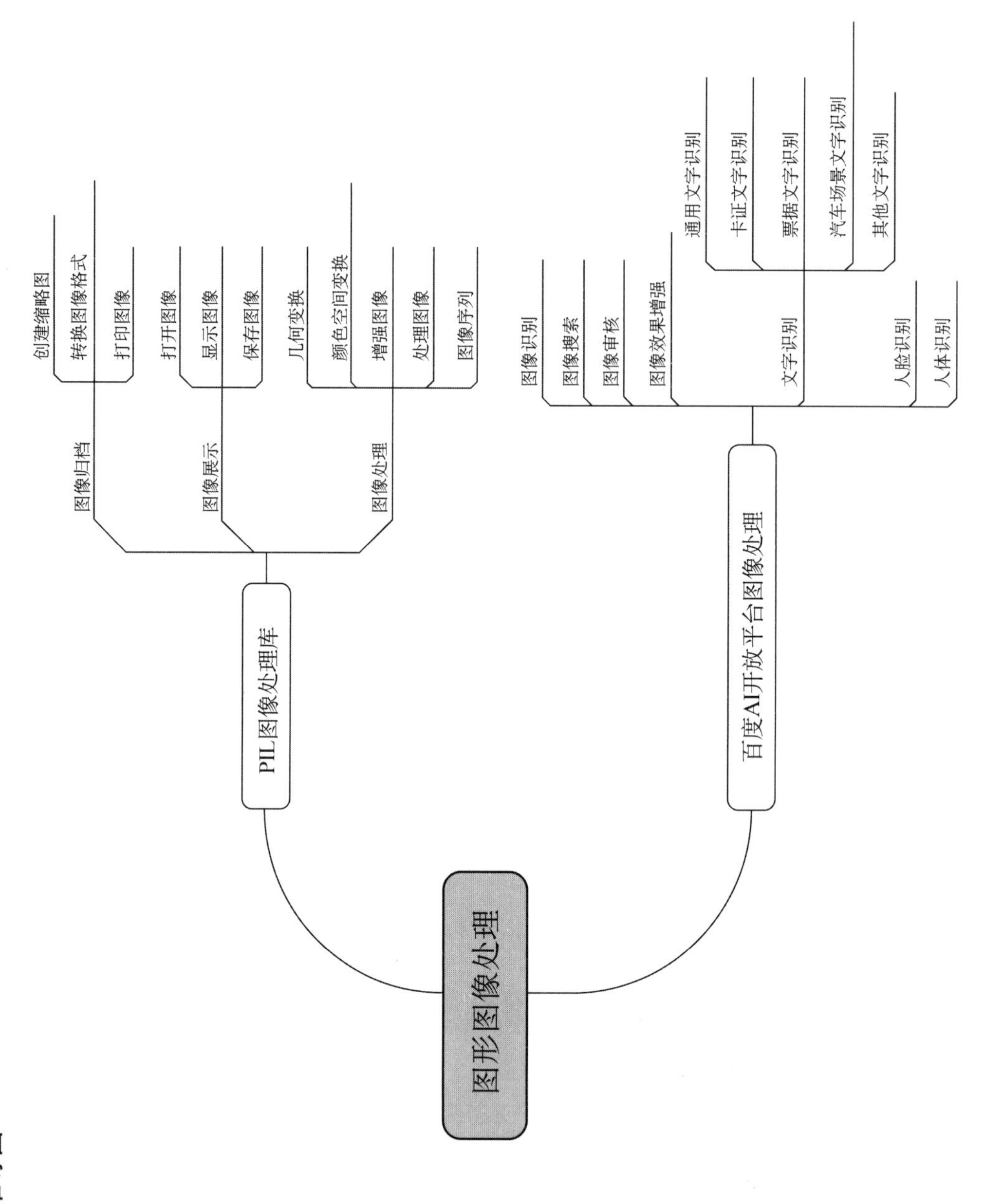

图形图像处理
PIL图像处理库
图像归档
创建缩略图
转换图像格式
打印图像
图像展示
打开图像
显示图像
保存图像
图像处理
几何变换
颜色空间变换
增强图像
处理图像
图像序列
百度AI开放平台图像处理
图像识别
图像搜索
图像审核
图像效果增强
文字识别
通用文字识别
卡证文字识别
票据文字识别
汽车场景文字识别
其他文字识别
人脸识别
人体识别

第 12 章　数据分析

各种新技术特别是大数据技术促进了信息社会的发展。大数据技术的一个重要内容就是数据分析。本章主要通过若干实例来介绍如何基于 csv 文件对数据进行分析处理。

在 Python 中，为便于操作，通常将 csv 文件转换为列表、字典等数据结构。对于电子商务、互联网金融等应用领域，还可以利用第三方库进行更复杂的分析处理。

12.1　csv 简单数据分析

csv 文件是一种用逗号、空格或制表符(\t)等字符来分隔字段数据的文本文件，通常用作各应用程序之间交换数据的中介。

例如，存储 2019 年学生零食消费清单的"csmlst. csv"文件，分别用记事本和 Excel 打开后，其内容如图 12.1 所示。

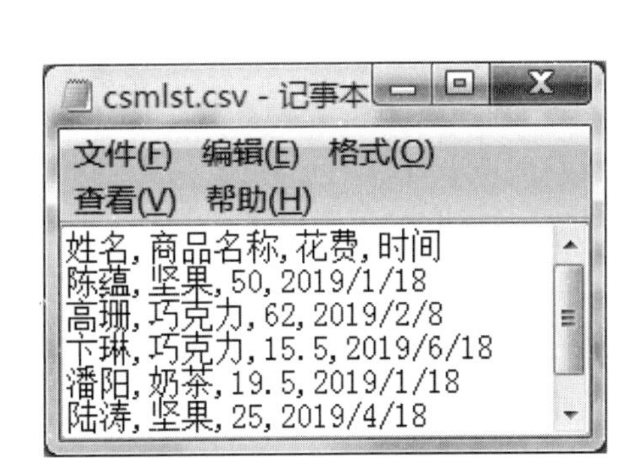

图 12.1　csmlst. csv 文件内容示意图

12.1.1　csv 数据获取

观察图 12.1 不难看出，csv 文件的内容是由字段名和字段值构成的若干记录行组成。

例 12.1　将"csmlst. csv"文件数据导出至列表或字典中，以便后续对同学们的消费情况进行数据分析。

列表和字典结构用于数据处理时各有特点，可根据具体情况选择使用。

一、读取 csv 数据为列表结构

Python 内置了 csv 模块，利用其 reader()方法可以从 csv 文件获得列表结构形式的每一行数据。

分析：由于该 csv 文件中包含字段名以及字段值构成的若干记录行，为了方便数据的处理，将字段名和字段值构成的若干记录行分别导出。

参考代码：

#例 12.1.py csv 文件数据导出至列表

```
1  import csv
2
3  with open("csmlst.csv","r") as rf:
4      table = csv.reader(rf)
5      fields = next(table)              #字段名存储至 fields 列表
6      records = []
7      for row in table:
8          records.append(row)           #记录行存储至嵌套的 records 列表
9  print(fields)
10 for rec in records:
11     print(rec)
```

运行程序,结果如下:

['姓名','商品名称','花费','时间']
['陈蕴','坚果','50','2019/1/18']
['高珊','巧克力','62','2019/2/8']
['卞琳','巧克力','15.5','2019/6/18']
['潘阳','奶茶','19.5','2019/1/18']
['陆涛','坚果','25','2019/4/18']

关于 next()函数的补充说明:该函数的作用是返回迭代对象的下一个元素。

本例中的"fields=next(table)"语句作用为:首先读取 table 对象第一行的字段名赋给 fields 列表,后续 for 循环语句则继续迭代遍历 table 对象第二行起的若干记录。

二、读取 csv 数据为字典结构

下面继续将例 12.1 中导出的消费数据列表转换为以"字段名:[字段值]"为键值对的字典结构,以方便后续的数据分析。

参考代码:

#例 12.1.py(续)csv 文件数据导出至字典

```
12 templist = []
13 for i in range(len(fields)):              #生成字段值列表
14     templist.append([item[i] for item in records])
15 records1 = dict(zip(fields,templist))  #生成"字段名:字段值列表"键值对
16 records1['花费'] = [eval(item) for item in records1['花费']]
17 print(records1)
```

运行程序,结果如下:

{'姓名':['陈蕴','高珊','卞琳','潘阳','陆涛'],'商品名称':['坚果','巧克力','巧克力','奶茶','坚果'],'花费':[50,62,15.5,19.5,25],'时间':['2019/1/18','2019/2/8','2019/6/18','2019/1/18','2019/4/18']}

12.1.2 csv 数据基本运算

获取到 csv 文件的数据,就可以借助 Python 内置的一些统计函数进行简单的数据分析了。

例 12.2　分别统计所有同学消费的最大值、最小值、总和及平均值。

分析：max()函数可以对数值、字符等序列数据求最大值，min()函数可以对数值、字符等序列数据求最小值，而 sum()函数可以对数值序列数据求和。

Python 没有内置计算平均值函数，不过可以用 sum()函数值除以序列长度获得平均值。

参考代码：

＃例 12.1.py(续)统计所有同学消费的最大值、最小值、总和及平均值

```
18  max_cost = max(records1['花费'])
19  min_cost = min(records1['花费'])
20  sum_cost = sum(records1['花费'])
21  avg_cost = sum_cost/len(records1['花费'])
22  print("消费简单分析：\n 最大值 最小值    总和 平均值")
23  print("{:6.2f} {:6.2f} {:6.2f} {:6.2f}".format(max_cost,min_cost,\
24                                                  sum_cost,avg_cost))
```

运行程序，结果如下：

```
消费简单分析：
最大值    最小值    总和     平均值
62.00     15.50     172.00   34.40
```

12.1.3　csv 数据分组运算

例 12.2 是对所有同学消费进行统计。如果要对各类商品消费分别进行统计又该如何实现呢？这就要涉及数据分组操作了。数据分组就是根据一列或多列数据将数据行分为若干组，方便对每组数据利用聚合函数进行汇总计算，最后将各组汇总结果合并。数据分组操作的过程如图 12.2 所示。

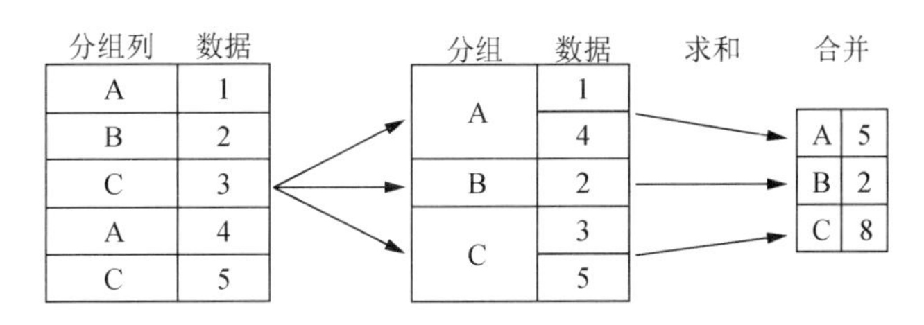

图 12.2　数据分组操作示意图

例 12.3　统计所有同学各类零食消费总额。

分析：Python 没有内置数据分组功能。不过，我们可以构造以下结构形式的字典：

{'坚果'：[50,25]，'巧克力'：[62，15.5]，'奶茶'：[19.5]}

这样就可以对每组零食数据进行统计了。怎么构造这样的字典呢？csv 模块的 DictReader()方法可以把 csv 文件的每一行数据转换为以下结构形式的字典：

{'姓名'：'陈蕴'，'商品名称'：'坚果'，'花费'：'50'，'时间'：'2019/1/18'}

不过，这与我们期望的字典结构稍有区别，需要对其结构加以改造。

参考代码：

＃例 12.3.py 统计所有同学各类零食消费总额

```
1   import csv
2
3   with open("csmlst.csv","r") as rf:
4       table2 = csv.DictReader(rf)
5       records2 = []
6       for row in table2:        #将“字段名:字段值”为元素的字典添加至列表
7           records2.append(dict(row))
8   dic_grp={}
9   for item in records2:         #生成具体商品与花费值列表的键值对
10      key = item['商品名称']
11      dic_grp[key] = dic_grp.get(key,[])
12      dic_grp[key].append(eval(item['花费']))
13  print(dic_grp)
14  print("各类零食消费总额:")
15  for key in dic_grp.keys():
16      print(key, '\t', sum(dic_grp[key]))
```

运行程序,结果如下:

```
{'坚果':[50, 25],'巧克力':[62, 15.5],'奶茶':[19.5]}
各类零食消费总额:
坚果     75
巧克力   77.5
奶茶     19.5
```

为了完成本节几个实例我们做了不少基础工作。实际上,Python 有不少数据分析模块可以更轻松地完成这些任务。

12.2 pandas 数据分析

pandas 包含高级的数据结构及丰富的数据分析工具,可以简便而快速地对数据进行复杂的分析处理。

pandas 主要提供了三种数据结构:Series、DataFrame 和 Panel。本节将介绍常用的 Series 和 DataFrame。

在使用 pandas 之前,需要先安装 pandas 库。

12.2.1 pandas 数据结构

一、Series 对象

Series 是一个一维数组结构,其中的每个数据称为元素。

例如,“csmlst.csv”文件的花费数据列可以用 Series 对象加以表示,其结构如图 12.3 所示。

索引	数据
0	50.0
1	62.0
2	15.5
3	19.5
4	25.0

图 12.3 Series 结构示意图

1. Series 对象的创建

利用 pandas 的 Series()方法可以创建 Series 对象。

(1) 通过列表创建

```
>>> import pandas as pd #导入 pandas 库并取别名为 pd
>>> s_val=[50, 62, 15.5, 19.5, 25]
>>> s1=pd.Series(s_val)
>>> s1
0      50.0
1      62.0
2      15.5
3      19.5
4      25.0
dtype: float64
```

s1 的输出结果有两列。一列是 pandas 为 s1 自动创建的由 0 开始的整数索引,以便通过索引号访问 s1 的元素。另外一列是 s1 的所有元素数据。

例如,引用索引号“2”即可通过 s1[2]获得 s1 对象的元素值“15.5”。

pandas 除了为 Series 对象自动创建默认的整数索引外,也可以通过 index 参数来指定索引,指定的索引可以是整数序列或字符序列。字符序列索引也称为标签索引。

```
>>> s_idx=['a','b','c','d','e']
>>> s2=pd.Series(s_val,index=s_idx)
>>> s2
a     50.0
b     62.0
c     15.5
d     19.5
e     25.0
dtype: float64
```

(2) 通过字典创建

```
>>> s_dic={'姓名':'陈蕴','商品名称':'坚果','花费':'50','时间':'2019/1/18'}
>>> s3=pd.Series(s_dic)
>>> s3
姓名              陈蕴
商品名称          坚果
花费                50
时间         2019/1/18
dtype: object
```

在此创建 Series 对象方式中,字典的键充当 Series 对象的索引,键对应的值充当 Series 对象的元素值。

2. Series 对象的索引和值

Series 对象有两个基本属性:index 和 values。index 属性表示引用 Series 对象元素的索引范围,而 values 属性表示 Series 对象的所有元素值。

```
>>> s2.index
Index(['a', 'b', 'c', 'd', 'e'], dtype='object')
>>> s2.values
array([50. , 62. , 15.5, 19.5, 25. ])
```

3. Series 对象的访问

通过元素或切片方式访问 Series 对象时,既可以引用默认的整数索引,也可以引用指定的标签索引。

注意:创建 Series 对象时,如果通过 index 参数重新指定了整数索引,则原默认由 0 开始的整数索引失效;如果通过 index 参数指定了标签索引,则原默认的整数索引仍然有效。

例 12.4 利用若干方式访问上面通过列表创建的 s1 和 s2 对象的物理第 1、3、5 个元素,总结 Series 对象的标签切片访问方式的特点。

分析:可以通过"对象名[索引]"的元素方式或"对象名[起始位置:终止位置:步长]"的切片方式访问 Series 对象。

```
>>> s1[0],s1[2],s1[4]
(50.0, 15.5, 25.0)
>>> s2['a'],s2['c'],s2['e']
(50.0, 15.5, 25.0)
>>> s1[0:4:2]
0    50.0
2    15.5
dtype: float64
>>> s2['a':'e':2]
a    50.0
c    15.5
e    25.0
dtype: float64
>>> s1[0::2]
0    50.0
2    15.5
4    25.0
dtype: float64
>>> s2['a'::2]
a    50.0
c    15.5
e    25.0
dtype: float64
```

总结:使用整数索引方式访问 Series 对象的切片与访问字符串、列表等序列的切片规则一致。使用标签索引方式访问 Series 对象的切片与访问字符串、列表等序列的切片规则不一致,包括终止位置元素。

4. Series对象的基本运算和对齐规则运算

除了对Series对象的元素或切片进行访问外,Series对象还支持对其整体进行运算。

(1) 算术运算

利用Python的有关算术运算函数可以对Series对象所有元素进行同一算术运算。下例即可对s1对象进行开根运算。

```
>>> pow(s1,0.5)
0      7.071068
1      7.874008
2      3.937004
3      4.415880
4      5.000000
dtype: float64
```

(2) 关系运算

当需要对Series对象部分元素进行相关运算时,可以通过筛选操作加以实现。下例即可通过关系运算筛选出s1对象能被5整除的元素。

```
>>> s1[s1%5 == 0]
0      50.0
4      25.0
dtype: float64
```

(3) 数据对齐规则运算

两个以上Series对象或切片之间也可以运算,运算规则是索引相同的元素对应计算,这种运算规则称为Series对象数据对齐。

下例即是对s1对象和其切片进行的数据对齐规则运算。

```
>>> s1+s1[1:4]
0      NaN
1      124.0
2      31.0
3      39.0
4      NaN
dtype: float64
```

通过上例不难看出,两个以上Series对象或Series对象的切片进行对齐规则运算时,索引不相同的元素运算结果为"NaN"(缺失值)。

数据分析过程一般应包含对缺失值的判断处理。Series对象是否有缺失值可以通过pandas的isnull()或notnull()函数加以判断,如果有缺失值则可以通过Series对象的fillna()方法填充缺失值或dropna()方法删除缺失值对应元素。

例如,上例运算结果中的缺失值即可通过fillna()方法置0。

```
>>> s4=s1+s1[1:4]
>>> s4.fillna(0,inplace=True)
```

上述判断及处理缺失值的使用方法同样适用于pandas的另一种数据结构DataFrame。

二、DataFrame 对象

DataFrame 是一个二维数组结构。

例如,"csmlst. csv"文件数据可以用 DataFrame 对象加以表示,其结构如图 12.4 所示。

列索引 行索引	姓名	商品名称	花费	时间
0	陈蕴	坚果	50	2019/1/18
1	高珊	巧克力	62	2019/2/8
2	卞琳	巧克力	15.5	2019/6/18
3	潘阳	奶茶	19.5	2019/1/18
4	陆涛	坚果	25	2019/4/18

图 12.4　DataFrame 结构示意图

观察图 12.4 不难看出,DataFrame 对象可理解为由若干个行索引相同的 Series 对象横向合并组成。

1. DataFrame 对象的创建

利用 pandas 的 DataFrame()方法可以创建 DataFrame 对象。

(1) 通过嵌套的列表创建

下面以例 12.1 中的 records 列表对象为例介绍 DataFrame 对象的创建方式。

```
>>> records=[['陈蕴', '坚果', 50, ' 2019/1/18'],['高珊', '巧克力', 62, ' 2019/2/8'],['卞琳', '巧克力', 15.5, ' 2019/6/18'],['潘阳', '奶茶', 19.5, ' 2019/1/18'],['陆涛', '坚果', 25, ' 2019/4/18']]
>>> df=pd.DataFrame(records)
>>> pd.set_option(' display.unicode.east_asian_width',True) #设置输出列对齐
>>> df
    0     1       2      3
0  陈蕴  坚果    50.0  2019/1/18
1  高珊  巧克力  62.0  2019/2/8
2  卞琳  巧克力  15.5  2019/6/18
3  潘阳  奶茶    19.5  2019/1/18
4  陆涛  坚果    25.0  2019/4/18
```

pandas 通过 records 列表创建 df 对象时,为其自动创建了两个索引。一个是由 0 开始的整数行索引(index),另外一个是由 0 开始的整数列索引(columns)。

例如,通过引用行索引号"3"和列索引号"2"可以访问 df 对象中的元素值"19.5"。

pandas 除了为 DataFrame 对象自动创建默认的整数行列索引,还可以分别通过 index 参数指定行索引,columns 参数指定列索引,指定的行列索引可以是整数序列或字符序列。

```
>>> row_idx=list(range(1,6))
>>> col_idx=['姓名','商品名称','花费','时间']
>>> df1=pd.DataFrame(records,index=row_idx,columns=col_idx)
>>> df1
```

```
    姓名    商品名称    花费    时间
1   陈蕴    坚果        50.0    2019/1/18
2   高珊    巧克力      62.0    2019/2/8
3   卞琳    巧克力      15.5    2019/6/18
4   潘阳    奶茶        19.5    2019/1/18
5   陆涛    坚果        25.0    2019/4/18
```

(2) 通过字典创建

下面以例12.1中的records1字典对象为例介绍DataFrame对象的创建方式。

```
>>> records1={'姓名':['陈蕴','高珊','卞琳','潘阳','陆涛'],'商品名称':['坚果','巧克力','巧克力','奶茶','坚果'],'花费':[50, 62, 15.5, 19.5, 25],'时间':['2019/1/18','2019/2/8','2019/6/18','2019/1/18','2019/4/18']}
>>> df2=pd.DataFrame(records1)
>>> df2
    姓名    商品名称    花费    时间
0   陈蕴    坚果        50.0    2019/1/18
1   高珊    巧克力      62.0    2019/2/8
2   卞琳    巧克力      15.5    2019/6/18
3   潘阳    奶茶        19.5    2019/1/18
4   陆涛    坚果        25.0    2019/4/18
```

在此创建DataFrame对象方式中，字典的键充当DataFrame对象的列索引标签，而键对应的值充当DataFrame对象的列元素值。

2. DataFrame对象的索引

创建DataFrame对象时可以使用默认的整数索引或通过index与columns参数指定索引，创建DataFrame对象后仍然可以修改其索引。

(1) set_index()方法

如果DataFrame对象存在列标签索引，可以利用set_index()方法重设行索引。

```
>>> df3=pd.DataFrame(records1)
>>> df3.set_index(['姓名'],inplace=True)    #设置姓名列为行索引
>>> df3
        商品名称    花费    时间
姓名
陈蕴    坚果        50.0    2019/1/18
高珊    巧克力      62.0    2019/2/8
卞琳    巧克力      15.5    2019/6/18
潘阳    奶茶        19.5    2019/1/18
陆涛    坚果        25.0    2019/4/18
```

set_index()方法中的inplace参数默认值为“False”，即新建DataFrame对象。将inplace参数设置为“True”表示修改原对象。

注意：由于姓名列已作为行索引，默认的整数列索引会重新编号。

(2) reset_index()方法

reset_index()方法的作用是将 DataFrame 对象恢复为默认的由 0 开始的整数行索引。

```
>>> df1.reset_index(drop=True,inplace=True)
>>> df1
     姓名     商品名称    花费     时间
0    陈蕴     坚果        50.0    2019/1/18
1    高珊     巧克力      62.0    2019/2/8
2    卞琳     巧克力      15.5    2019/6/18
3    潘阳     奶茶        19.5    2019/1/18
4    陆涛     坚果        25.0    2019/4/18
```

reset_index()方法中的 drop 参数默认值为"False",即将原整数行索引添加为列对象。将 drop 参数设置为"True"表示丢弃原整数行索引。

3. DataFrame 对象的访问

(1) 对象的形状

访问 DataFrame 对象之前,一般应知道其形状。形状可通过访问 DataFrame 对象的 shape 属性获得。

```
>>> df.shape,df.shape[0],df.shape[1]    # 获取 df 对象的形状、行数、列数
((5, 4), 5, 4)
```

(2) 元素的访问

访问 DataFrame 对象元素有两种语法格式:

对象名.iat[行索引,列索引]

对象名.at[行索引,列索引]

其用法示例如下:

```
>>> df2.iat[3,2],df2.at[3,'花费']
(19.5, 19.5)
>>> df3.iat[3,1],df3.at['潘阳','花费']
(19.5, 19.5)
```

注意:按位置访问元素的"iat[行索引,列索引]"方法里的索引只能是整数索引。

(3) 行的访问

按行访问 DataFrame 对象时可以通过标明行索引切片方式实现。

```
>>> df2[:2]
     姓名     商品名称    花费     时间
0    陈蕴     坚果        50.0    2019/1/18
1    高珊     巧克力      62.0    2019/2/8
```

还可以使用"df2.iloc[:2]""df2.head(2)"等方法访问 df2 对象前两行数据。

(4) 列的访问

按列访问 DataFrame 对象时可以通过标明列索引方式实现。

```
>>> df2[:2][['商品名称','花费']]
     商品名称   花费
0    坚果       50.0
```

1　　巧克力　　62.0

还可以使用“df2.iloc[:2,1:3]”“df2.loc[:1,'商品名称':'花费']”等方法访问 df2 对象前两行商品名称和花费列数据。

注意:按位置访问行列切片的“iloc[行索引切片,列索引切片]”方法里的索引只能是整数索引。

另外,如果 DataFrame 对象设置了行、列标签索引,访问单个元素的“at[行索引,列索引]”方法里的索引以及按区域访问行列切片的“loc[行索引切片,列索引切片]”方法里的索引必须是标签索引。

例如,使用“df3.loc[:'高珊','商品名称':'花费']”方法可以访问 df3 对象前两行商品名称和花费列数据。

12.2.2　pandas 数据源

pandas 除了通过列表或字典直接创建数据源外,还可以通过读文件方式获取数据源。

pandas 支持读写 csv 文件,读取 csv 文件数据的方法为“read_csv()”,将数据保存至 csv 文件的方法为“to_csv()”。pandas 还支持读写 excel 工作簿、sql 数据库、超文本标记语言、JavaScript 对象标记等文件。pandas 支持的常见文件读写方式如表 12.1 所示。

表 12.1　pandas 常见文件读写方式

文件类型	扩展名	读数据	写数据
文本文件	csv	read_csv()	to_csv()
工作簿文件	xls、xlsx	read_excel()	to_excel()
数据库文件	sql	read_sql()	to_sql()
超文本标记语言文件	html	read_html()	to_html()
JavaScript 对象标记文件	json	read_json()	to_json()

下面以“csmlst.csv”文件为例,介绍 pandas 获取文件数据的方法。

```
>>> df4=pd.read_csv("csmlst.csv",header=0,parse_dates=[3],encoding="gbk")
>>> df4
    姓名    商品名称    花费    时间
0   陈蕴    坚果        50.0    2019-01-18
1   高珊    巧克力      62.0    2019-02-08
2   卞琳    巧克力      15.5    2019-06-18
3   潘阳    奶茶        19.5    2019-01-18
4   陆涛    坚果        25.0    2019-04-18
```

关于 read_csv()方法的说明:

如果“csmlst.csv”文件没有列标签行,则 header 参数值应设置为 None。header 参数默认值为 0(即有列标签行)。

csv 文本文件里全部是字符数据。pandas 获取 csv 文本文件数据时可以自动识别整型、浮点型及布尔型数据,但是日期型数据不能自动识别,所以需要增加 parse_dates 参数说明日期型数据列索引号。当然也可以增加“dtype={'列标签':str}”参数避免 pandas 自动识别。

在中文操作系统中,csv 文本文件可能是“gbk”编码而不一定是 Python 默认的“UTF-8”编码,所以要增加 encoding 参数说明文件的编码方式。

12.2.3 pandas 数据基本运算

pandas 常见的两种数据结构分别是 Series 和 DataFrame。与一维结构的 Series 对象不同,由于 DataFrame 对象是多行多列数据,各列数据类型往往互不相同,一般不能对 DataFrame 对象整体数据做同一运算,而是指定适合运算的行或列进行运算。

一、基本运算

df4 对象的花费列可以理解为是一个 Series 对象,自然可以对花费列一维数组的所有元素做相同运算。

算术运算:

```
>>> df4['花费'] ** 0.5
0     7.071068
1     7.874008
2     3.937004
3     4.415880
4     5.000000
Name: 花费, dtype: float64
```

关系运算:

```
>>> df4['花费'] % 5 == 0
0      True
1     False
2     False
3     False
4      True
Name: 花费, dtype: bool
```

多列的对齐规则运算:

```
>>> df4['花费'] + pd.Series(df4[::-1]['花费'].values)
0     75.0
1     81.5
2     31.0
3     81.5
4     75.0
dtype: float64
```

表达式中“pd.Series(df4[::-1]['花费'].values)”的作用是反序取出花费列值,再按照对齐规则运算。

二、函数运算

pandas 提供了 apply()函数实现对 Series 对象数据或 DataFrame 对象指定的行、列数据应用指定的函数进行统一运算。

```
>>> import math
>>> df4['花费'].apply(math.sqrt)          #对 df4 对象花费列数据进行开根运算
0     7.071068
1     7.874008
2     3.937004
3     4.415880
4     5.000000
Name：花费，dtype：float64
```

三、汇总运算

pandas 对 Series 对象数据和 DataFrame 对象的行或列数据进行汇总运算的函数有 max()、min()、sum()及 mean()等。

max()和 min()函数可以对数值、字符、时间等类型数据分别计算最大值以及最小值。

sum()和 mean()函数可以对数值数据分别计算总和以及平均值。

例 12.5　分别统计所有同学消费的最大值、最小值、总和及平均值。

分析：可以引用 pandas 的汇总运算函数对所有同学消费进行统计。

参考代码：

#例 12.5.py 统计所有同学消费的最大值、最小值、总和以及平均值

```
1   import pandas as pd
2
3   pd.set_option('display.unicode.east_asian_width', True)
4   df4 = pd.read_csv("csmlst.csv",parse_dates = [3],encoding = "gbk")
5   max_cost = df4['花费'].max()
6   min_cost = df4['花费'].min()
7   sum_cost = df4['花费'].sum()
8   avg_cost = df4['花费'].mean()
9   print("所有同学零食消费简单分析：\n 最大值  最小值    总和  平均值")
10  print("{:6.2f} {:6.2f} {:6.2f} {:6.2f}".format(max_cost,min_cost,\
11                                          sum_cost,avg_cost))
```

运行程序，结果如下：

```
所有同学零食消费简单分析：
最大值  最小值  总和    平均值
62.00   15.50   172.00  34.40
```

关于汇总运算函数的补充说明：max()、min()、sum()及 mean()等函数也可以对 DataFrame 对象所有适合运算的行或列自动按数据类型进行统一运算。

```
>>> df4.max()
姓名                     陆涛
商品名称               巧克力
花费                       62
时间      2019-06-18 00:00:00
```

dtype: object

该例中,max()函数对 df4 对象的所有列数据都计算出了最大值(Python 对不同字符集的汉字排序方式不同)。

12.2.4 pandas 数据高级运算

一、数据筛选

pandas 常见的两种筛选操作语法格式如下:

对象名[筛选条件]

对象名.loc[筛选条件]

其中的筛选条件可以是关系运算或逻辑运算。pandas 的逻辑运算是通过位运算符"~""&"和"|"分别实现逻辑非、逻辑与以及逻辑或操作的。

例 12.6 从"csmlst.csv"文件中查找出第一季度消费最高值以及第二季度消费最低值。

分析:根据要求,需要先筛选出满足季度条件的记录,再利用 max()和 min()函数找出消费最高及最低值。

参考代码:

#例 12.5.py(续) 查找出第一季度消费最高值以及第二季度消费最低值

```
12 filter1 = (df4['时间'] >= '2019/1/1') & (df4['时间'] <= '2019/3/31')
13 filter2 = (df4['时间'] >= '4/1/2019') & (df4['时间'] <= '6/30/2019')
14 df_quarter1 = df4[filter1]
15 df_quarter2 = df4.loc[filter2]
16 print("第一季度消费记录:")
17 print(df_quarter1)
18 print("第二季度消费记录:")
19 print(df_quarter2)
20 max_cost = df_quarter1['花费'].max()
21 min_cost = df_quarter2['花费'].min()
22 print("第一季度消费最高值:",max_cost)
23 print("第二季度消费最低值:",min_cost)
```

运行程序,结果如下:

```
第一季度消费记录:
     姓名     商品名称    花费     时间
0    陈蕴     坚果        50.0    2019-01-18
1    高珊     巧克力      62.0    2019-02-08
3    潘阳     奶茶        19.5    2019-01-18
第二季度消费记录:
     姓名     商品名称    花费     时间
2    卞琳     巧克力      15.5    2019-06-18
4    陆涛     坚果        25.0    2019-04-18
第一季度消费最高值:62.0
第二季度消费最低值:15.5
```

二、数据排序

pandas 有两种专门的数据排序方法，分别是 sort_index()和 sort_values()，这两种方法的 ascending 参数默认值为“True”(即升序)。

1. sort_index()方法

sort_index()方法对对象排序操作是建立在行索引基础上的。

下面通过按花费列值对 df4 对象升序排序为例介绍其用法。

```
>>> df4=df4.set_index('花费')    #设置花费列为行索引
>>> df4=df4.sort_index()   #按行索引升序排序
>>> df4
花费   姓名      商品名称      时间
15.5  卞琳      巧克力       2019-06-18
19.5  潘阳      奶茶        2019-01-18
25.0  陆涛      坚果        2019-04-18
50.0  陈蕴      坚果        2019-01-18
62.0  高珊      巧克力       2019-02-08
```

2. sort_values()方法

sort_values()方法对对象排序操作是建立在列标签基础上的，必须标明“by=[列标签]”参数作为排序依据。

下面通过按花费列值对 df4 对象降序排序并添加名次(若有重复名次按排序顺序决定)列为例说明其用法。

```
>>> df4=df4.reset_index()#重置整数行索引
>>> df4=df4.sort_values(by =['花费'],ascending=False) #按花费列降序排序
>>> row_count=df4.shape[0]      #获取 df4 对象数据行数
>>> df4['名次']=list(range(1,row_count + 1))#在尾部添加名次列
>>> df4
    花费    姓名    商品名称      时间        名次
4   62.0   高珊    巧克力     2019-02-08    1
3   50.0   陈蕴    坚果      2019-01-18    2
2   25.0   陆涛    坚果      2019-04-18    3
1   19.5   潘阳    奶茶      2019-01-18    4
0   15.5   卞琳    巧克力     2019-06-18    5
```

三、数据分组

如果要对数据进行统计，一般要先对数据做一个关键的数据分组操作，然后对各组数据进行聚合统计。数据分组是数据统计操作的基础，关于其含义在 12.1.3 小节已作说明。在例 12.5 中介绍的几个 pandas 汇总运算函数就可以分别对每组数据进行聚合统计，pandas 的这类函数称为分组聚合统计函数。

pandas 对数据分组是通过 groupby()方法实现的，调用该方法会得到图 12.2 所示中间表格结构的过渡对象。在此基础上，过渡对象继续引用 max()等函数即可实现对各组数据的聚合统计。

pandas 的常见聚合统计函数及功能如表 12.2 所示。

表 12.2 pandas 聚合统计函数

函数名	功能
max()	返回每组数据列最大值
min()	返回每组数据列最小值
sum()	返回每组数值列总和
mean()	返回每组数值列平均值
size()	返回每组行数
count()	返回每组数据列非 NaN 行数
median()	返回每组中位数
describe()	返回每组数据汇总信息

下面将例 12.5 修改为统计所有同学各类零食消费情况来介绍分组聚合统计应用。

根据要求,应该先对 df4 对象按“商品名称”列分组,然后引用相关函数进行消费统计。

```
>>> df_group=df4.groupby("商品名称")[['花费']]  #对花费列按商品名称分组
>>> max_cost=df_group.max()                    #分组统计各类零食消费最高值
>>> max_cost
          花费
商品名称
坚果      50.0
奶茶      19.5
巧克力    62.0
>>> avg_cost=df_group.mean()   #分组统计各类零食消费平均值
>>> avg_cost
          花费
商品名称
坚果      37.50
奶茶      19.50
巧克力    38.75
```

四、数据合并

如果要从多个文件中获取数据,就会涉及文件数据的合并操作。合并数据分为重叠合并数据、横向(x 轴)或纵向(y 轴)合并数据以及主键合并数据。

1. 重叠合并数据

重叠合并数据常见于数据采集的查漏补缺场合,缺失的数据可以从具有相似结构的对象中补充。例如,在统计学生零食消费情况时由于某种原因造成采集的“csmlst_lack.csv”文件数据不完整,需要补充的数据保存于“csmlst_add.csv”文件中,两个文件内容如图 12.5 所示。

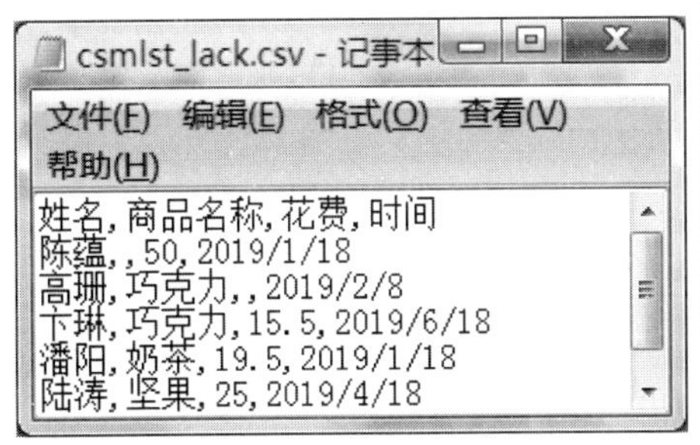

```
姓名,商品名称,花费,时间
陈蕴,,50,2019/1/18
高珊,巧克力,,2019/2/8
卞琳,巧克力,15.5,2019/6/18
潘阳,奶茶,19.5,2019/1/18
陆涛,坚果,25,2019/4/18
```

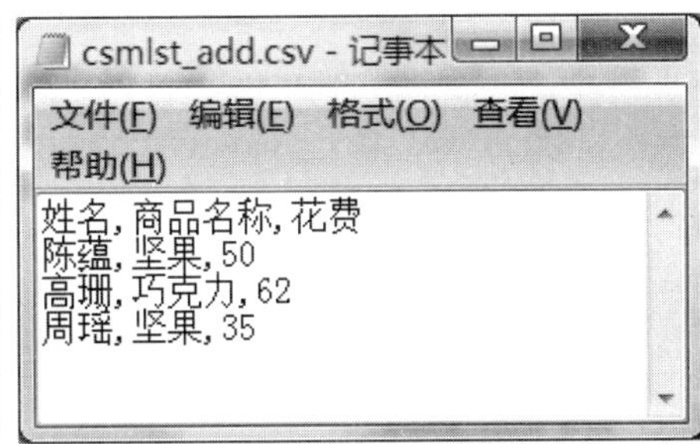

```
姓名,商品名称,花费
陈蕴,坚果,50
高珊,巧克力,62
周瑶,坚果,35
```

图 12.5　缺失数据文件内容示意图

pandas 提供了 combine_first()方法实现将相似结构的 DataFrame 对象数据重叠合并，主调对象按行索引从被调对象对应的列标签补充数据。

```
>>> df_lack=pd.read_csv("csmlst_lack.csv",parse_dates=[3],encoding="gbk")
>>> df_add=pd.read_csv("csmlst_add.csv",encoding="gbk")
>>> df_cf=df_lack.combine_first(df_add)    #重叠合并
>>> df_cf
     商品名称  姓名       时间      花费
0      坚果   陈蕴  2019-01-18  50.0
1     巧克力  高珊  2019-02-08  62.0
2     巧克力  卞琳  2019-06-18  15.5
3      奶茶   潘阳  2019-01-18  19.5
4      坚果   陆涛  2019-04-18  25.0
```

2. 横向或纵向合并数据

横向合并数据是指将两个 DataFrame 对象按行索引对齐将所有列数据合并，行索引不相同的数据列如果没有数据则用缺失值填充。

纵向合并数据是指将两个 DataFrame 对象按列索引对齐将所有行数据合并，列索引不相同的数据行如果没有数据则用缺失值填充。

pandas 提供了 concat()函数实现将不同结构的 DataFrame 对象数据合并，由“axis”参数决定是横向还是纵向合并。“axis”参数默认值为 0(即纵向合并)，参数值设置为 1 表示横向合并。

```
>>> df_x=pd.concat([df_lack,df_add],axis=1,sort=False)
>>> df_x    #横向合并，并保持原列序
   姓名  商品名称  花费       时间  姓名  商品名称花费
0  陈蕴    NaN   50.0  2019-01-18  陈蕴    坚果    50.0
1  高珊   巧克力   NaN  2019-02-08  高珊   巧克力   62.0
2  卞琳   巧克力  15.5  2019-06-18  周瑶    坚果    35.0
3  潘阳    奶茶   19.5  2019-01-18  NaN    NaN     NaN
4  陆涛    坚果   25.0  2019-04-18  NaN    NaN     NaN
```

```
>>> df_y=pd.concat([df_lack,df_add],sort=False)
```

```
>>> df_y    # 纵向合并,并保持原行序
   姓名  商品名称  花费      时间
0  陈蕴    NaN    50.0  2019-01-18
1  高珊   巧克力   NaN   2019-02-08
2  卞琳   巧克力   15.5  2019-06-18
3  潘阳    奶茶    19.5  2019-01-18
4  陆涛    坚果    25.0  2019-04-18
0  陈蕴    坚果    50.0      NaT
1  高珊   巧克力   62.0      NaT
2  周瑶    坚果    35.0      NaT
```

无论是横向还是纵向合并,concat()函数默认都是按并集合并数据的。当横向合并数据有完全重叠列或纵向合并数据有完全重叠行时还可以按交集方式处理数据,该知识点在主键合并数据里再做介绍。

pandas 还提供了仅用于实现纵向合并数据的 append()方法。以下语句也可以创建 df_y 对象:

```
>>> df_y=df_lack.append(df_add,sort=False)
```

pandas 没有专门用来给 DataFrame 对象添加数据行的方法,利用 append()方法可以实现添加数据行功能,添加的数据行还可以是键与主调 DataFrame 对象列标签一致的字典。

3. 主键合并数据

pandas 提供了 merge()函数将两个不同结构的 DataFrame 对象数据行进行连接合并,连接合并的依据是含义相同的列标签的值是否相等。其中起连接作用的列标签称为主键,用“on”参数指定。merge()函数还允许两个 DataFrame 对象的主键名不相同,分别用“left_on”和“right_on”参数指定。

为了介绍主键合并数据,下面引入学生零食消费的几个相关文件。学生信息数据文件“student.csv”、消费明细数据文件“csmpn.csv”以及商品信息数据文件“product.csv”的内容如图 12.6 所示。

本章图 12.1 所示的“csmlst.csv”文件数据实际上来自图 12.6 中的三个文件数据的主键合并。

student.csv...
文件(F) 编辑(E) 格式(O) 查看(V) 帮助(H)

```
学号,姓名,生活费
S01,卞琳,1800
S02,陈蕴,1600
S03,高珊,1700
S04,陆涛,1500
S05,潘阳,1900
S06,周瑶,1750
```

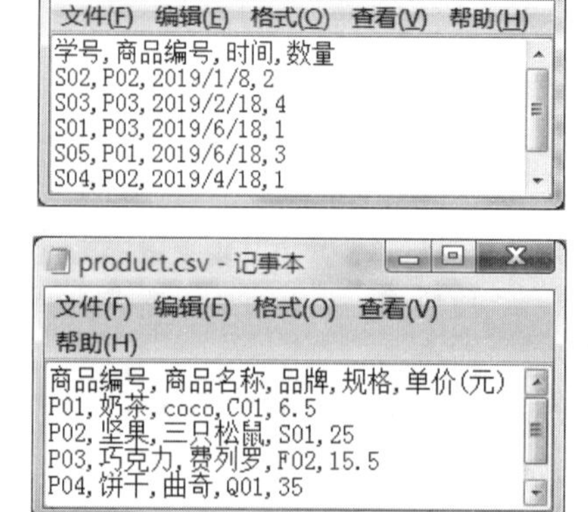

csmpn.csv - 记事本
文件(F) 编辑(E) 格式(O) 查看(V) 帮助(H)

```
学号,商品编号,时间,数量
S02,P02,2019/1/8,2
S03,P03,2019/2/18,4
S01,P03,2019/6/18,1
S05,P01,2019/6/18,3
S04,P02,2019/4/18,1
```

product.csv - 记事本
文件(F) 编辑(E) 格式(O) 查看(V) 帮助(H)

```
商品编号,商品名称,品牌,规格,单价(元)
P01,奶茶,coco,C01,6.5
P02,坚果,三只松鼠,S01,25
P03,巧克力,费列罗,F02,15.5
P04,饼干,曲奇,Q01,35
```

图 12.6　零食消费相关文件内容示意图

例12.7 将“student.csv”文件、“csmpn.csv”文件以及“product.csv”文件数据合并为如图12.1所示数据，并将结果保存至“csmlst.csv”文件。

分析：merge()函数按主键合并两个DataFrame对象时需要通过“on”参数指明主键。首先将“student.csv”文件数据和“csmpn.csv”文件数据按学号主键合并得到姓名、商品编号、数量和时间等数据行，接着将合并结果与“product.csv”文件数据按商品编号主键合并得到姓名、商品名称、数量、单价和时间数据行，最后计算出每行记录的花费列数据。

```
>>> table1=pd.read_csv("student.csv",encoding="gbk")
>>> table2=pd.read_csv("csmpn.csv",encoding="gbk")
>>> table3=pd.read_csv("product.csv",encoding="gbk")
>>> result=pd.merge(table1,table2,on='学号')
>>> result#按学号主键值相等合并，未消费学生数据丢弃
   学号  姓名  生活费  商品编号  时间       数量
0  S01  卞琳  1800   P03     2019/6/18  1
1  S02  陈蕴  1600   P02     2019/1/8   2
2  S03  高珊  1700   P03     2019/2/18  4
3  S04  陆涛  1500   P02     2019/4/18  1
4  S05  潘阳  1900   P01     2019/6/18  3
>>> result=pd.merge(result,table3,on='商品编号')
>>> result#按商品编号主键值相等合并，未被消费商品数据丢弃
   学号 姓名 生活费 商品编号 时间      数量 商品名称 品牌    规格 单价(元)
0  S01 卞琳 1800  P03    2019/6/18 1   巧克力  费列罗   F02  15.5
1  S03 高珊 1700  P03    2019/2/18 4   巧克力  费列罗   F02  15.5
2  S02 陈蕴 1600  P02    2019/1/8  2   坚果    三只松鼠 S01  25.0
3  S04 陆涛 1500  P02    2019/4/18 1   坚果    三只松鼠 S01  25.0
4  S05 潘阳 1900  P01    2019/6/18 3   奶茶    coco    C01  6.5
>>> df=result.loc[:,['姓名','商品名称','时间']]
>>> df.insert(2,'花费',result['单价(元)']*result['数量'])#插入花费列
>>> df
   姓名  商品名称  花费  时间
0  卞琳  巧克力   15.5  2019/6/18
1  高珊  巧克力   62.0  2019/2/18
2  陈蕴  坚果     50.0  2019/1/8
3  陆涛  坚果     25.0  2019/4/18
4  潘阳  奶茶     19.5  2019/6/18
```

得到了最终的数据合并对象df，通过to_csv()方法即可将其数据写入文件。

```
>>> df.to_csv("csmlst.csv",index=None,encoding="gbk")
```

总结：引用merge()函数时，默认将主键值相等的数据行进行连接合并，主键值未匹配的数据行被丢弃，例如table1对象中的“S06”学号数据行就被丢弃了。实际上，merge()函数也支持保留主键值未匹配的数据行，此时未匹配的数据用缺失值填充。此功能通过指定

how 参数实现,其参数取值及合并方式如表 12.3 所示。本例中 merge()函数就是将数据行按默认的内连接(inner)进行连接合并的。

表 12.3 merge()函数 how 参数取值及合并方式

参数取值	连接方式	合并方式
inner	内连接	将两个 DataFrame 对象数据行根据匹配的主键值按交集合并
outer	外连接	将两个 DataFrame 对象数据行根据主键按并集合并,未匹配行数据用缺失值填充
left	左连接	只根据第一个 DataFrame 对象主键将数据行合并,第二个 DataFrame 对象未匹配行数据用缺失值填充
right	右连接	只根据第二个 DataFrame 对象主键将数据行合并,第一个 DataFrame 对象未匹配行数据用缺失值填充

12.2.5 pandas 数据透视表及可视化

一、数据透视表

数据分组是将 DataFrame 对象数据依据分组列值是否相同按行进行拆分,而数据透视表是将 DataFrame 对象数据依据分组列值是否相同在行、列方向同时进行拆分。数据透视表操作过程如图 12.7 所示。

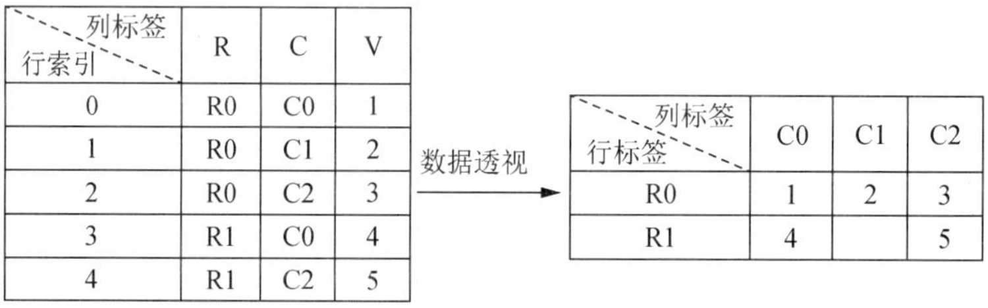

列标签 / 行索引	R	C	V
0	R0	C0	1
1	R0	C1	2
2	R0	C2	3
3	R1	C0	4
4	R1	C2	5

数据透视 →

列标签 / 行标签	C0	C1	C2
R0	1	2	3
R1	4		5

图 12.7 数据透视表操作过程示意图

pandas 是通过 pivot_table()方法实现将 DataFrame 对象数据生成数据透视表对象的。实现此功能需要同时指定如下三个参数:

① 通过 index 参数指定列标签以便按其值分组作为数据透视表行标签;

② 通过 columns 参数指定列标签以便按其值分组作为数据透视表列标签;

③ 通过 values 参数指定列标签以便将其值作为数据透视表数据。

下面以将"csmlst. csv"文件数据生成数据透视表为例介绍 pivot_table()方法的用法。

```
>>> df=pd.read_csv("csmlst.csv",header=0,encoding="gbk")
>>> df_provt=pd.pivot_table(df,index='姓名',columns='商品名称',values='花费')
>>> df_provt
商品名称  坚果  奶茶  巧克力
  姓名
  卞琳    NaN   NaN   15.5
  潘阳    NaN   19.5  NaN
```

```
陆涛    25.0  NaN   NaN
陈蕴    50.0  NaN   NaN
高珊    NaN   NaN   62.0
```

在引用 pivot_table()方法时可以设置 aggfunc 参数对行、列数据进行聚合统计，参数取值可以是“max”“min”“sum”“mean”等。还可以设置 margins 参数决定是否输出统计结果。

```
>>> df_provt=pd.pivot_table(df,index='姓名',columns='商品名称',values=
'花费',aggfunc=' sum',margins_name='合计',margins=True )
```

因透视表往往含有缺失值，可以借助 fillna()方法将缺失值置为 0。

```
>>> df_provt.fillna(0,inplace=True)
>>> df_provt
商品名称  坚果   奶茶   巧克力  合计
  姓名
卞琳      0.0   0.0   15.5   15.5
潘阳      0.0   19.5  0.0    19.5
陆涛      25.0  0.0   0.0    25.0
陈蕴      50.0  0.0   0.0    50.0
高珊      0.0   0.0   62.0   62.0
合计      75.0  19.5  77.5   172.0
```

二、数据可视化

pandas 的数据可视化可以借助 Python 的第三方库“matplotlib”实现。下面以“csmlst.csv” 文件数据为例介绍 pandas 数据可视化方法。

例 12.8　以“csmlst.csv” 文件中的姓名与花费列数据绘制学生消费数据柱形图。

分析：利用 matplotlib 库的 bar()函数可以绘制柱形图。在绘制柱形图时将姓名与花费列分别作为柱形图的 x 轴与 y 轴数据源。

参考代码：

#例 12.8.py 绘制学生消费数据柱形图

```
1  import pandas as pd
2  import matplotlib.pyplot as plt
3
4  df = pd.read_csv("csmlst.csv",header = 0,encoding = "gbk")
5  plt.rcParams['font.family'] = 'Microsoft YaHei'   #设置字体为微软雅黑
6  plt.title('学生消费数据图')                          #设置标题
7  plt.bar(df.loc[:,'姓名'],df.loc[:,'花费'])          #设置柱形图 x、y 轴数据源
8  plt.show()
```

运行程序，结果如图 12.8 所示。

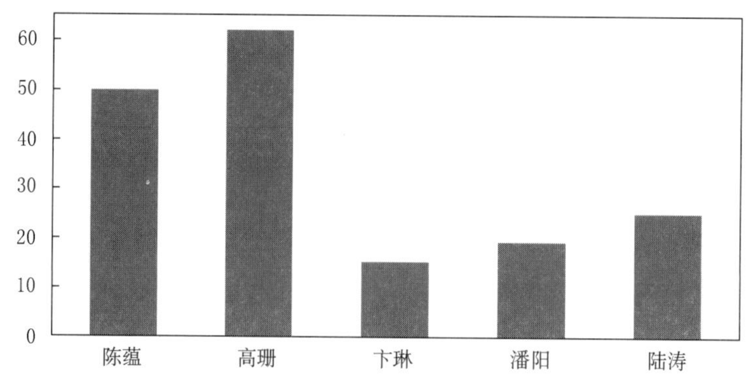

图 12.8　学生消费数据图

12.3　实例分析

利用 pandas 对数据进行分析处理一般包括数据准备、数据预处理、数据操作、数据运算以及数据输出(可视化)等几个基本步骤,其先后顺序没有严格要求。下面以一个实例介绍 pandas 对数据的分析过程。

例 12.9　高珊同学为了不影响寝室同学学习,准备购买无线静音鼠标。经过初步比较,高珊同学看中了某电商平台某品牌的两款产品,可到底选择哪款产品她非常犹豫。请分析这两款产品的评价信息,给高珊同学提供参考意见。

一、数据准备

电商平台商品的海量评价信息需要利用网络爬虫技术获取。根据高珊同学提供的两款产品的网页地址,利用第三方库 requests 获取这两款产品的网页源码,在此基础上再利用 Python 内置的 json 库或 BeautifulSoup、selenium 等第三方库解析并获取这两款产品的评价数据。解析得到的产品评价主要数据结构包括用户名、产品型号、评价时间、评价内容、评星、点赞、追评时间、追评内容,最终爬取的两款产品的评价数据分别保存为“comment1. csv”和“comment2. csv” 文件。部分评价数据如图 12.9 所示(图中电商及产品做了简单处理)。

comment1.csv - Microsoft Excel

	A	B	C	D	E	F	G	H
1	用户名	产品型号	评价时间	评价内容	评星	点赞	追评时间	追评内容
2	美***9	【※※】无线静音	2019/10/16 8:44	鼠标小巧，轻便，没有老式	5	0		
3	白***辱	【※※】无线静音	2019/10/16 12:54	外观颜值：很漂亮便携度：	5	0		
4	uibezhao	【※※】无线静音	2019/10/16 16:04	收到的货竟然是碎的，里面	1	1	2019/10/16 16:32	感谢※※客服，让我知道
5	uibezhao	【※※】无线静音	2019/10/16 16:04	收到的货竟然是碎的，里面	1	1	2019/10/16 16:32	感谢※※客服，让我知道
6	s***b	【※※】无线静音	2019/10/16 17:05	耐用度：之前已经买过一啦	5	0		
7	髅***2	【※※】无线静音	2019/10/16 17:18	左边灰色的大概在6或7年前	5	0		
8	武极天下v	【※※】无线静音	2019/10/16 23:35	静音鼠标，按键确实声音小	2	0		
9	最愛瞳寶貝	【※※】无线静音	2019/10/17 10:02	耐用度：很耐用，我买了两	5	3		
10	美索不达米	【※※】无线静音	2019/10/17 10:43	坏了，才用了一个月	2	0		
11	皮小新呀	【※※】无线静音	2019/10/17 13:49	非常好用　以前用过这个品	5	0		
12	Lilian_01	【※※】无线静音	2019/10/17 14:31	响应速度：很快很快！很敏	5	0		
13	LYOZeNYbJ	【※※】无线静音	2019/10/17 17:00	鼠标太小，包装很差，不值	1	1		
14	蛇***8	【※※】无线静音	2019/10/17 20:44	外观颜值：做工精美，轻便	5	0		
15	jd_来来	【※※】无线静音	2019/10/18 9:24	鼠标按键基本上按的时候不	5	0		
16	jd_18726(	【※※】无线静音	2019/10/18 20:02	鼠标到货了，拿在手里非常	5	0		
17	观自然	【※※】无线静音	2019/10/19 14:39	鼠标没了，只收到鼠标垫。	1	0		
18	苏***7	【※※】无线静音	2019/10/20 10:23	这款鼠标感觉一般，的确是	3	0		
19	w***d	【※※】无线静音	2019/10/20 11:04	鼠标不大好用不值这个价钱	1	0		
20	g***7	【※※】无线静音	2019/10/20 13:44	耐用度：非常耐用，上一个	5	0	2019/11/13 23:24	静音鼠标，手感很棒，我

图 12.9　部分评价数据示意图

二、数据合并及预处理

由于数据的处理过程一致，本实例将两个相同结构的评价数据文件合并。当文件结构一致时，可以使用纵向合并方法 append()。

#例 12.9.py 产品评价信息分析

```
1   import pandas as pd
2   import jieba
3   import matplotlib.pyplot as plt
4
5   pd.set_option('display.unicode.east_asian_width', True)
6   df = pd.read_csv("comment1.csv",parse_dates = [2,6],encoding = "gbk")
7   df2 = pd.read_csv("comment2.csv",parse_dates = [2,6],encoding = "gbk")
8   df = df.append(df2,ignore_index = True)
9   print("原始数据行：",df.shape[0])
```

运行以上程序段，结果如下：

原始数据行：6520

从网络爬取的原始数据一般不能直接使用，否则会导致数据分析结果出现偏差，所以需要对数据进行预处理。数据预处理一般包括对重复、缺失数据的处理以及数据清洗等。

1. 重复数据的处理

由于从网络爬取评价数据时往往会爬取到重复的评价数据，本实例先利用 pandas 的 drop_duplicates()方法去除重复数据行。该方法默认保留第一个重复数据行。

#例 12.9.py(续) 产品评价信息分析

```
10  df.drop_duplicates(inplace = True)
```

2. 缺失数据的处理

该电商平台的评论数据缺失情况有两种。一种情况是没有做追评，则追评时间及追评内容缺失，但其他评价数据正常，不做处理。另外一种情况是用户做了追评但却没有具体的评论数据，该电商平台将此种评论数据标记为“此用户未填写评价内容”。为了避免影响后续追评数据的分析，将该用户的追评时间及追评内容清空。

#例 12.9.py(续) 产品评价信息分析

```
11  df.loc[df['追评内容'] == "此用户未填写评价内容",'追评内容'] = None
12  df.loc[df['追评内容'].isnull(),'追评时间'] = None
```

3. 数据的清洗

在爬取的评价数据中极少数不合理的评论数据称为异常值(离群点)。由于异常值会导致分析结果产生严重偏差甚至错误，必须对异常值进行检测并清洗。检测异常值方法包括人工检测法、箱线图检测法及 3σ 原则检测法等。

(1) 人工检测异常值

对于电商产品的异常评论，最简单的人工检测方法就是找出明显刷单的非正常购物交易，利用 pandas 的 drop()方法将其数据行直接删除。该方法需说明 labels 参数指定要删除数据的索引号，可说明 axis 参数指定删除数据行还是数据列(默认为 0，即数据行)，还可说明 inplace 参数指定修改原 DataFrame 对象还是生成新 DataFrame 对象(默认为“False”，即新对象)。

刷单的非正常购物交易可以在评星值为 5 的前提下从两个方面加以判别,一是评价内容字符数长度超过 10 且完全相同,二是评价与追评时间间隔小于 1 小时。

#例 12.9.py(续) 产品评价信息分析

```
13  filter = (df['评星'] == 5) & (df['评价内容'].apply(lambda x:len(x)>10))
14  tmpidx = df.drop_duplicates(subset = ['评价内容'],keep = False).index
15  tmpidx = list(set(list(df.index)) - set(list(tmpidx)) & \
16           set(list(df[filter].index)))
17  df.drop(labels = tmpidx, inplace = True)          #删除评价内容异常数据行
18  filter2 = (df['评星']==5) & ((df['追评时间'] - \
19            df['评价时间']).astype('timedelta64[s]')<3600)
20  df.drop(labels = df[filter2].index, inplace = True)#删除追评异常数据行
21  print("预处理后数据行:",df.shape[0])
```

运行以上程序段,结果如下:

预处理后数据行:6234

(2) 箱线图法检测异常值

由于 3σ 原则法要求数据服从或近似服从正态分布,而箱线图法对数据没有任何限制,本实例采用箱线图法检测异常值。

箱线图法将被检测数据分为四个区间,四个区间通过五个索引标签加以标识。min 为最小值,QL(25%)为有四分之一数据比它小的下四分位数,QM(50%)为中位数,QU(75%)为有四分之一数据比它大的上四分位数,max 为最大值。IQR 为 QU 与 QL 之差的四分位数间距。

以四分位数和四分位数间距为基础的箱线图法可以比较客观地找出异常值。异常值上限为"QU + k * IQR",异常值下限为"QL - k * IQR",k 通常取值为 1.5。

大多数检测法都不适用于文本,所以需要把评论文本数据转换为可以度量的数值数据,以便在此基础上给 df 对象增加"评论值"列。评论值由对评星、点赞、评论内容等数据计算出的最终评论值决定。

#例 12.9.py(续) 产品评价信息分析

```
22  def cton(col1, col2, col3):                           #评论关键词计数
23      goodcount = 0
24      badcount = 0
25      good = ['好','很好','太好了','超静音','很静音','安静',\
26              '非常静音','声音小','噪音小','舒服','太喜欢了',\
27              '好评','很棒','很敏捷','轻便','小巧']
28      bad = ['差劲','很吵','太响了','不静音','坑人','垃圾','坏的',\
29              '坑爹','后悔','不好','电池','后盖','差评','倒霉',\
30              '不灵敏','不值','失望','退货']
31      pjcut = jieba.lcut(col2)                          #评论分词
32      if col1 == 5:
33          for item in pjcut:
34              if item in good: goodcount += 1
35          if col3 is not None:
36              goodcount *= 2
37          return goodcount
38      if col1 == 1:
```

```
39          for item in pjcut:
40              if item in bad: badcount += 1
41          if col3 is not None:
42              badcount *= 2
43          return badcount
44      return 0
45
46  #计算并添加评论值列
47  df['评论值'] = df.apply(lambda x: cton(x['评星'], x['评价内容'],\
48                  x['追评时间']), axis = 1)
49  df['评论值'] = 1 + df['评论值']/10 + df['点赞']/10
```

获得了评论的数字化度量值后，就可以利用箱线图检测法找出异常评论值并重置其为正常评论值1。

#例12.9.py(续) 产品评价信息分析

```
50  def boxline(df):                                          #箱线图检测法计算异常值上下限
51      box = df[['评论值']].describe()                           #获得四分位数
52      box.loc['IQR'] = box.loc['75%'] - box.loc['25%']          #计算四分位数间距
53      box.loc['Llimit'] = box.loc['25%']-1.5*box.loc['IQR']#计算异常值下限
54      box.loc['Llimit'] = max(box.loc['Llimit']['评论值'],\
55                              box.loc['min']['评论值'])
56      box.loc['Ulimit'] = box.loc['75%']+1.5*box.loc['IQR']#计算异常值上限
57      box.loc['Ulimit'] = min(box.loc['Ulimit']['评论值'],\
58                              box.loc['max']['评论值'])
59      return(box.loc['Ulimit']['评论值'],box.loc['Llimit']['评论值'])
60
61  def abnormal(px,pl,ulimit,llimit):                            #清洗异常值
62      if px==5 or px==1:
63          if pl>ulimit or pl<llimit:
64              return 1
65          else:
66              return pl
67      else:
68          return pl
69
70  filter3 = (df['评星'] == 1) | (df['评星'] == 5)
71  ulimit,llimit = boxline(df[filter3])
72  df['评论值'] = df.apply(lambda x: abnormal(x['评星'],\
73                  x['评论值'], ulimit,llimit), axis = 1)
```

三、数据操作及运算

异常评论值清洗完毕，接着就可以分别统计两款产品的好评率及差评率了。

说明：本实例将具体产品型号用"※"做了代替处理。

#例12.9.py(续) 产品评价信息分析

```
74  p1sum = df[df['产品型号'] == '【※※】无线静音'][['评论值']].sum()
75  p1bfb = df[df['产品型号'] == \
76          '【※※】无线静音'].groupby('评星')[['评论值']].sum()
77  p1bfb['百分比'] = p1bfb['评论值']/p1sum['评论值']
78  print(p1bfb)                                    #输出产品 1 评价分析结果
```

运行以上程序段,结果如下:

```
        评论值    百分比
评星
 1     1100.0   0.298483
 2      253.5   0.068787
 3      756.2   0.205194
 4       14.1   0.003826
 5     1561.5   0.423710
```

#例 12.9.py(续) 产品评价信息分析

```
79  p2sum = df[df['产品型号'] == '【※※※】无线静音'][['评论值']].sum()
80  p2bfb = df[df['产品型号'] == \
81          '【※※※】无线静音'].groupby('评星')[['评论值']].sum()
82  p2bfb['百分比'] = p2bfb['评论值']/p2sum['评论值']
83  print(p2bfb)                                    #输出产品 2 评价分析结果
```

运行以上程序段,结果如下:

```
        评论值    百分比
评星
 1      842.8   0.248306
 2      259.8   0.076542
 3      718.3   0.211626
 4        8.0   0.002357
 5     1565.3   0.461169
```

四、数据可视化

matplotlib 库的 pie()函数可以绘制饼图。在绘制饼图时将“['差评','低中评','中评','中高评','好评']”列表与百分比列分别作为饼图的标签和数据源。

#例 12.9.py(续) 产品评价信息分析

```
84  plt.rcParams['font.family'] = 'Microsoft YaHei' #设置字体
85  lbl = ['差评','低中评','中评','中高评','好评']  #设置饼图标签
86  plt.title('产品 1 评价分析图')                   #设置标题
87  pie_expl = (0.01,0.01,0.01,0.01,0.01)
88  #为饼图提供数据参数、标签参数、分离参数及数据格式参数
89  plt.pie(p1bfb.loc[:,'百分比'],labels = lbl,explode = pie_expl,\
90          autopct = '%.2f%%')
```

```
91  plt.show()
92  plt.title('产品2评价分析图')
93  plt.pie(p2bfb.loc[:,'百分比'],labels = lbl,explode = pie_expl,\
94          autopct = '%.2f%%')
95  plt.show()
```

运行以上程序段，结果如图12.10所示。

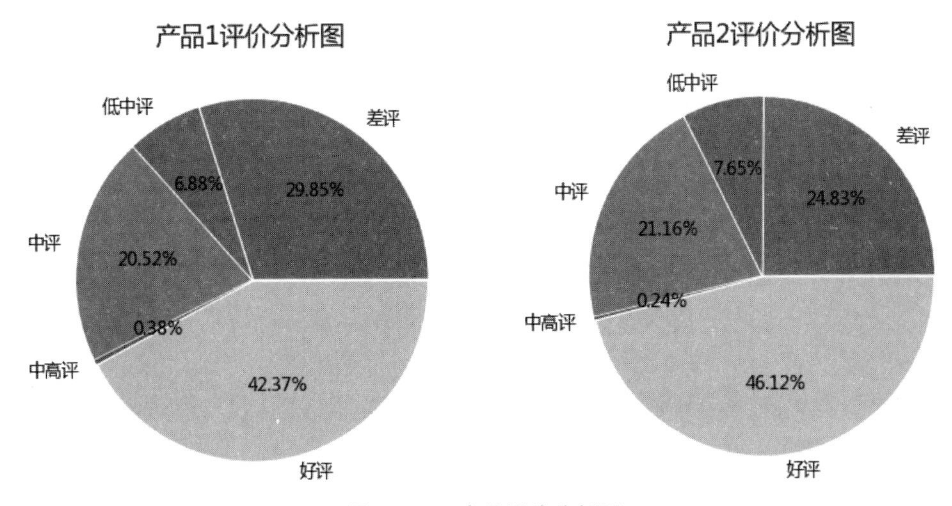

图12.10 产品评价分析图

观察图12.10不难看出，产品2的好评率以及差评率指标都优于产品1。到底选购哪款产品，高珊同学应该很容易做出决定了。

第 12 章思维导图

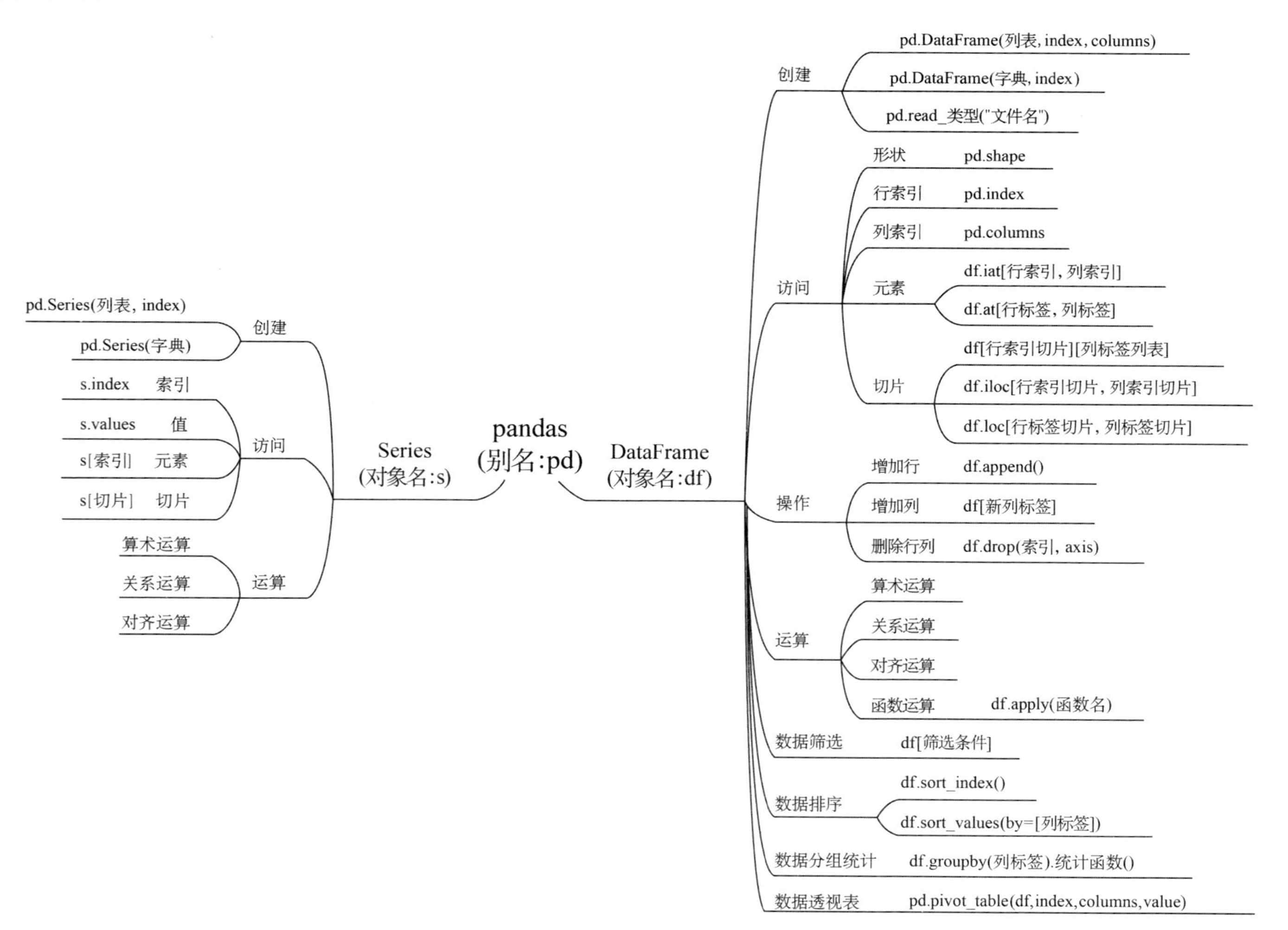
pandas
(别名:pd)
Series
(对象名:s)
创建
pd.Series(列表, index)
pd.Series(字典)
访问
s.index 索引
s.values 值
s[索引] 元素
s[切片] 切片
运算
算术运算
关系运算
对齐运算
DataFrame
(对象名:df)
创建
pd.DataFrame(列表, index, columns)
pd.DataFrame(字典, index)
pd.read_类型("文件名")
访问
形状 pd.shape
行索引 pd.index
列索引 pd.columns
元素
df.iat[行索引, 列索引]
df.at[行标签, 列标签]
切片
df[行索引切片][列标签列表]
df.iloc[行索引切片, 列索引切片]
df.loc[行标签切片, 列标签切片]
操作
增加行 df.append()
增加列 df[新列标签]
删除行列 df.drop(索引, axis)
运算
算术运算
关系运算
对齐运算
函数运算 df.apply(函数名)
数据筛选 df[筛选条件]
数据排序
df.sort_index()
df.sort_values(by=[列标签])
数据分组统计 df.groupby(列标签).统计函数()
数据透视表 pd.pivot_table(df,index,columns,value)

第 13 章　科学计算

现代科学和工程技术中,经常会遇到大量复杂的数值计算问题。这些问题用一般的计算工具来解决非常困难,但用计算机来处理就非常容易。用计算机来处理这些数值计算,通常称为科学计算。Python 具有较强的科学计算能力,本章重点介绍用于科学计算的第三方库 numpy 以及实现数据可视化的第三方库 matplotlib。

13.1　numpy

numpy(Numerical Python)即数值 Python 包。它是 Python 生态系统中数据分析、机器学习和科学计算的主力军,极大地简化了向量和矩阵的操作处理,一般与 scipy、matplotlib 一起使用。

如果想了解更多关于 numpy 库的内容,可以参考官网 https://numpy.org/。

依照 numpy 标准,我们习惯采用如下方式导入 numpy 库,代码如下:

```
>>>  import numpy as np
```

以下代码均基于该语句进行操作。

13.1.1　numpy 核心数据结构:ndarray

ndarray (N-dimensional array)即 N 维数组。它是一种由相同类型的元素组成的多维数组,元素数量事先给定。每个 ndarray 元素只有一种 dtype 类型,dtype 为 ndarray 对象的属性,指明元素的类型。ndarray 的大小固定,创建好后数组大小不会改变。多维数组的类型是 numpy.ndarray。

一、创建数组

1. *常规创建方法——使用 array 方法*

代码如下:

```
>>> a=np.array([1,2,3,4]) #以列表为参数产生一维数组
>>> print(a)
[1 2 3 4]
>>> b=np.array((1.2,2,3,4)) #以元组为参数产生一维数组
>>> print(b)
[ 1.2 2.  3.  4. ]
>>> type(np.array((1.2,2,3,4)))
<type ' numpy.ndarray'>
>>> c=np.array([[1,2],[3,4]]) #以列表为参数产生二维数组
>>> print(c)
[[1 2]
 [3 4]]
```

2. 使用常用函数创建

(1) 使用 arange 方法

arange(start, stop, step, dtype=None)

在给定间隔内返回均匀间隔的值。

代码如下:

```
>>> print(np.arange(15)) #只有结束项
[ 0 1 2 3 4 5 6 7 8 9 10 11 12 13 14] #结果不包含结束项
```

(2) 使用 linspace 方法

linspace(start, stop, num=50, endpoint=True, retstep=False, dtype=None)

在指定的间隔内返回均匀间隔的数字。

代码如下:

```
>>> print(np.linspace(1,3,9)) #从 1 到 3 中产生均匀间隔的 9 个数
[1.    1.25 1.5   1.75 2.    2.25 2.5   2.75 3.   ]
```

(3) 使用 zeros、ones、eye 等方法初始化数组

zeros(shape,dtype=float,order=' C')

返回给定形状和数据类型的新数组,用 0 填充。

ones(shape, dtype=None, order= ' C ')

返回给定形状和数据类型的新数组,用 1 填充。

eye(N,M =无,k=0,dtype=<class ' float'>,order=' C ')

返回一个二维数组,其中对角线为 1,零点为零。

代码如下:

```
>>> print(np.zeros((2,3)))
[[0. 0. 0.]
 [0. 0. 0.]]
>>> print(np.ones((3,4)))
[[1. 1. 1. 1.]
 [1. 1. 1. 1.]
 [1. 1. 1. 1.]]
>>> print(np.eye(3))
[[1. 0. 0.]
 [0. 1. 0.]
 [0. 0. 1.]]
```

二、ndarray 对象的常用属性

下面介绍 numpy 数组的一些基本属性。

在 numpy 中,每一个线性的数组称为一个轴(axis),也就是维度(dimensions)。比如说,二维数组相当于是两个一维数组,其中第一个一维数组中每个元素又是一个一维数组。所以一维数组就是 numpy 中的轴(axis),第一个轴相当于是底层数组,第二个轴是底层数组里的数组。而轴的数量——秩,就是数组的维数。一维数组的秩为 1,二维数组的秩为 2,依此类推。

通过图 13.1,我们可以更好地理解数组的维度概念。

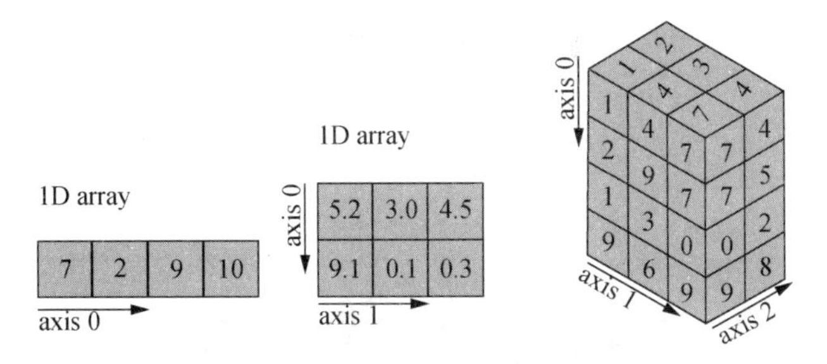

图 13.1　一维、二维、三维数组示意图

表13.1列出了比较常用的 ndarray 对象属性。

表 13.1　ndarray 对象的常用属性

属性	说明
ndarray. ndim	秩，即数组轴的数量或维度的数量
ndarray. shape	数组的形状，对于矩阵，即为 n 行 m 列
ndarray. size	数组元素的总个数，相当于 shape 中 n×m 的值
ndarray. dtype	ndarray 对象的元素类型
ndarray. itemsize	ndarray 对象中每个元素的字节大小

代码如下：

```
>>> a=np. zeros((2,2,2)) #创建一个三维数组
>>> print(a)
[[[0.  0.]
  [0.  0.]]
[[0.  0.]
  [0.  0.]]]
>>> print(a. ndim) #数组的维数
3
>>> print(a. shape) #数组每一维的大小
(2, 2, 2)
>>> print(a. size) #数组的元素总个数
8
>>> print(a. dtype) #元素类型
float64
>>> print(a. itemsize) #每个元素所占的字节数
8
```

三、ndarray 中元素的常用数据类型

numpy 支持的数据类型比 Python 内置的类型要多很多，基本上可以和 C 语言的数据类型对应上，其中部分类型对应为 Python 内置的类型。表13.2列举了常用的一些数值型数据类型。

表 13.2　Numpy 库支持的数值型数据类型

类型	描述
int8、int16、int32、int64	带符号整数(8 位、16 位、32 位、64 位)
uint8、uint16、uint32、uint64	无符号整数(8 位、16 位、32 位、64 位)
float16、float32、float64	浮点数(半精度、单精度、双精度)
complex64、complex128	复数(分别用两个 32 位、64 位浮点数表示实部和虚部)

创建 numpy 数组时,可通过属性 dtype 指定数据类型。如果用户未指定,numpy 会自动推断合适的数据类型,故一般不需指定。

代码如下:

```
>>> d=np.array((1.2,2,3,4), dtype=np.int32)
>>> print(d)
[1 2 3 4]
```

13.1.2　numpy 基本操作

一、基本的数组运算

1. 数组与标量的运算

数组不用循环即可对每个元素执行批量的算术运算操作,这个过程叫作矢量化,即用数组表达式代替循环的做法。数组与标量的算术运算会将标量值传播到各个元素。

代码如下:

```
>>> a=np.array([1,2,3,4,5])
>>> print(a)
[1 2 3 4 5]
>>> print(a+4)
[5 6 7 8 9]
>>> print(a*5)
[ 5 10 15 20 25]
>>> print(a-3)
[-2 -1  0  1  2]
>>> print(a/2.0)
[0.5 1.  1.5 2.  2.5]
>>> print(1.0/a)
[1.         0.5        0.33333333 0.25       0.2       ]
>>> print(a**2)
[1  4  9 16 25]
>>> print(2**a)
[2  4  8 16 32]
```

2. 数组之间的运算

在 numpy 中,大小相等的数组之间的运算为元素级运算,即只用于位置相同的元素之间，所得的运算结果组成一个新的数组，运算结果的位置与操作数位置相同。

代码如下：

```
>>> a1=np.array([[1,2,3],[4,5,6]])
>>> a2=np.ones((2,3),dtype=int)
>>> a1+a2
array([[2, 3, 4],
       [5, 6, 7]])
>>> a1-a2
array([[0, 1, 2],
       [3, 4, 5]])
>>> a1 * a2
array([[1, 2, 3],
       [4, 5, 6]])
>>> a1/a2
array([[1., 2., 3.],
       [4., 5., 6.]])
```

二、数组的索引与切片

ndarray 对象的内容可以通过索引或切片来访问和修改。

1. 一维数组的索引和切片

一维数组的索引和切片与 Python 中的列表类似。

代码如下：

```
>>> a=np.arange(10)
>>> a
array([0, 1, 2, 3, 4, 5, 6, 7, 8, 9])
>>> a[5]
5
>>> a[5:8]
array([5, 6, 7])
>>> print(a[2:7:2]) #从索引 2 开始到索引 7 停止，间隔为 2
[2 4 6]
```

2. 多维数组的索引

对于多维数组的索引，我们可以结合数组的形状进行理解。

多维数组就相当于 row * col * 列中列，如图 13.2 所示。

		col		
		0	1	
row	0	2,3,4,5	1,3,4,9	
	1	0,3,4,8	2,4,9,4	
	2	1,4,5,8	2,5,6,8	
	3	2,3,6,8	3,4,8,9	

图 13.2　多维数组示意图

代码如下：

```
>>> a=np.array([
    [
        [2,3,4,5],[1,3,4,9]
    ],
    [
        [0,3,4,8],[2,4,9,4]
    ],
    [
        [1,4,5,8],[2,5,6,8]
    ],
    [
        [2,3,6,8],[3,4,8,9]
    ]
])
>>> a.shape#生成 4*2*4 的数组
(4, 2, 4)
>>> print(a[3]) #取第四行数据
[[2 3 6 8]
[3 4 8 9]]
>>> print(a[3][1]) #取第四行第二列数据
[3 4 8 9]
>>> print(a[3][1][2]) #取第四行第二列第三个数据
8
>>> print(a[3,1,2]) #也可用这种方式
8
```

3. 多维数组的切片

数组的切片操作是指提取数组的一部分元素生成新数组。若想提取(或查看)数组的一部分,可通过冒号分隔切片参数,如 start:stop:step ,进行切片操作。

多维数组切片与一维数组稍有不同,它是按第 0 轴(第一个轴)切片,切片沿着一个轴向选取元素。可以一次传入多个切片,也可以将整数索引和切片混合使用。

代码如下：

```
>>> a=np.array([[ 0,  1,  2,  3],
        [ 4,  5,  6,  7],
        [ 8,  9, 10, 11]])
>>> print(a)
[[ 0  1  2  3]
[ 4  5  6  7]
[ 8  9 10 11]]
>>> print(a[1:,1:] ) #每个维度取切片用逗号分隔
```

```
[[ 5  6  7]
[ 9 10 11]]
>>> print( a[::2,1] ) # 每个维度可以使用步长跳跃切片
[1 9]
```

三、数组的形状变化

1. 使用 reshape 函数与 resize 函数改变数组形状

reshape()函数与 resize()函数都可返回一个指定形状的数组。但是 reshape 函数不会改变当前数组,返回的是修改后的结果,而 resize 函数则改变当前数组,并且返回值为 None。

代码如下:

```
>>> a=np.arange(12) # 创建一维数组
>>> a
array([ 0,  1,  2,  3,  4,  5,  6,  7,  8,  9, 10, 11])
>>> a.reshape(3,4) # 设置数组的形状
array([[ 0,  1,  2,  3],
       [ 4,  5,  6,  7],
       [ 8,  9, 10, 11]])
>>> a # 原数组并未改变
array([ 0,  1,  2,  3,  4,  5,  6,  7,  8,  9, 10, 11])
>>> a.resize(2,6) # 设置数组的大小
>>> a # 原数组被改变
array([[ 0,  1,  2,  3,  4,  5],
       [ 6,  7,  8,  9, 10, 11]])
```

2. 使用 flatten 函数与 ravel 函数展平数组

flatten()函数与 ravel()函数都可以对数组进行降维,返回折叠后的一维数组。但是 flatten 函数不会改变当前数组,返回的是一个副本,而 ravel 函数则返回一个视图,一般情况下会修改当前数组。

代码如下:

```
>>> a=np.arange(6).reshape(2,3)
>>> a
array([[0, 1, 2],
       [3, 4, 5]])
>>> a.flatten()# 横向展平
array([0, 1, 2, 3, 4, 5])
>>> a.ravel()
array([0, 1, 2, 3, 4, 5])
>>> a.flatten('F') # 纵向展平
array([0, 3, 1, 4, 2, 5])
>>> a.ravel('F')
array([0, 3, 1, 4, 2, 5])
>>> a.flatten()[1]=100# flatten 函数返回的是副本,数组不变
```

```
>>> a
array([[0, 1, 2],
       [3, 4, 5]])
>>> a.ravel()[1]=100 # ravel 函数修改原数组
>>> a
array([[  0, 100,   2],
       [  3,   4,   5]])
```

3. 使用 T 属性、transpose 函数与 swapaxes 函数进行数组转置

转置可以对数组进行重置,返回的是源数据的视图(不会进行任何复制操作)。

(1) 使用 T 属性

T 属性转置可以直接对数组进行行列对调转置。

代码如下:

```
>>> a=np.arange(10).reshape(2,5)
>>> a
array([[0, 1, 2, 3, 4],
       [5, 6, 7, 8, 9]])
>>> a.T
array([[0, 5],
       [1, 6],
       [2, 7],
       [3, 8],
       [4, 9]])
```

(2) 使用 transpose 函数

transpose 转置用于对换数组的维度。

代码如下:

```
>>> a=np.arange(10).reshape(2,5)
>>> a
array([[0, 1, 2, 3, 4],
       [5, 6, 7, 8, 9]])
>>> np.transpose(a)
array([[0, 5],
       [1, 6],
       [2, 7],
       [3, 8],
       [4, 9]])
```

对于高维数组,transpose 函数通过一个由轴编号组成的元组对轴进行转置。

代码如下:

```
>>> a=np.arange(12).reshape(2,2,3)
>>> a #生成一个 2*2*3 的数组,对应轴编号元组为(0,1,2)
array([[[ 0,  1,  2],
```

```
       [ 3,  4,  5]],
      [[ 6,  7,  8],
       [ 9, 10, 11]]])
>>> a.transpose((0,2,1)) #轴编号元组为(0, 2,1),对应生成一个2*3*2的数组
array([[[ 0,  3],
        [ 1,  4],
        [ 2,  5]],
       [[ 6,  9],
        [ 7, 10],
        [ 8, 11]]])
```

(3) 使用 swapaxes 函数

swapaxes 转置接受一对轴编号,进行两轴对换。使用 transpose 函数是对整个轴进行对换,而 swapaxes 是将参数的两个轴进行对换。

代码如下:

```
>>> a=np.arange(12).reshape(2,2,3)
>>> a #生成一个2*2*3的数组,对应轴编号元组为(0,1,2)
array([[[ 0,  1,  2],
        [ 3,  4,  5]],
       [[ 6,  7,  8],
        [ 9, 10, 11]]])
>>> a.swapaxes(1,2) #将1和2轴进行对换,等同于上面的transpose((0,2,1))
array([[[ 0,  3],
        [ 1,  4],
        [ 2,  5]],
       [[ 6,  9],
        [ 7, 10],
        [ 8, 11]]])
```

13.1.3　numpy 通用函数

通用函数(ufunc)是一种对 ndarray 中的数据执行元素级运算的函数,可以看作是简单函数(接受一个或多个标量值,并产生一个或多个标量值)的矢量化包装器。

通用函数(ufunc)有两种类别:

① 一元函数:通常接受一个数组,返回一个结果数组,见表13.3。

② 二元函数:通常接受两个数组,返回一个结果数组,见表13.4。

表13.3　numpy 库一元函数

函数	说明
abs、fabs	计算绝对值。对于非复数,可使用更快的 fabs
sqrt、square、exp、log、log10、log2、log1p	计算平方根、平方、指数、自然对数、底数为10的log、底数为2的log、底为e的log

(续表)

函数	说明
sign	返回元素的符号:1(正数)、0(零)、-1(负数)
ceil、floor	取上界、下界整数
rint	四舍五入到整数
modf	返回数组的小数和整数两个独立的数组
isnan	返回布尔型数组,判断是否为空值
isfinite、isinf	判断是否有穷、无穷
cos、cosh、sin、sinh、tan、tanh	普通型和双曲型三角函数

代码如下:

```
>>> a=np.random.uniform(-5,10,(2,3))
>>> print(a)
[[-0.59966935 -4.2686469   2.84500141]
[-3.05162868 -3.81941992  4.37073662]]
>>> print(np.abs(a)) #取绝对值
[[0.59966935 4.2686469   2.84500141]
[3.05162868 3.81941992 4.37073662]]
>>> print(np.square(a)) #取平方值
[[ 0.35960333 18.22134639  8.09403304]
[ 9.31243758 14.58796854 19.10333857]]
>>> print(np.ceil(a)) #向上取整
[[-0. -4.  3.]
[-3. -3.  5.]]
>>> print(np.rint(a)) #四舍五入
[[-1. -4.  3.]
[-3. -4.  4.]]
>>> print(np.isnan(a)) #判断是否为空值
[[False False False]
[False False False]]
>>> print(np.modf(a)[0]) #分成小数部分
[[-0.59966935 -0.2686469   0.84500141]
[-0.05162868 -0.81941992  0.37073662]]
>>> print(np.modf(a)[1]) #分成整数部分
[[-0. -4.  2.]
[-3. -3.  4.]]
```

表 13.4　numpy 库二元函数

函数	说明
add、subtract、multiply、divide、floor_divide	加、减、乘、除、向下圆整除法
power	对第一个数组中的元素 A，根据第二个数组中的元素 B，计算 A^B
maximum、fmax、minimum、fmin	最大、最小值(fmax、fmin 忽略 NaN)
mod	取模
copysign	将第二个数组中的值的符号复制给第一个数组中的值
greater、greater_equal、less、less_equal	元素级比较运算，产生布尔型数组
logical_and、logical_or、logical_xor	元素级真值逻辑运算

代码如下：

```
>>> a1=np.arange(10).reshape((2,5))
>>> a2=np.arange(10,20).reshape((2,5))
>>> a1
array([[0, 1, 2, 3, 4],
       [5, 6, 7, 8, 9]])
>>> a2
array([[10, 11, 12, 13, 14],
       [15, 16, 17, 18, 19]])
>>> np.add(a1,a2) #相加
array([[10, 12, 14, 16, 18],
       [20, 22, 24, 26, 28]])
>>> np.maximum(a1,a2) #取最大值
array([[10, 11, 12, 13, 14],
       [15, 16, 17, 18, 19]])
>>> np.mod(a1,a2) #取模
array([[0, 1, 2, 3, 4],
       [5, 6, 7, 8, 9]], dtype=int32)
>>> np.greater(a1,a2) #元素级比较大小
array([[False, False, False, False, False],
       [False, False, False, False, False]])
```

13.1.4　numpy 统计函数

numpy 提供了很多统计函数，用于从数组中查找最小元素、最大元素，计算标准差、方差等，详见表 13.5。

表 13.5 numpy 常用统计函数

函数	说明
sum(a,axis=None)	根据给定轴 axis 计算数组 a 相关元素之和,axis 为整数或元组
mean(a,axis=None)	根据给定轴 axis 计算数组 a 相关元素的数学期望,axis 为整数或元组
average(a,axis=None,weights=None)	根据给定轴 axis 计算数组 a 相关元素的加权平均值
std(a,axis=None)	根据给定轴 axis 计算数组 a 相关元素的标准差
var(a,axis=None)	根据给定轴 axis 计算数组 a 相关元素的方差
min(a)、max(a)	计算数组 a 中元素的最小值、最大值
argmin(a)、argmax(a)	计算数组 a 中元素最小值、最大值的降一维后的下标
unravel_index(index, shape)	根据 shape 将一维下标 index 转换成多维下标
ptp(a)	计算数组 a 中元素最大值与最小值的差
median(a)	计算数组 a 中元素的中位数(中值)

代码如下:

```
>>> a=np.arange(6).reshape(2,3)
>>> a
array([[0, 1, 2],
       [3, 4, 5]])
>>> np.sum(a)
15
>>> np.mean(a)
2.5
>>> np.average(a)
2.5
>>> np.std(a)
1.707825127659933
>>> np.var(a)
2.9166666666666665
>>> np.max(a)
5
>>> np.min(a)
0
>>> np.argmin(a)
0
>>> np.argmax(a)
5
>>> np.unravel_index(5,(2,3))
(1, 2)
```

```
>>> np.ptp(a)
5
>>> np.median(a)
2.5
```

13.2　matplotlib

matplotlib 是一款命令式、较底层、可定制性强、图表资源丰富、简单易用、出版质量级别的 Python 2D 绘图库。它可与 numpy 一起使用，提供了一种有效的 MatLab 开源替代方案。

如果想了解更多关于 matplotlib 库的内容，可以参考官网 https://matplotlib.org/。

使用 matplotlib 绘图主要是用到其 pyplot 模块，它可以程序化生成多种多样的图表，只需要简单的函数就可以自主化定制图表，添加文本、点、线、颜色、图像等元素。

依照 matplotlib 标准，我们习惯采用如下方式导入 matplotlib 库的 pyplot 模块，代码如下：

```
>>> import matplotlib.pyplot as plt
```

同时，为了正确显示中文字体，并解决负号“－”显示为方块的问题，请使用以下代码更改默认设置，其中"SimHei"表示黑体。

```
>>> import matplotlib
>>> matplotlib.rcParams["font.family"]="SimHei"
>>> matplotlib.rcParams["axes.unicode_minus"]=False
```

以下代码均基于上述语句进行操作。

一、matplotlib 图形的主要对象

我们首先通过图 13.3 对 matplotlib 有个整体认识，了解 matplotlib 图形的几个主要对象。

1. Figure 对象

Figure 是图像窗口对象，它是包裹 Axes、tiles、legends 等组件的最外层窗口。它其实是一个 Windows 应用窗口。在任何绘图之前，我们都需要一个 Figure 对象，可以把它理解为我们绘图用的一张画板。整个图形即是一个 Figure 对象。

Figure 中最主要的元素是 Axes(子图)。一个 Figure 中可以有多个子图，但至少要有一个能够显示内容的子图。

2. Axes 对象

Axes 是子图(或轴域)对象，它是带有数据的图像区域。在拥有 Figure 对象之后，作画前我们还需要轴，没有轴的话就没有绘图基准，所以需要添加 Axes 对象，也可将其理解为真正可以作画的画纸。

常用方法有：

(1) set_xlim()以及 set_ylim()：设置子图 x 轴和 y 轴对应的数据范围。

(2) set_title()：设置子图的标题。

(3) set_xlabel()以及 set_ylable()：设置子图 x 轴和 y 轴指标的描述说明。

3. Axis 对象

Axis 是数据轴对象,主要用于控制数据轴上刻度位置和显示数值。Axis 有 Locator 和 Formatter 两个子对象,分别用于控制刻度位置和显示数值。

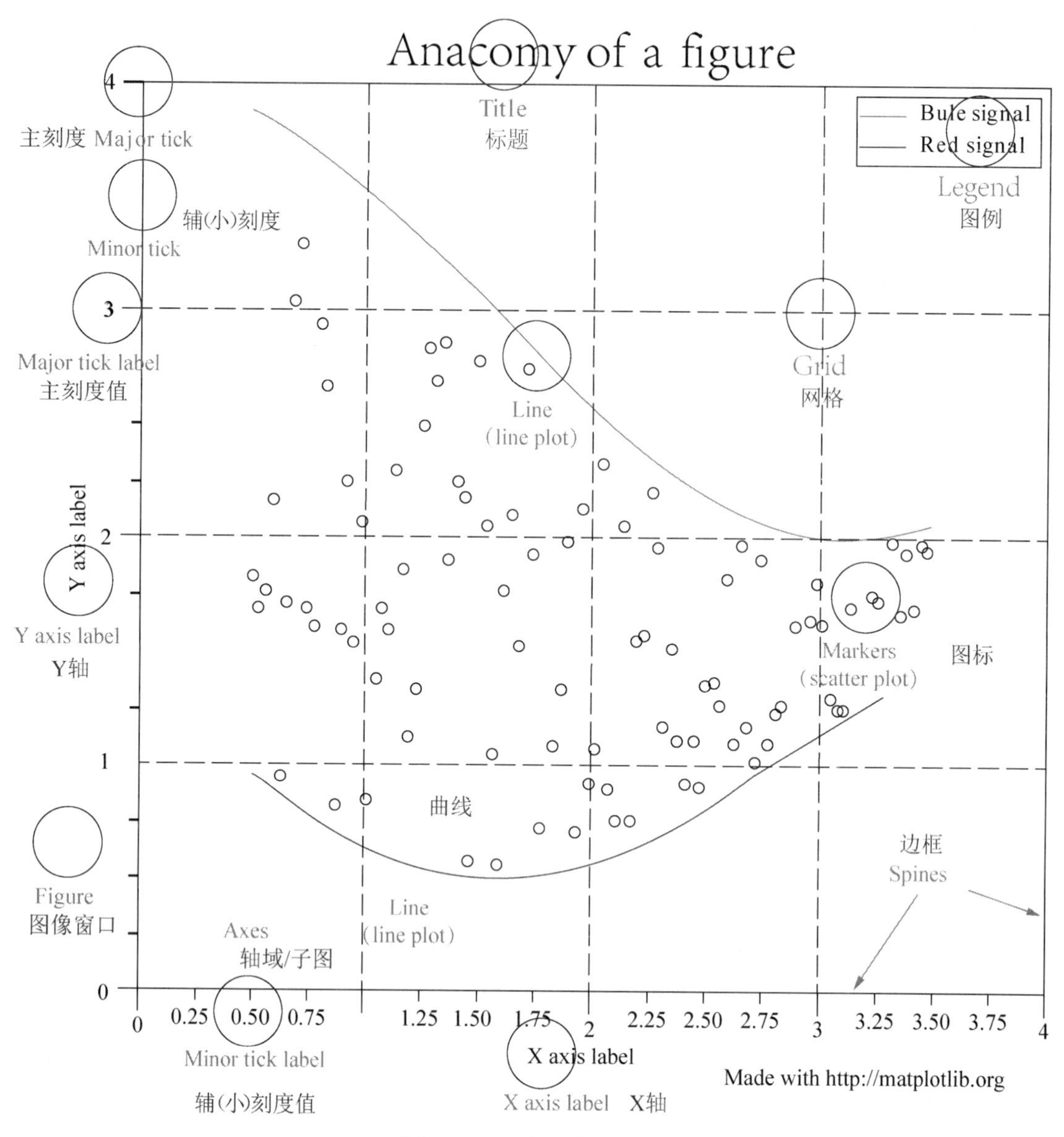

图 13.3 图像组件说明图

二、简单图形、图像绘制

下面结合图形绘制的例子,介绍表 13.6 中配置参数的使用。

表 13.6 配置参数

配置参数	说明
axex	设置坐标轴边界和表面的颜色、坐标刻度值大小和网格的显示
figure	控制 dpi、边界颜色、图形大小和子区(subplot)设置

（续表）

配置参数	说明
font	字体集(font family)、字体大小和样式设置
grid	设置网格颜色和线型
legend	设置图例和其中的文本显示
line	设置线条(颜色、线型、宽度等)和标记
patch	填充 2D 空间的图形对象，如多边形和圆。控制线宽、颜色和抗锯齿设置等
savefig	可对保存的图形进行单独设置。例如，设置渲染的文件背景为白色
verbose	设置 matplotlib 在执行期间的信息输出，如 silent、helpful、debug 和 debug-annoying
xticks、yticks	为 x，y 轴的主刻度和次刻度设置颜色、大小、方向，以及标签大小

1. 绘制两条直线。

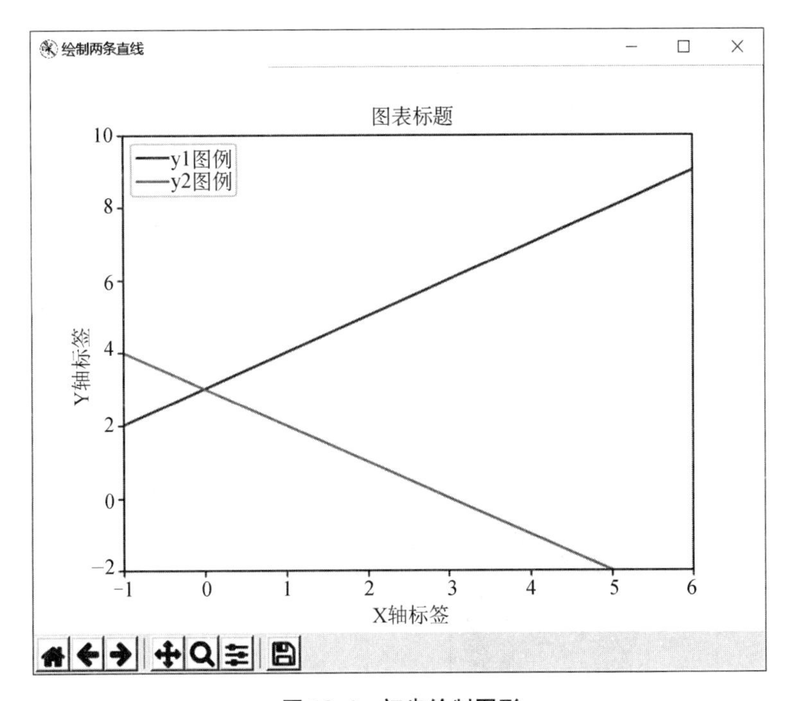

图 13.4　初步绘制图形

▽绘制如图 13.4 所示的两条直线。▽▽代码如下：

```
1  import numpy as np
2  import matplotlib.pyplot as plt
3  import matplotlib
4  matplotlib.rcParams["font.family"]="SimHei" #设置中文字体为黑体
5  matplotlib.rcParams["axes.unicode_minus"]=False#设置负号显示正常
6  ###以上代码在后续例子中将被省略，读者执行代码时请自行添加###
7  x=np.linspace(-2,6,50) #创建一个等差数列，包含-2 到 6 之间等间隔的 50 个值
8  y1=x+3 #曲线 y1
```

```
9   y2=3-x #曲线 y2
10  plt.figure("绘制两条直线") #定义一个图像窗口，并设置窗口标题
11  plt.plot(x,y1) #绘制曲线 y1
12  plt.plot(x,y2) #绘制曲线 y2
13  plt.title("图表标题")#设置图表标题
14  plt.xlabel("X 轴标签") #设置横轴标签
15  plt.ylabel("Y 轴标签") #设置纵轴标签
16  plt.xlim(-1,6) #设置横轴的上下限
17  plt.ylim(-2,10) #设置纵轴的上下限
18  plt.legend(labels=["y1 图例","y2 图例"])#设置图例，默认左上方
19  plt.show()#显示图形
20  # plt.savefig("D:/temp.png")#保存图片文件，此时可省略 plt.show()
```

2. 设置子画布

axes＝plt. subplot(numRows, numCols, plotNum)

图表的整个绘图区域被分成 numRows 行和 numCols 列，按照从左到右、从上到下的顺序对每个子区域进行编号，左上的子区域编号为 1，plotNum 参数指定 Axes 对象所在的区域。如图 13. 5 所示。

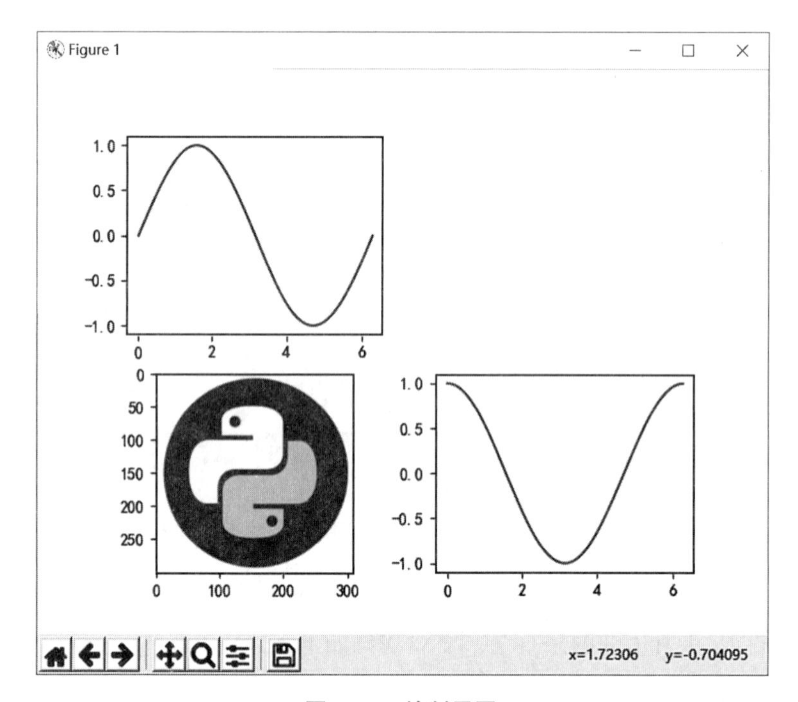

图 13. 5　绘制子图

代码如下：

```
1   from PIL import Image
2   x=np.linspace(0,2*np.pi,100) #创建一个等差数列
3   y1=np.sin(x) #曲线 y1
4   y2=np.cos(x) #曲线 y2
5   axes1=plt.subplot(221) # 221 的含义是将画布分为两行两列，axes1 在第一个位置
```

```
6   axes1.plot(x,y1)
7   axes2=plt.subplot(224) # 224 的含义是将画布分为两行两列，axes2 在第四个位置
8   axes2.plot(x,y2)
9   img = Image.open("D://python.png")  #打开指定图像
10  plt.subplot(223).imshow(img)  #在画布第 3 位置，绘制图像
11  plt.show()
```

三、绘制 2D 图形

1. 折线图

(1) 线性图

在图表的所有类型中，线性图最为简单。线性图的各个数据点由一条直线来连接。一对(x, y)值组成的数据点在图表中的位置取决于两条轴(x 和 y)的刻度范围。前面我们绘制的图形都属于这一类。

plot()是 pyplot 模块中最基本的一个绘图函数，它支持除 x、y 以外的参数，以字符串形式控制颜色、线型、点型等要素，其语法格式如下：

matplotlib. pyplot. plot(x,y, color= None, marker= None,……)

常用参数及说明见表 13. 7。

表 13-7　plot 函数中常用参数及说明

参数	接收值	说明	默认值
x,y	array	表示 x 轴与 y 轴对应的数据	无
color	string	表示折线的颜色	None
marker	string	表示折线上数据点处的类型	None
linestyle	string	表示折线的类型	—
linewidth	数值	表示线条粗细	1
alpha	0～1 之间的小数	表示点的透明度	None
label	string	设置数据图例内容	None

下面通过设置 plot 函数绘制定制样式的线性图，如图 13. 6 所示。

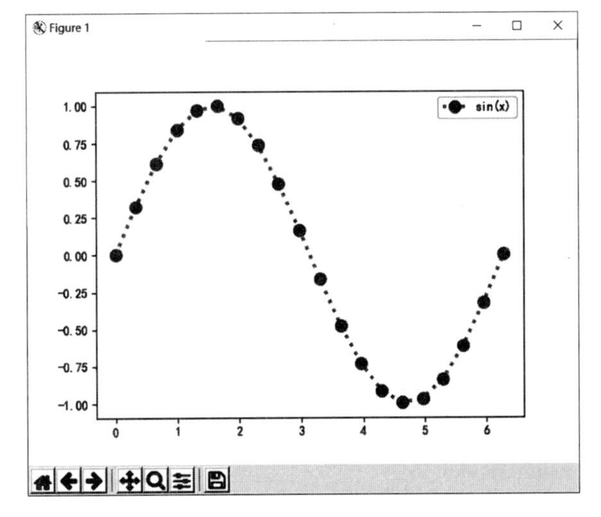

图 13. 6　线性图

代码如下:

```
1   # 准备 x 和 y
2   x = np.linspace(0, 2* np.pi,num=20)
3   y = np.sin(x)
4   # 调用绘制线性图函数 plot()
5   plt.plot(x, y,
6       color='#3589FF', # 线的颜色
7       linestyle=':', # 线的风格
8       linewidth=3, # 线的宽度
9       marker='o', # 标记点的样式
10      markerfacecolor='r', # 标记点的颜色
11      markersize=10, # 标记点的大小
12      alpha=0.7, # 图形的透明度
13      label="sin(x)"#设置图例的 label
14  )
15  plt.legend()
16  plt.show()
```

(2) 多条折线图

plot 函数也支持一次性绘制多条折线,如图 13.7 所示。

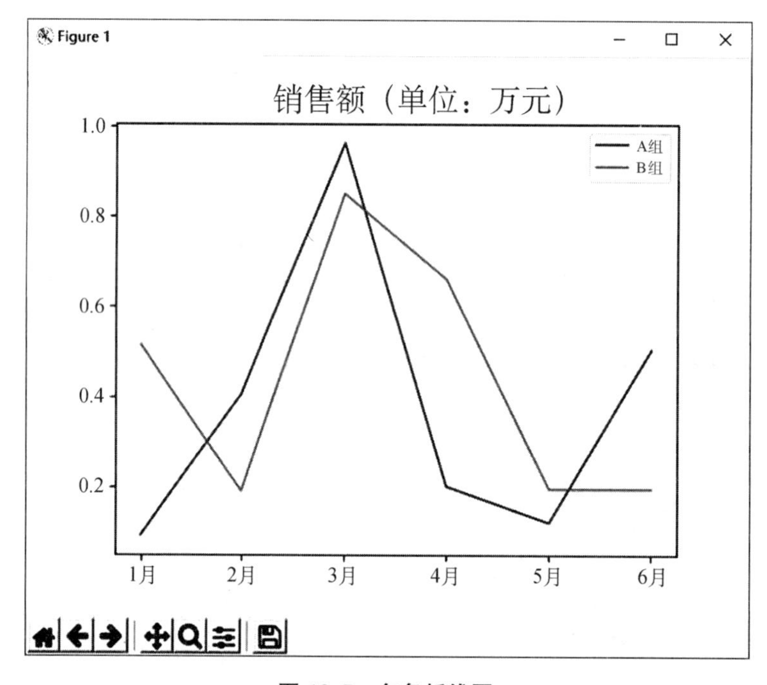

图 13.7　多条折线图

代码如下:

```
1   y1 = np.random.random(6)
2   y2 = np.random.random(6)
3   x = np.arange(6)
```

```
4  plt.plot(x, y1, label='A 组')
5  plt.plot(x, y2, label='B 组')
6  plt.title('销售额(单位：万)', fontsize=20)
7  index_name = ['1 月', '2 月', '3 月', '4 月', '5 月', '6 月']
8  plt.xticks(x, index_name)
9  plt.legend(loc='best')
10 plt.show()
```

2. 条形图

条形图也称为柱状图，是一种常用的图表类型，以长方形的长度为变量进行统计，常用于数据可视化分析。条形图能够使人们一眼看出各个项目数据的大小，且易于比较各个不同项目数据之间的差别。条形图分为两种，即垂直条形图与水平条形图。

绘制条形图要使用 pyplot 中的 bar 函数，其语法格式如下：

matplotlib. pyplot. bar(x, height, [width], ** kwargs)

常用参数及说明见表 13. 8。

表 13. 8　bar 函数中常用参数及说明

参数	说明
x	数组，每个条形的横坐标
height	个数或一个数组，条形的高度
[width]	可选参数，一个数或一个数组，条形的宽度，默认为 0. 8
** kwargs	不定长的关键字参数，设置条形图的其他属性，如图形标签 label、颜色标签 color、不透明度 alpha 等

（1）垂直条形图

下面的代码可绘制如图 13. 8 所示的图形。

代码如下：

```
1  index = np.arange(5)
2  values1 = np.random.randint(60, 100, 5)
3  values2 = np.random.randint(60, 100, 5)
4  values3 = np.random.randint(60, 100, 5)
5  bar_width = 0.3#设置每一个 bar 所占宽度
6  #绘制垂直条形图
7  plt.bar(index-bar_width, values1, width=bar_width, alpha=0.7, label='语文', color='b')
8  plt.bar(index, values2, width=bar_width, alpha=0.7, label='数学', color='y')
9  plt.bar(index+bar_width, values3, width=bar_width, alpha=0.7, label='英语', color='r')
10 plt.legend()#显示图例
11 #设置 X 轴、Y 轴数值范围
12 plt.xlim(-0.5, 5)
13 plt.ylim(0, 100)
14 plt.axis([-0.6, 5, 0, 100])
15 #设置 x 轴刻度标签，rotation 旋转角度
16 plt.xticks(index, [str(ix)+'班' for ix in range(1, 6)], rotation=30)
```

```
17    #设置标题
18    plt.title('期末成绩', fontsize=20)
19    plt.xlabel('班级')
20    plt.ylabel('各科平均分')
21    #显示数值标签
22    for a,b in zip(index, values1):
23        plt.text(a-bar_width, b, '%.0f' % b, ha='center', va='bottom', fontsize=7)
24    for a,b in zip(index, values2):
25        plt.text(a, b, '%.0f' % b, ha='center', va='bottom', fontsize=7)
26    for a,b in zip(index, values3):
27        plt.text(a+bar_width, b, '%.0f' % b, ha='center', va='bottom', fontsize=7)
28    plt.grid()#显示网格
29    plt.show()
```

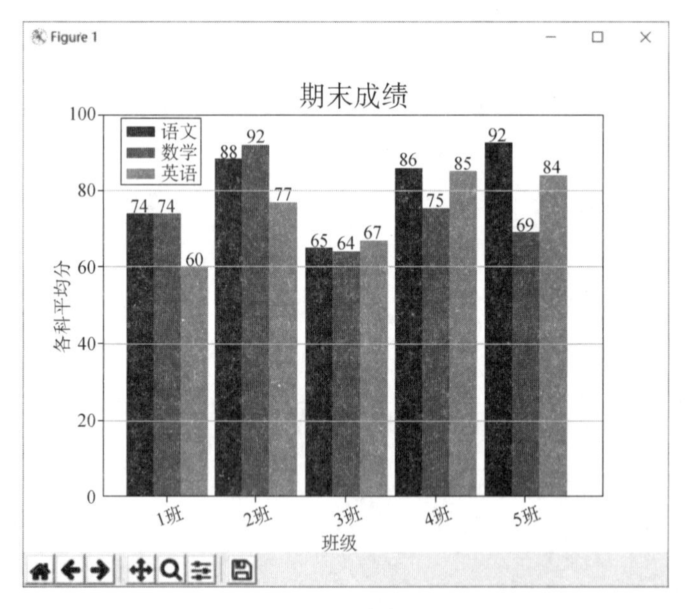

图 13.8　垂直条形图

(2) 水平条形图

下面的代码可将图 13.8 改为水平条形图,绘制如图 13.9 所示的图形。

代码如下:

```
1     index = np.arange(5)
2     values1 = np.random.randint(60, 100, 5)
3     values2 = np.random.randint(60, 100, 5)
4     values3 = np.random.randint(60, 100, 5)
5     bar_height = 0.3
6     #绘制水平条
7     plt.barh(index-bar_height, values1, height=0.3, alpha=0.7, label='语文', color='b')
8     plt.barh(index, values2, height=0.3, alpha=0.7, label='数学', color='y')
9     plt.barh(index+bar_height, values3, height=0.3, alpha=0.7, label='英语', color='r')
10    plt.legend()
```

```
11    plt.xlim(-0.5, 5)
12    plt.ylim(0, 100)
13    plt.axis([0,100,-0.6, 5])
14    # 设置 y 轴刻度标签
15    plt.yticks(index, [str(ix)+'班' for ix in range(1, 6)])
16    # 设置标题
17    plt.title('期末成绩', fontsize=20)
18    plt.xlabel('各科平均分')
19    plt.ylabel('班级')
20    # 显示数值标签
21    for a,b in zip(values1,index):
22        plt.text(a, b-bar_height, '%.0f' % a, ha='left', va='center', fontsize=7)
23    for a,b in zip(values2,index):
24        plt.text(a, b, '%.0f' % a, ha='left', va='center', fontsize=7)
25    for a,b in zip(values3,index):
26        plt.text(a, b+bar_height, '%.0f' % a, ha='left', va='center', fontsize=7)
27    plt.grid()
28    plt.show()
```

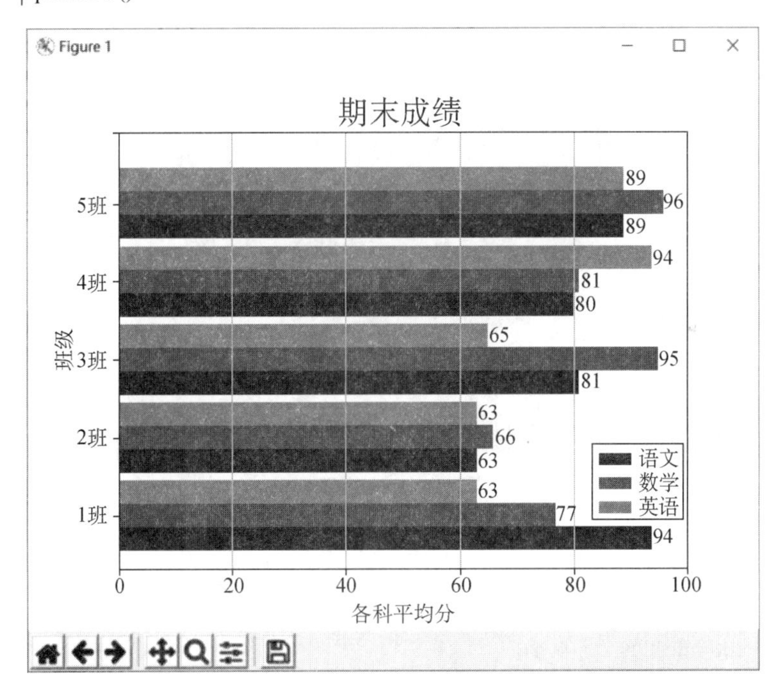

图 13.9　水平条形图

3. 饼图

相对于条形图适合比较各部分的大小，饼图则适合展示各部分占总体的比例，它可自动根据数据的百分比画饼。使用 pie()函数制作饼图很简单，其语法格式如下：

matplotlib. pyplot. pie(x, labels= None, autopct== None,……)

常用参数及说明见表 13. 9。

表 13.9　pie 函数中常用参数及说明

参数	说明
x	表示用于绘制的饼图的数据,自动算百分比
labels	设置饼块每部分的名称
explode	设置饼块每部分离开中心点的距离
autopct	设置数值的显示方式,如%1.2f%%表示显示百分比
colors	设置饼块每部分的颜色
shadow	设置饼图是否有阴影

下面的代码可绘制如图 13.10 所示的图形。

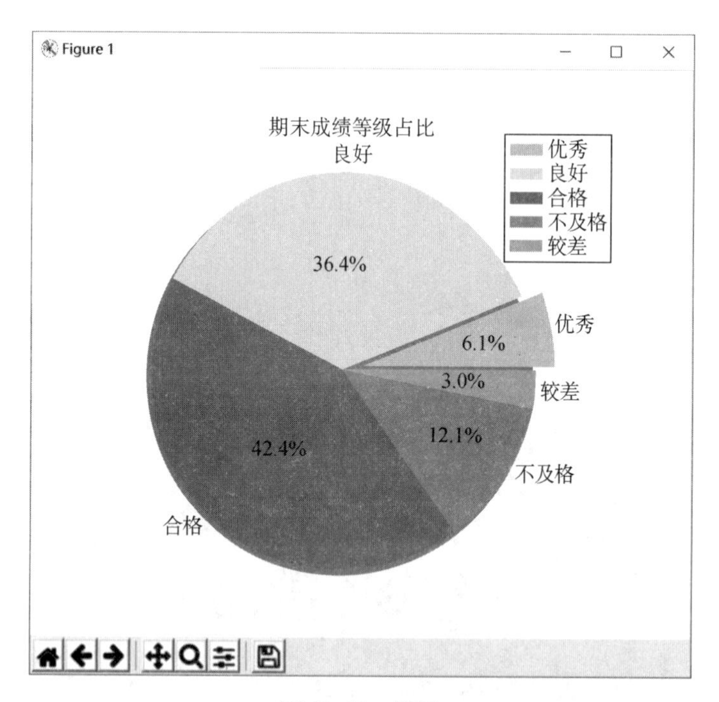

图 13.10　饼图

代码如下:

```
1   #设置图像大小
2   plt.figure(figsize=(6, 6))
3   # 设置标签
4   labels = ['优秀', '良好', '合格', '不及格', '较差']
5   # 标签对应的值
6   values = [1000, 6000, 7000, 2000, 500]
7   # 标签对应的颜色
8   colors = ['red', '#FEDD62', 'blue', 'gray', 'green']
9   # 设置是否需脱离饼图凸显, 可选值 0-1
10  explode = [0.1, 0, 0, 0, 0]
11  plt.pie(values,
```

```
12                labels=labels,
13                colors=colors,
14                explode=explode,
15                shadow=True,
16                autopct='%1.1f%%'
17                )
18    # 设置为标准圆形
19    plt.axis('equal')
20    # 显示图例
21    plt.legend()
22    plt.title('期末成绩等级占比')
23    plt.show()
```

4. 散点图

散点图与折线图所需的数组非常相似，区别是折线图会将各数据点连接起来，而散点图则只是描绘各数据点，并不会将这些数据点连接起来。

通常调用 scatter()函数来绘制散点图，其语法格式如下：

matplotlib. pyplot. scatter(x,y,s= None, c= None,……)

常用参数及说明见表 13. 10。

表 13. 10　scatter 函数中常用参数及说明

参数	说明
x,y	指定 X 轴、Y 轴数据
s	设置散点的大小
c	设置散点的颜色
marker	设置散点的图形样式
alpha	设置散点的透明度
linewidths	设置散点边框线的宽度
edgecolors	设置散点边框的颜色

下面的代码可绘制如图 13. 11 所示的图形。

代码如下：

```
1     # 随机生成 500 个点
2     x = np.random.rand(500)
3     y = np.random.rand(500)
4     # 设置每个点的大小
5     size = np.random.rand(500) * 50
6     # 设置每个点的颜色
7     colour = np.arctan2(x, y)
8     plt.scatter(x, y, s=size, c=colour)
9     # 添加颜色栏
10    plt.colorbar()
11    plt.show()
```

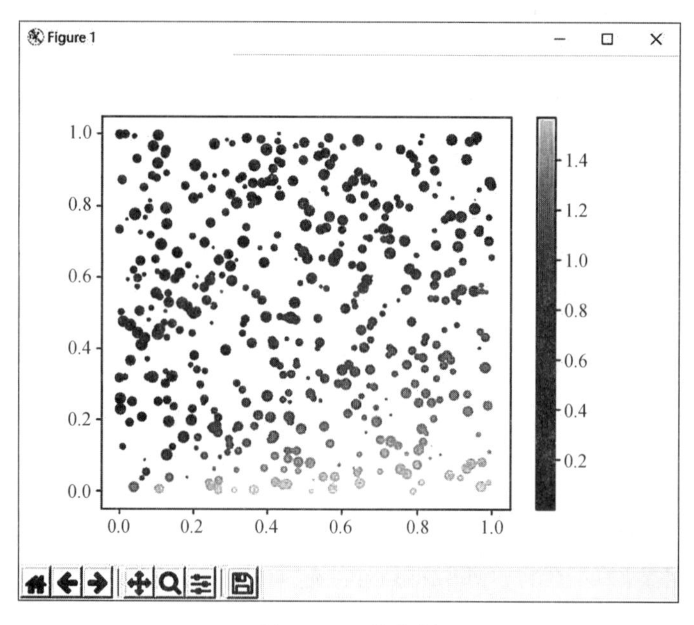

图 13.11　散点图

5. 直方图

直方图与条形图外观很相似,条形图主要展现离散型数据分布,而直方图则是用来展现连续型数据分布特征的统计图形。

通常调用 hist() 函数来绘制散点图,其语法格式如下:

matplotlib. pyplot. hist(x, bins=None, range=None,……)

其中,参数 x 为数据集,最终的直方图将对数据集进行统计;bins 表示 x 轴所代表数据的数量,即长条形的数目。

下面的代码可绘制如图 13.12 所示的图形。

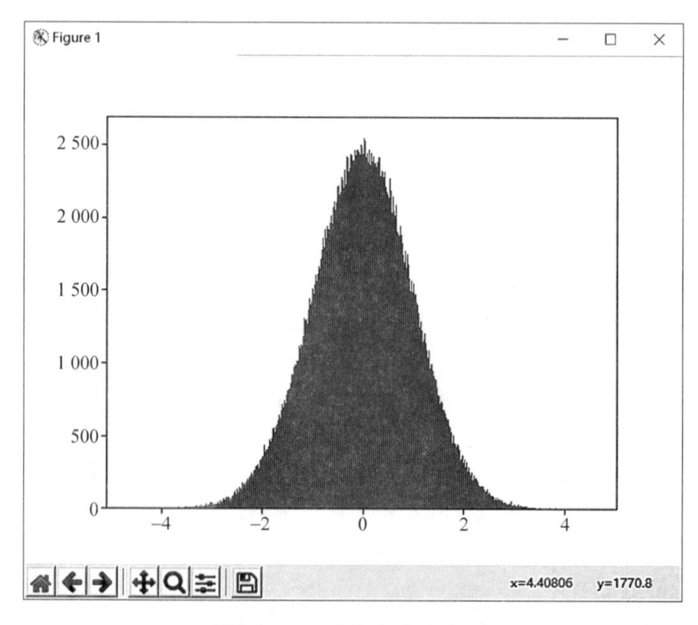

图 13.12　高斯分布直方图

代码如下：

```
1  pop = np.random.normal(0, 1, 1000000)
2  plt.hist(pop, bins=1500)
3  plt.show()
```

上面只列举了部分图形类型，更多图形绘制的函数可以参见表 13.11。

表 13.11　pyplot 模块的基础图表函数

函数	说明
plt. plot(x,y,fmt,…)	绘制一个坐标图
plt. boxplot(data,notch,position)	绘制一个箱形图
plt. bar(left,height,width,bottom)	绘制一个条形图
plt. barh(width,bottom,left,height)	绘制一个横向条形图
plt. polar(theta, r)	绘制极坐标图
plt. pie(data, explode)	绘制饼图
plt. psd(x,NFFT=256,pad_to,Fs)	绘制功率谱密度图
plt. specgram(x,NFFT=256,pad_to,F)	绘制谱图
plt. cohere(x,y,NFFT=256,Fs)	绘制 X-Y 的相关性函数
plt. scatter(x,y)	绘制散点图，其中，x 和 y 长度相同
plt. step(x,y,where)	绘制步阶图
plt. hist(x,bins,normed)	绘制直方图
plt. contour(X,Y,Z,N)	绘制等值图
plt. vlines()	绘制垂直图
plt. stem(x,y,linefmt,markerfmt)	绘制柴火图
plt. plot_date()	绘制数据日期

13.3　案例分析

一、绘制有趣的数学方程

1. 笛卡尔心形曲线

笛卡尔心形曲线简称心形线，是一个圆上的固定一点在它绕着与其相切且半径相同的另外一个圆周滚动时所形成的轨迹，因其形状像心形而得名。

例 13.1　笛卡尔心形线的极坐标方程为：$\rho=a(1-\sin\theta)$，图形如图 13.13 所示。

代码如下：

```
1  import matplotlib.pyplot as plt
2  import numpy as np
3  theta = np.linspace(0.0, 2 * np.pi, 1000) #创建一个从 0 到 2π ，等分成 1000 份的数组
4  a = 5
```

```
5   rho = a * (1 - np.sin(theta))
6   plt.subplot(polar=True) #创建极坐标系
7   plt.plot(theta, rho, c = 'r') #颜色为红色
8   plt.show()
```

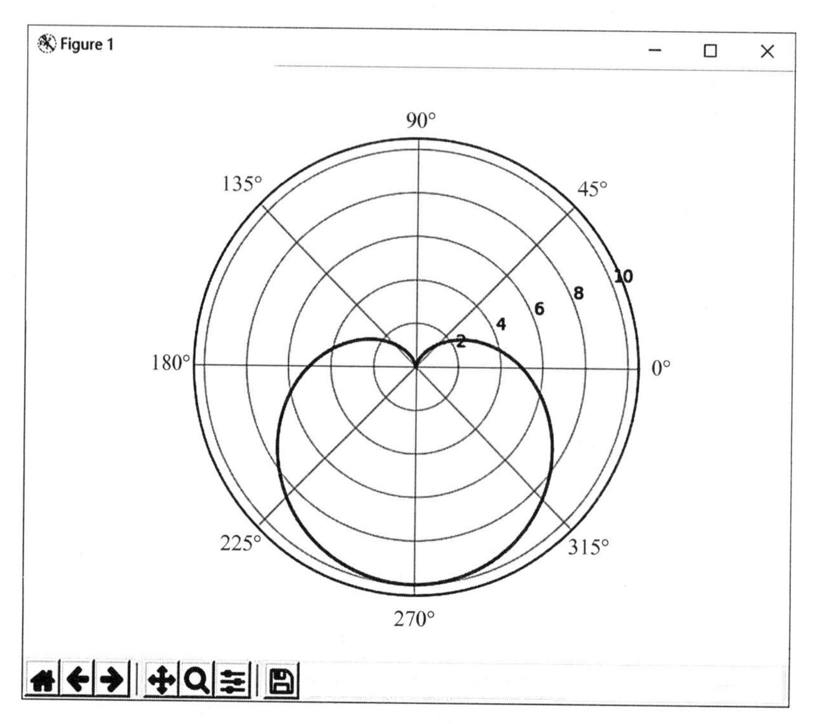

图 13.13　极坐标笛卡尔心形曲线图

例 13.2　笛卡尔心形线的直角坐标方程：

x = a * (2 * np. sin(theta) − np. sin(2 * theta))

y = a * (2 * np. cos(theta) − np. cos(2 * theta))

图形如图 13.14 所示。代码如下：

```
1   import matplotlib.pyplot as plt
2   import numpy as np
3   theta = np.linspace(0.0, 2 * np.pi, 1000)
4   a = 5
5   x=a*(2*np.sin(theta)-np.sin(2*theta))
6   y=a*(2*np.cos(theta)-np.cos(2*theta))
7   plt.plot(x,y, c = 'r')
8   plt.show()
```

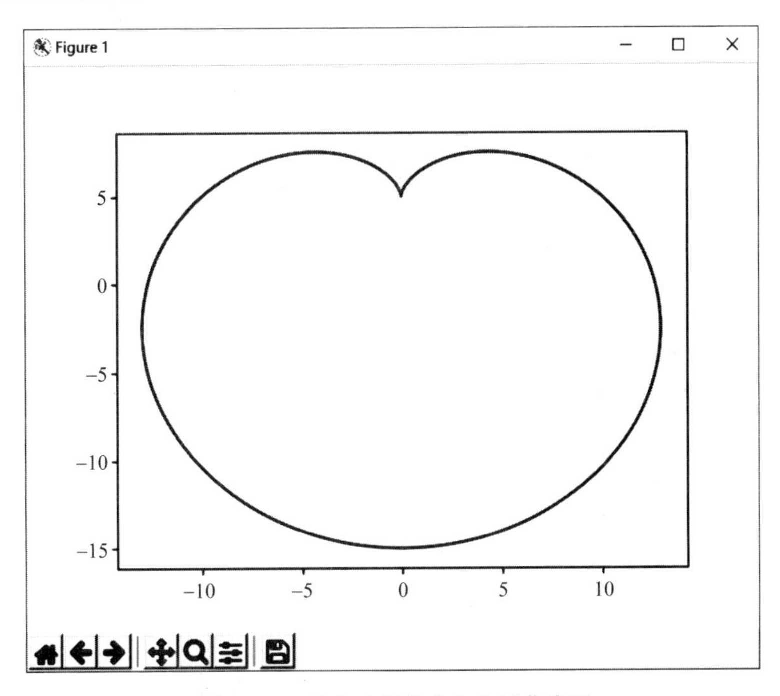

图 13.14　直角坐标笛卡尔心形曲线图

2. 阿基米德螺线

阿基米德螺线也称为等速螺线，得名于公元前 3 世纪希腊数学家阿基米德。阿基米德螺线是一个点匀速离开一个固定点的同时又以固定的角速度绕该固定点转动而产生的轨迹。

例 13.3　阿基米德螺线，极坐标方程为 $r=a\theta$，图形如图 13.15 所示。

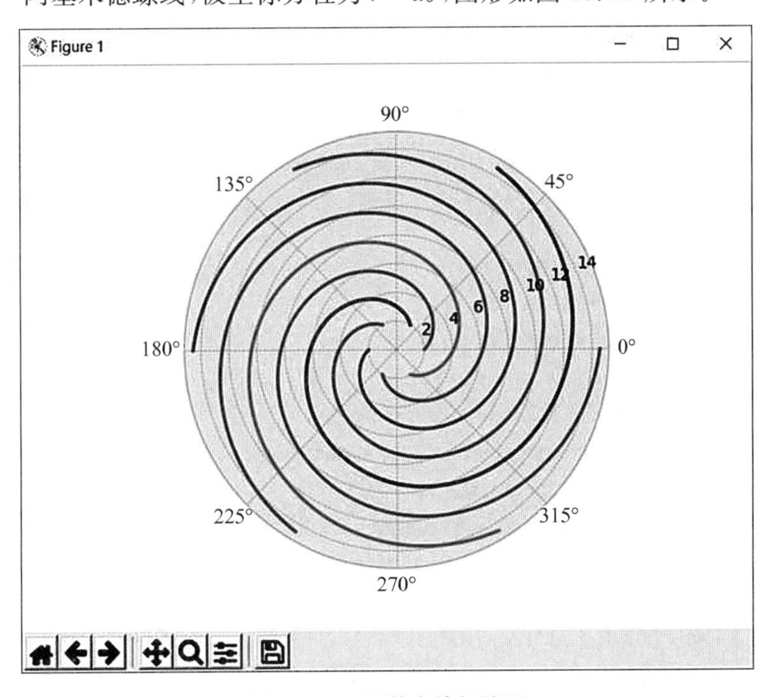

图 13.15　阿基米德螺线图

代码如下：

```
1   import numpy as np
2   import matplotlib.pyplot as plt
3   plt.style.use('bmh')#使用自带的样式进行美化
4   a, b = 2.0, 2.0
5   n = 6
6   theta = np.linspace(0, 2 * np.pi, num=2000)
7   plt.subplot(polar=True)
8   y = a + b * theta
9   for i in range(n):
10      x = theta + 2.0 * np.pi * i / n
11      plt.plot(x, y)
12  plt.show()
```

二、2000 年至 2023 年人口数据的可视化分析

例 13.4 2000 年至 2023 年人口数据分析。

1. 数据准备。

首先，从国家统计局官方网站下载 2000 年至 2023 年的人口数据，保存为“population.csv”文件，如图 13.16 所示。其中，2000、2010、2020 年数据为当年人口普查数据推算数；其余年份数据为年度人口抽样调查推算数据。总人口和按性别分人口中包括现役军人，按城乡分人口中现役军人计入城镇人口。

然后，利用 pandas 库，将 csv 文件转换为 numpy 数组。

	A	B	C	D	E	F	G	H	I	J	K	L	M
1	数据库：年度数据												
2	时间：2000-2023												
3	指标	2023年	2022年	2021年	2020年	2019年	2018年	2017年	2016年	2015年	2014年	2013年	2012年
4	年末总人口	140967	141175	141260	141212	141008	140541	140011	139232	138326	137646	136726	135922
5	男性人口(	72032	72206	72311	72357	72039	71864	71650	71307	70857	70522	70063	69660
6	女性人口(	68935	68969	68949	68855	68969	68677	68361	67925	67469	67124	66663	66262
7	城镇人口(	93267	92071	91425	90220	88426	86433	84343	81924	79302	76738	74502	72175
8	乡村人口(	47700	49104	49835	50992	52582	54108	55668	57308	59024	60908	62224	63747
9	注：1981年及以前人口数据为户籍统计数；1982、1990、2000、2010、2020年数据为当年人口普查数据推算数；其余年份数据为年度人口抽样调查推算数据。总人口和按性别分人口中包括现役军人，按城乡分人口中现役军人计入城镇人口。												
10	数据来源：国家统计局												

	A	N	O	P	Q	R	S	T	U	V	W	X	Y
3	指标	2011年	2010年	2009年	2008年	2007年	2006年	2005年	2004年	2003年	2002年	2001年	2000年
4	年末总人口	134916	134091	133450	132802	132129	131448	130756	129988	129227	128453	127627	126743
5	男性人口(	69161	68748	68647	68357	68048	67728	67375	66976	66556	66115	65672	65437
6	女性人口(	65755	65343	64803	64445	64081	63720	63381	63012	62671	62338	61955	61306
7	城镇人口(	69927	66978	64512	62403	60633	58288	56212	54283	52376	50212	48064	45906
8	乡村人口(	64989	67113	68938	70399	71496	73160	74544	75705	76851	78241	79563	80837

图 13.16 2020 年至 2023 年人口数据

代码如下：

```
1   import numpy as np
2   import pandas as pd
3   import matplotlib.pyplot as plt
4   plt.rcParams['font.family']='SimHei'#设置中文字体为黑体
5   #读取CSV文件到Pandas DataFrame
6   df=pd.read_csv("population.csv",encoding="gb2312")
7   data=df.T #将DataFrame转置
8   array=data.to_numpy() #将DataFrame转换为numpy数组
9   value=array[array[:,0].argsort()] #对numpy数组进行升序排序
10  year=value[:-1,0]#获取年份数据
11  total=value[:-1,1].astype(int)#获取总人口数据，并将字符串类型转换为整数
12  male=value[:-1,2].astype(int)#获取男性人口数据
13  female=value[:-1,3].astype(int)#获取女性人口数据
14  city=value[:-1,4].astype(int)#获取城镇人口数据
15  village=value[:-1,5].astype(int)#获取乡村人口数据
```

2. 绘制 2000 年至 2023 年总人口折线图,如图 13.17 所示。

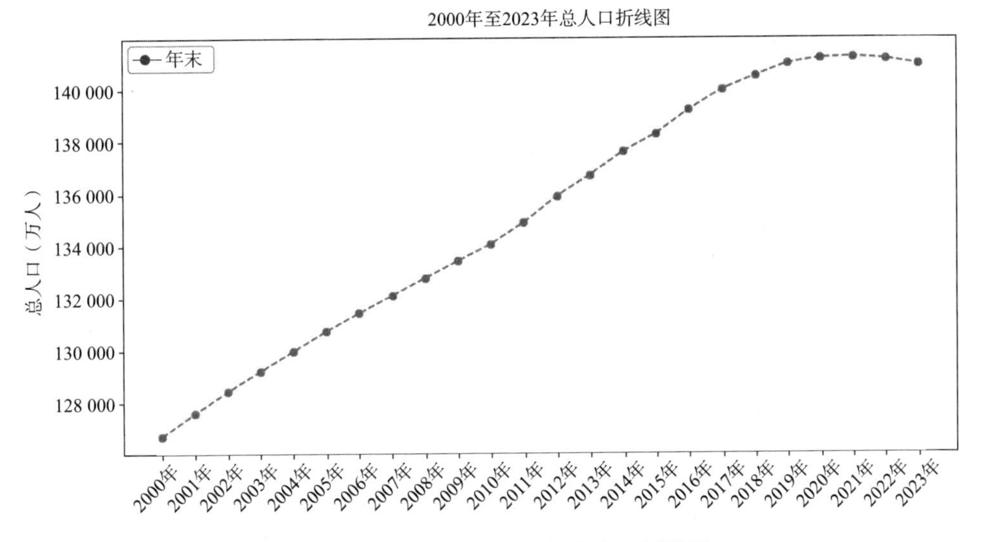

图 13.17　2000 年至 2023 年总人口折线图

例 13.4(续)　2000 年至 2023 年人口数据分析。

```
16  p1=plt.figure(figsize=(12,12))#设置图像大小
17  plt.plot(values[0:24,0],values[0:24,1],color='r',linestyle='--',marker='8',label='年末')
18  plt.ylabel('总人口（万人）')
19  plt.xticks(range(0,24),values[0:24,0],rotation=45)#设置x轴的刻度、标签和方向
20  plt.legend()
21  plt.title('2000年至2023年总人口折线图')
22  plt.show()
```

3. 绘制 2000 年至 2023 年各类人口散点图,如图 13.18 所示。

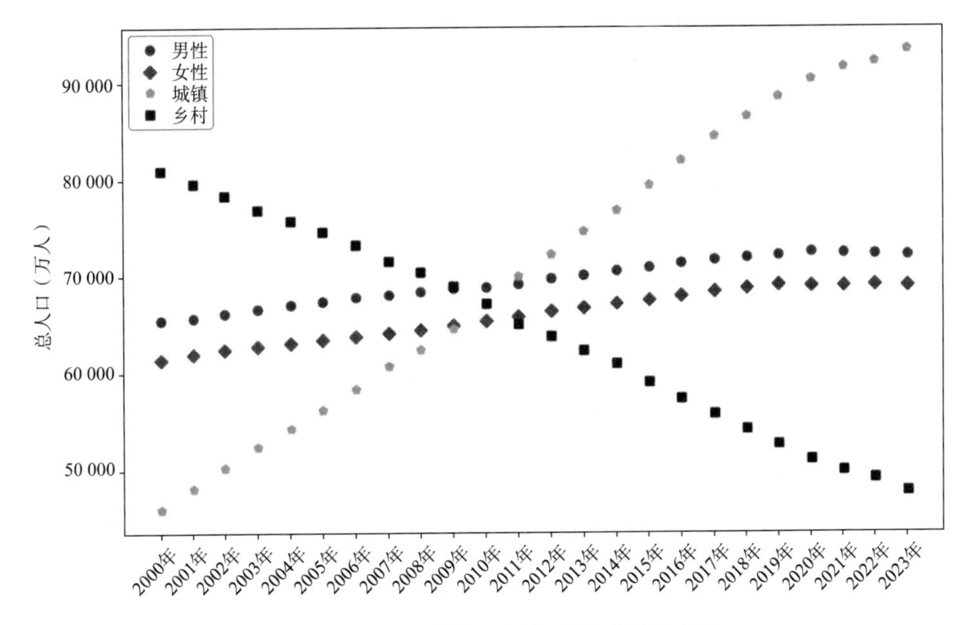

图 13.18　2000 年至 2023 年各类人口散点图

例 13.4(续) 2000 年至 2023 年人口数据分析。

```
23  p2=plt.figure(figsize=(10,6))
24  plt.scatter(values[0:24,0],values[0:24,2],c='green',marker='o')
25  plt.scatter(values[0:24,0],values[0:24,3],c='red',marker='D')
26  plt.scatter(values[0:24,0],values[0:24,4],c='orange',marker='p')
27  plt.scatter(values[0:24,0],values[0:24,5],c='purple',marker='s')
28  plt.ylabel('总人口（万人）')
29  plt.xticks(values[0:24,0],rotation=45)
30  plt.legend(['男性','女性','城镇','乡村'])
31  plt.show()
```

4. 绘制男女人口的饼图，如图 13.19 所示。

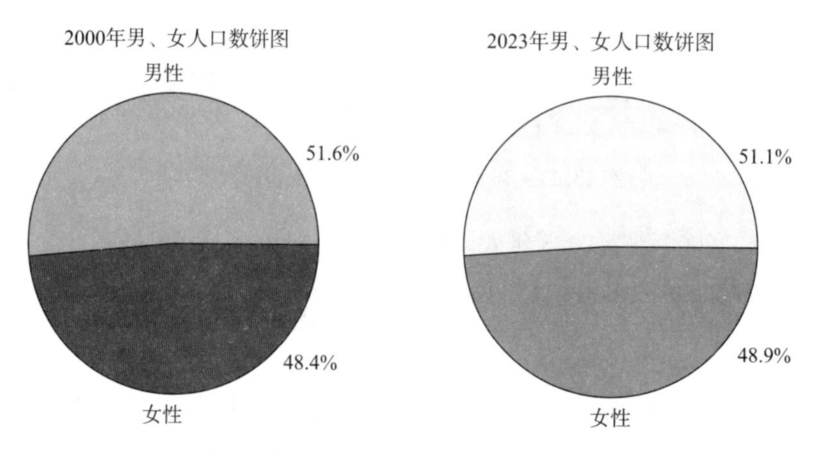

图 13.19 2000 年、2023 年男女人口饼图

例 13.4(续) 2000 年至 2023 年人口数据分析。

```
32  p3=plt.figure(figsize=(8,8))
33  label1=['男性','女性']
34  ex=[0.01,0.01]
35  #子图1
36  a1=p3.add_subplot(121)#将画布分为一行两列，子图1在第一列
37  plt.pie(values[0,2:4],explode=ex,labels=label1,colors=['pink','crimson'],\autopct=
    '%1.1f %%')
38  plt.title('2000年男、女人口数饼图')
39  #子图2
40  b1=p3.add_subplot(122)
41  plt.pie(values[23,2:4],explode=ex,labels=label1,colors=['PeachPuff ','skyblue'],\autopct=
    '%1.1f %%')
42  plt.title('2023年男、女人口数饼图')
43  plt.show()
```

5. 绘制城乡人口的条形图,如图 13.20 所示。

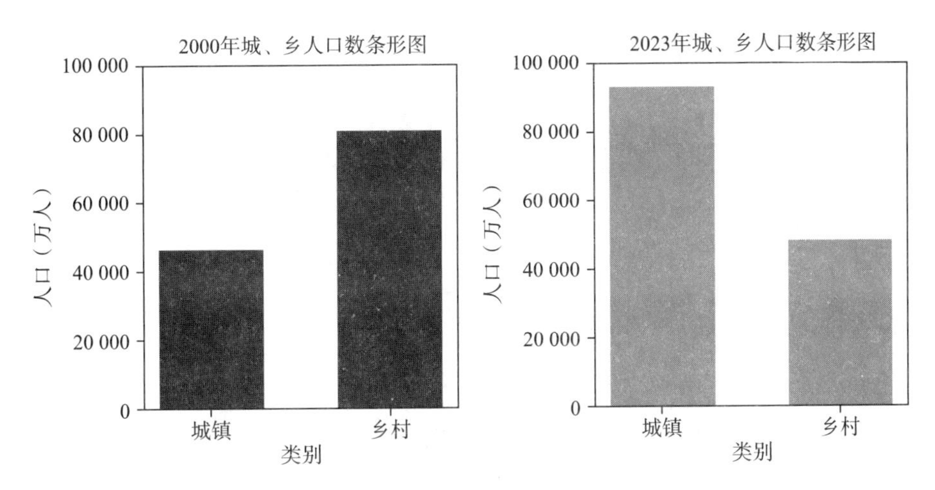

图 13.20 2000 年、2023 年城乡人口条形图

例 13.4(续) 2000 年至 2023 年人口数据分析。

```
44  label2=['城镇','乡村']
45  ex=[0.01,0.01]
46  p4=plt.figure(figsize=(12,12))
47  #子图1
48  a2=p4.add_subplot(121)
49  plt.bar(range(2),values[0,4:6],width=0.6,color='gold')
50  plt.xlabel('类别')
51  plt.ylabel('人口(万人)')
52  plt.ylim(0,100000)#设置y轴的范围
53  plt.xticks(range(2),label2)
54  plt.title('2000年城、乡人口数条形图')
55  #子图2
56  b2=p4.add_subplot(122)
57  plt.bar(range(2),values[23,4:6],width=0.6,color='tomato')
58  plt.xlabel('类别')
59  plt.ylabel('人口(万人)')
60  plt.ylim(0,100000)
61  plt.xticks(range(2),label2)
62  plt.title('2023年城、乡人口数条形图')
63  plt.show()
```

第 13 章思维导图

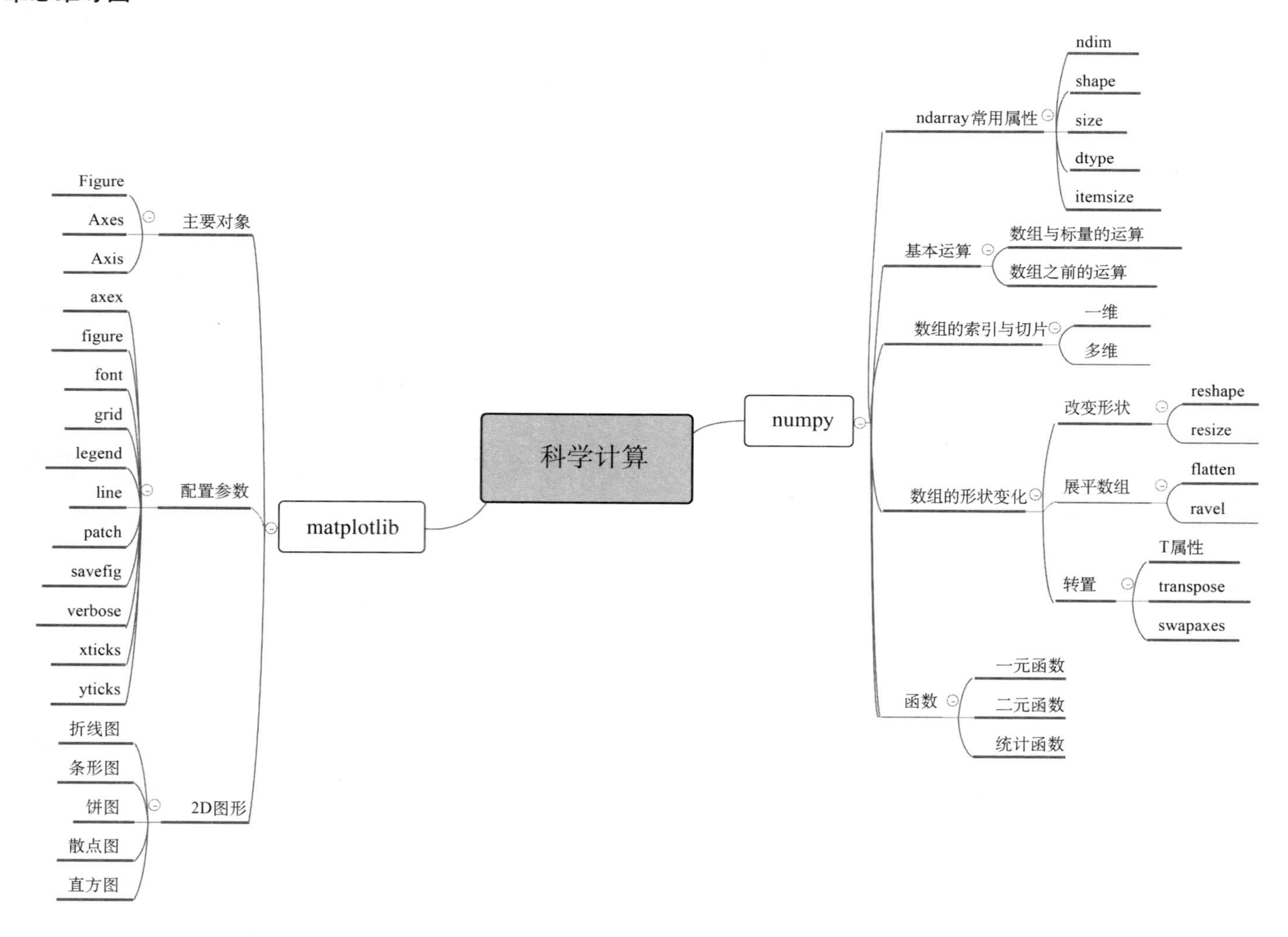
科学计算
numpy
ndarray常用属性
ndim
shape
size
dtype
itemsize
基本运算
数组与标量的运算
数组之前的运算
数组的索引与切片
一维
多维
数组的形状变化
改变形状
reshape
resize
展平数组
flatten
ravel
转置
T属性
transpose
swapaxes
函数
一元函数
二元函数
统计函数
matplotlib
主要对象
Figure
Axes
Axis
配置参数
axex
figure
font
grid
legend
line
patch
savefig
verbose
xticks
yticks
2D图形
折线图
条形图
饼图
散点图
直方图

参 考 文 献

[1] 董付国. Python 程序设计基础[M]. 2 版. 北京:清华大学出版社,2018.

[2] 嵩天,礼欣,黄天羽. Python 语言程序设计基础[M]. 2 版. 北京:高等教育出版社,2017.

[3] 刘鹏,张燕. Python 语言[M]. 北京:清华大学出版社, 2019.

[4] 沙行勉. 编程导论[M]. 北京:清华大学出版社, 2018.

[5] 吴萍. Python 算法与程序设计基础[M]. 2 版. 北京:清华大学出版社,2017.

[6] 张莉,金莹,张洁,等. Python 程序设计教程[M]. 北京: 高等教育出版社,2018.

[7] 赵璐. Python 语言程序设计教程[M]. 上海:上海交通大学出版社, 2019.

[8] 江红,余青松. Python 程序设计与算法基础教程[M]. 北京:清华大学出版社, 2017.

[9] 王娟,华东,罗建平. Python 编程基础与数据分析[M]. 南京:南京大学出版社, 2019.

[10] [美]埃里克·马瑟斯. Python 编程:从入门到实践[M]. 袁国忠,译. 北京:人民邮电出版社, 2016.

[11] McKinney W. Python for Data Analysis[M]. California:O' Reilly Media, 2012.